普通高等教育力学"十二五"规划教材

工 程 力 学

GONGCHENG LIXUE

主审　周丰峻

主编　白新理

郑州大学出版社

郑 州

内容提要

　　本书是根据高等学校工科专业工程力学教学计划和教学大纲编写而成的。主要内容有静力学基础、平面力系、材料力学基本概念、轴向拉伸和压缩、剪切与挤压、扭转、弯曲、应力状态和强度理论、组合变形的强度计算、压杆稳定等。

　　本书可作为高等学校工科专业工程力学课程的教材,也可供有关专业教师或工程技术人员学习和参考。

图书在版编目(CIP)数据

工程力学/白新理主编. —郑州:郑州大学出版社,
2012. 12
　ISBN 978-7-5645-0960-6

　　Ⅰ.①工…　Ⅱ.①白…　Ⅲ.①工程力学-高等
学校-教材　Ⅳ.①TB12

　　中国版本图书馆 CIP 数据核字(2012)第 169505 号

郑州大学出版社出版发行
郑州市大学路 40 号　　　　　　　　邮政编码:450052
出版人:王　锋　　　　　　　　　　发行部电话:0371-66966070
全国新华书店经销
河南省诚和印制有限公司印制
开本:787 mm×1 092 mm　1/16
印张:22.25
字数:513 千字
版次:2012 年 12 月第 1 版　　　　　印次:2012 年 12 月第 1 次印刷

书号:ISBN 978-7-5645-0960-6　　　定价:38.00 元
本书如有印装质量问题,由本社负责调换

本书作者
Authors

主　　审　周丰峻

主　　编　白新理

副 主 编　孙利民

编　　委　（以姓氏笔画为序）

马文亮　白新理　兰文改

孙利民　杨开云　何　伟

何　容　周　娟

前 言

Preface

·····································

　　本书是根据高等学校工科专业工程力学教学计划和教学大纲编写而成的。全书共有13章,包括静力学基础、平面汇交力系与平面力偶系、平面一般力系和平面平行力系、材料力学基本概念、轴向拉伸和压缩、剪切与挤压、扭转、弯曲内力、弯曲应力、弯曲变形、应力状态和强度理论、组合变形的强度计算、压杆稳定等。最后,在附录中给出了截面的几何性质、型钢规格表、简单荷载作用下梁的挠度和转角。书后附有各章习题的参考答案。

　　在本书的编写过程中,编者始终贯彻"理论联系实际"的原则,内容编排由浅入深,力求通俗易懂。本书可作为高等学校工科专业工程力学课程的教材,也可供有关专业教师或工程技术人员学习和参考。

　　本书由华北水利水电学院白新理教授任主编,郑州大学孙利民教授任副主编,华北水利水电学院何容、周娟、马文亮、杨开云、兰文改、何伟等同志参加编写。其中,绪论、第1章、附录Ⅰ、附录Ⅱ由白新理编写,第2章、第11章由何容编写,第3章、第5章由周娟编写,第4章、第6章、附录Ⅲ由孙利民编写,第7章、第12章由马文亮编写,第8章由杨开云编写,第9章、第10章由兰文改编写,第13章由何伟编写。周丰峻院士审阅了书稿,并提出了宝贵的建议。

　　本书在编写过程中参考了许多文献资料,在此向有关作者、编者一并表示谢意。

　　由于作者水平有限,书中若有疏漏不妥之处,恳请读者批评指正。

编 者

2012 年 5 月

目录 CONTENTS

绪论

❖ 工程力学的研究对象、地位和作用

工程力学是研究物体机械运动的一般规律以及构件承受载荷能力的一门学科。

所谓机械运动，是指物体在空间的位置随时间的变化。机械运动是人们生活和生产实践中最常见的一种运动。平衡是机械运动的特殊情况。

工程中的结构元件、机器零部件等都可称为构件。构件在承受载荷或传递运动时，应能够正常工作而不破坏，也不发生过大的变形，并能保持原有的平衡形态而不丧失稳定，这就要求构件具有足够的强度、刚度和稳定性。

本教材包含"理论力学"和"材料力学"两部分。

理论力学是研究力作用于物体时的外部效应，即研究物体机械运动的规律，因此它是将物体抽象为刚体来研究的。理论力学包含以下内容：

（1）静力学——主要研究受力物体平衡时作用力所应满足的条件，同时也研究物体受力的分析方法，以及力系简化的方法等。本书将在第1章、第2章、第3章中讲述。

（2）运动学——研究物体运动的几何性质（如轨迹、速度、加速度等），而不考虑物体运动的原因。（篇幅所限，本书不讲此部分内容）

（3）动力学——研究受力物体的运动变化与作用力之间的关系。（本书不讲）

材料力学是研究物体在力作用下的内部效应，所以它是研究变形固体的，其主要内容有：

（1）研究构件在外力作用下的内部受力、变形和失效的规律。

（2）提出保证构件具有足够强度、刚度和稳定性的设计准则和方法。

工程力学是一门与工程技术联系极为密切的技术基础学科，它是工程技术的重要理论基础之一。工程力学的定律、定理与结论广泛应用于各种工程技术之中，机械、交通、纺织、轻工、化工、石油科学等领域都要用到工程力学的知识。

20世纪以前，推动近代科学技术与社会进步的蒸汽机、内燃机、铁路、桥梁、船舶、兵器等都是在力学知识的累积、应用和完善的基础上逐渐形成和发展起来的。

20世纪产生的诸多高新技术，如高层建筑、大跨度悬索桥、海洋平台、精密仪器、航空航天器、机器人、高速列车以及大型水利工程等许多重要工程，更是借助工程力学知识得以实现并不断发展完善的。

❖ 学习工程力学的目的和工程力学的研究方法

工程力学是工科院校许多专业的一门重要的技术基础课。本课程阐述的某些理论和计算方法,不仅能直接用于解决实际工程问题(如桥梁、房屋、水坝等建筑物以及机车、车辆、起重机、机床等的设计计算),而且还为一系列后续课程(如结构力学、机械原理、机械零件、流体力学和一些专业课)提供重要的理论基础。工程力学课程对于许多工科类学生和工程技术人员来讲,是必不可少的。

研究科学的过程,就是认识客观世界的过程,任何正确的科学研究方法,一定要符合辩证唯物主义的认识论。工程力学也正是遵循这个正确的认识规律进行研究和发展的。工程力学的研究方法是实验观察——假设建模——理论分析——实验验证。这是自然科学研究问题的一般方法。

工程实际中作机械运动的物体是多种多样的,在外力作用下物体的变形和破坏形式也是各不相同的,这就要求我们在分析研究问题时,必须抓住主要因素,并运用抽象化的方法,从而得出比较合乎实际的力学模型和强度准则。

例如,在研究物体平衡时,其变形就是次要因素,忽略了这一点,就可将真实物体视为刚体来研究。但是研究物体的强度及刚度时,变形就成了主要因素,因此只有用变形固体这一力学模型来代表真实物体,才能反映问题的本质。

建立模型之后,可运用数学方法进行分析计算。这种解决工程力学问题的方法称为理论方法。然而,许多工程实际问题,仅靠理论方法还不能有效地解决,但通过实验的方法可得到满意的结果。另外,在解决构件的承载能力问题时,需要通过实验测定材料的力学性质。可见,实验方法也是解决工程力学问题的一个必不可少的方法。

随着计算机技术的迅速发展,计算机分析方法在工程力学领域中已得到日益广泛的应用,并促进了工程力学研究方法的更新。这将使工程力学在解决日常生活、环境、交通和国防等工程问题中发挥更大的作用。

综上所述,对于工程实际中的问题,应运用科学抽象的方法,加以综合分析,再通过实验与严密的数学推理,从而得到工程中适用的理论公式,以指导实践,并为实践所检验。即从实践到理论,再由理论回到实践,通过实践进一步补充和发展理论,然后再回到实践,循环往复,逐步发展。

❖ 力学发展概况与新进展

工程力学的发展与工程的发展相辅相成,相互促进。在古代建筑中,尽管还没有严格的科学理论,但人们从长期生产实践中,对构件的支撑力情况已有一些定性或较粗浅的定量认识。例如,从圆木中截取矩形截面的木梁,当高宽比为3∶2时,承载能力佳,也最为经济,这大体上符合材料力学的基本原理。

随着工业的发展,在车辆、船舶、机械和大型建筑工程的建造中所遇到的问题日益

普通高等教育力学"十二五"规划教材

复杂,单凭经验已无法解决。这样,在对构件强度和刚度长期定量研究的基础上,逐渐形成了材料力学。

意大利科学家伽利略为解决建造船舶和水闸所需的梁的尺寸问题,进行了一系列实验,并于1638年首次提出梁的强度计算公式。由于当时对材料受力后会发生变形这一规律缺乏认识,他采用了刚体力学的方法进行计算,以致所得结论不完全正确。后来,英国科学家胡克在1678年发表了根据弹簧实验观察所得的"力与变形成正比"这一重要物理定律(即胡克定律),奠定了材料力学的基础。

从18世纪起,材料力学开始沿着科学理论的方向向前发展。

随着高速车辆、飞机、大型机械以及铁路桥梁等的出现,减轻构件的自重成为亟待解决的问题。随着冶金工业的发展,新的高强度金属(如钢和铝合金等)逐渐成为主要的工程材料,因此,薄型和细长型构件大量被采用。这类构件的失稳破坏屡有发生,从而引起工程界的注意,并成为构件刚度和稳定性理论发展的推动力。由于超高强度材料和焊接结构的广泛应用,低应力脆断和疲劳事故又成为新的研究课题,这方面的研究也得到了迅速发展。

力学是一门既经典又十分活跃的基础学科。在我国,力学在新中国现代科学发展和国民经济建设中肩负着重要使命,作出了重大贡献。从"两弹一星"到深潜弹道导弹核潜艇的研制,从长江大桥到长江三峡工程的建设,无不体现出力学理论在生产实践中的巨大作用,无不凝聚着力学工作者和相关学科的科学家、工程技术人员的共同心血。

进入21世纪后,我国社会经济发展对力学提出了更高的要求。例如,可持续性发展、污染治理的需求呼唤着环境力学的兴起,数字地球的前景为河流动力学、大气环流动力学提供了用武之地,环境灾害预报与防治有赖于灾害力学的研究进展,虚拟制造需要借助于计算力学和材料工艺力学的新进步,工程结构可靠性依赖于故障诊断学、宏微观破坏力学、智能结构力学和主动控制理论的新应用,新材料的研制需要发展细微观力学和计算材料学,等等。未来,力学必将为推动社会进步发挥更大的作用。

第1章　静力学基础

1.1　静力学基本概念

1.1.1　力的概念

力的概念来自于实践,人们在劳动或日常生活中推、拉、提、举物体时,肌肉有紧张之感,逐渐产生了对力的感性认识,大量的感性认识经过科学的抽象,并加以概括,形成了力的概念。力是物体之间的相互机械作用。这种作用对物体产生两种效应,即引起物体机械运动状态的变化或使物体产生变形。前者称为力的外效应或运动效应,是本书静力学研究的内容;后者称为力的内效应或变形效应,属于本书材料力学的内容。

力的作用离不开物体,因此谈到力时,必须指明相互作用的两个物体,并且明确受力体和施力体。

实践证明,力对物体的作用效应取决于力的大小、方向和作用点,这三个因素称为力的三要素。当这三个要素中任何一个改变时,力的作用效应也将改变。

力是一种有大小和方向的量,又满足平行四边形计算法则,所以力是矢量(简称力矢)。如图1.1所示,力常用一带箭头的线段表示,线段长度 AB 按一定比例表示力的大小,线段的方位和箭头的指向表示力的方向,线段的起点(或终点)表示力的作用点,与线段重合的直线称为力的作用线。本书中,矢量用斜体字母(加粗)表示,如 F;力的大小是标量,用一般斜体字母表示,如 F。

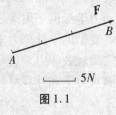

图1.1

若力矢 F 在平面 Oxy 中,则其矢量表达式为

$$F = F_x + F_y = F_x i + F_y j \tag{1.1}$$

式中, F_x、F_y 分别表示力 F 沿平面直角坐标系 x、y 两个方向的分力; F_x、F_y 分别表示力 F 在坐标轴 x、y 上的投影; i、j 分别为坐标轴 x、y 上的单位矢量。

为了表示力的大小,必须确定力的单位。本书采用国际单位制(SI),以"牛顿"作为力的单位,记作"N";另外还有"千牛顿",记作"kN",1 kN = 1000 N。

1.1.2　力系、合力与分力的概念

两个或两个以上同时作用在物体上的力称为力系。作用在物体上的力系如果可以用另一个力系代替,而对物体的作用效应不变,那么这两个力系互称等效力系。如

果物体在力系的作用下处于平衡状态,这种力系称为平衡力系,平衡力系不使物体的运动状态发生改变。如果力系中各力的作用线都在同一平面上,且既不平行,也不相交于同一点,则称为平面一般力系。

平面力系中的特殊情况有:平面汇交力系,即所有力的作用线汇交于一点;平面平行力系,即所有力的作用线相互平行;平面力偶系,即两个或两个以上的力偶组成的力偶系。

如果一个力系和一个力等效,那么称这个力为该力系的合力,称力系中的每个力为这个力的分力。

1.2 静力学公理

静力学公理概括了力的一些基本性质,是经过实践反复检验,被确认是符合客观实际的最一般的规律,是静力学全部理论的基础。

公理一(二力平衡公理): 作用在刚体上的两个力,使刚体保持平衡的必要与充分条件是:这两个力大小相等,方向相反,作用在一条直线上(图1.2)。

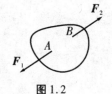

图1.2

必须指出,对于刚体,上述条件是既必要又充分的;但对于变形体,上述条件是不充分的。例如图1.3所示,软绳受两个等值反向的拉力作用可以平衡,而受两等值反向的压力作用就不能平衡。工程中把只受两个力作用而处于平衡状态的构件称为二力构件(或二力杆)。二力构件上的两个力必须满足二力平衡条件。图1.4所示的 AB 杆在不计自身重力时是二力杆。

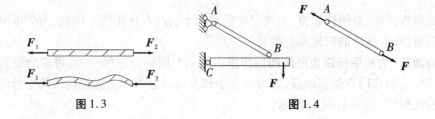

图1.3   图1.4

公理二(加减平衡力系公理): 在已知力系上加上或减去一个平衡力系,并不改变原力系对刚体的作用效果。这个公理也只适用于刚体,这是力系简化的重要依据。

根据上述公理可得出以下推论:

推论1(力的可传性): 作用于刚体上的力,可以沿着它的作用线移到刚体上任意一点,并不改变原力对刚体的作用效应。

证明 设力 F 作用于刚体上 A 点[图1.5(a)],在力 F 的作用线上任选一点 B,并在 B 点加一组沿 AB 线的平衡力 F_1 和 F_2,且使 $F_2 = F = -F_1$[图1.5(b)]。由加减平衡力系公理可知此组平衡力不改变原力的作用效果。现除去由 F 和 F_1 所组成的一对平衡力,刚体上只剩下 F_2,且 $F_2 = F$[图1.5(c)],由图1.5(a)和图1.5(c)可看出,力 F_2 就是原来的 F,只是其作用点由 A 点移到了 B 点。

必须指出,力的可传性原理只适用于刚体,不适应于变形体,当研究物体的内效应时不能应用力的可传性。例如,一根直杆受一对平衡力 F_1、F_2 作用时,杆件受压[图1.6(a)];若将两力互沿作用线移动,则杆变为受拉作用[图1.6(b)],但拉伸和压缩是两种不同的内效应。

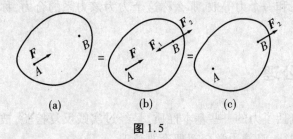

图1.5

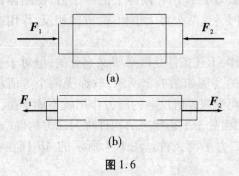

图1.6

此原理说明,对刚体而言,力的三要素是大小、方向、作用线。因此,力矢可沿其作用线任意滑动,这样的矢量称为滑移矢量。

公理三(力的平行四边形法则):作用在物体上同一点的两个力,可以合成为一个合力。合力的作用点仍在该点,合力的大小和方向由这两个力为边构成的平行四边形的对角线确定,如图1.7(a)所示。

由于力是矢量,所以符合矢量加法,即合力矢等于各分力矢的矢量和,数学表达式为

$$F_R = F_1 + F_2 \tag{1.2}$$

在用矢量法求和时,可将两个分力矢量首尾相接,则从第一个矢量的始端到第二个矢量的末端的连线即为合力矢量,如图1.7(b)所示。这种求合力的方法称为力的三角形法则。力的平行四边形法则既适用于刚体又适用于变形体,它给出了最简单力系简化规律,是复杂力系简化的基础和依据,由此公理和二力平衡公理可得如下推论:

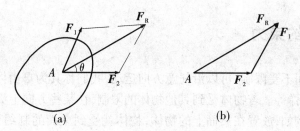

图 1.7

推论 2 (三力平衡汇交定理): 若刚体在共面、不平行的三力作用下处于平衡, 则三力的作用线必汇交于同一点。

证明　设刚体上 A_1、A_2、A_3 三点受共面且平衡的三力 F_1、F_2、F_3 作用, 如图 1.8 所示, 根据力的可传递性, 将 F_1、F_2 移到其作用线交点 B, 根据力的平行四边形法则将其合成为 F_R, 则刚体上仅有 F_3、F_R 作用。根据二力平衡公理, F_3 和 F_R 必在同一直线上, 所以 F_3 一定通过 B 点, 于是得证 F_1、F_2、F_3 均通过 B 点。

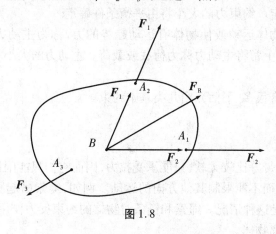

图 1.8

公理四 (作用力与反作用力定律): 两个物体间的相互作用力, 即作用力与反作用力, 总是同时存在, 两力的大小相等、方向相反, 沿着同一直线, 分别作用在两个相互作用的物体上。

作用力与反作用力总是成对出现的, 有作用力必然有反作用力。

公理五 (刚化原理): 如果变形体在某个力系作用下处于平衡状态, 将此物体刚化为刚体时, 其平衡状态将保持不变。

此原理表明: 刚体的平衡条件是变形体平衡的必要条件, 而不是充分条件。

例如, 图 1.3 所示的一段绳子受等值、共线和反向的拉力 F_1 及 F_2 作用处于平衡状态, 若将此绳刚化为刚杆, 这两力满足刚体的平衡条件。但是当刚杆受等值、共线和反向的两压力 F_1 及 F_2 作用, 处于平衡时, 若将刚杆换成绳索, 则不能平衡。

1.3 约束和约束力

若物体在空间不受限制,可以沿任意方向运动,我们称其为自由体,如飞行中的人造卫星、飞机和炮弹等。若物体受到其他物体的限制,在某些方向上无法运动,我们称其为非自由体。例如,放置在桌面上的物体,物体就受到桌面的制约而不能向桌面内运动;起重机提升重物时,重物受到钢丝绳的限制而不能下落;电动机转子受到轴承的限制只能绕中心轴转动等。所以,桌面上的物体、被提升的重物和电动机转子均属于非自由体。由此看出,非自由体在某些方向不能运动是因为受到了周围其他物体的限制。我们称能够阻碍非自由体运动的周围物体为非自由体的约束。如前所述的桌面就是桌面上物体的约束,钢丝绳就是被提升重物的约束,轴承就是转子的约束。

约束既然能够阻碍非自由体的运动,就一定要给非自由体一个作用力,我们称约束给被约束物体(非自由体)的作用力为约束力。约束力的作用点应在约束和被约束物体的相互接触处,它的方向应与约束所能阻碍的运动方向相反,一般可根据约束的类型确定或初步确定。约束力的大小将由平衡条件确定。

凡能主动引起物体运动或使物体有运动趋势的力,称为主动力,例如重力、水压力、土压力等。工程上常将主动力称为荷载或载荷。主动力的大小和方向通常都是已知的。

工程中的约束有很多,下面介绍几类基本约束。

1.3.1 柔性约束

绳索、链条或皮带等比较柔软,只能承受拉力,因而它们只能限制被约束物体沿其中心线离开的运动,而不能限制其他方向的运动。例如,绳索吊起物体和链条对齿轮的拉力(图 1.9)都是这种情况。绳索和链条对物体的约束反力作用在接触点,方向沿着绳的中心线而背离物体。

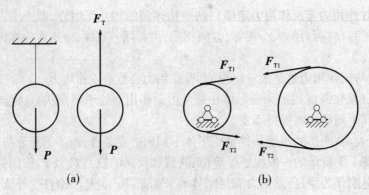

图 1.9

1.3.2　光滑接触面约束

当两物体直接接触,并可忽略接触处的摩擦时,约束只能限制物体在接触点沿接触面的公法线指向约束物体的运动,不能限制物体沿接触面切线方向的运动。

因此,光滑接触面的约束反力必通过接触点,方向沿着接触面在该点的公法线,指向被约束物体内部,即必为压力,如图1.10所示。光滑接触面约束在工程上是常见的,如啮合齿轮的齿面约束(图1.11)、凸轮曲面对顶杆的约束等。

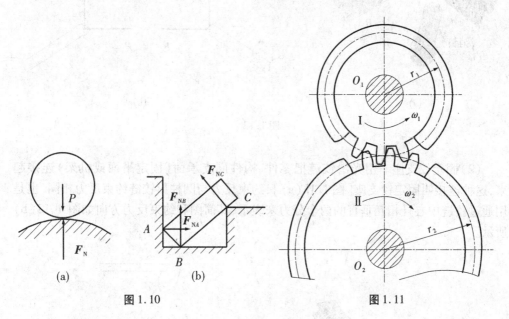

图1.10　　　　　　　　　　　图1.11

1.3.3　圆柱形铰链约束

工程中,将两个物体用圆柱形销钉连接起来,受约束的两个物体都只能绕销钉轴线转动,销钉对被连接的物体沿垂直于销钉轴线方向的移动形成约束,这类约束称为圆柱形铰链约束。圆柱形铰链约束一般根据被连接物体的形状、位置及作用可分为以下几种形式。

(1)光滑铰链约束　当多个物体相互连接时,必须具有起连接作用的部件,称之为连接件。例如在物体上打圆孔,用圆柱形销钉连接,或用螺栓、螺母连接,这些销钉、螺栓就是典型的铰链约束,如图1.12(a)所示。所谓光滑铰链是指忽略了销钉与孔之间的摩擦。光滑铰链约束不能限制物体的转动,也不能限制物体沿销钉中心线的移动,只能限制物体在垂直于销钉中心线的平面内的任意方向的移动。当物体有移动趋势时,物体与销钉可沿任意母线接触。因此,光滑铰链实质上仍是光滑接触,约束反力必通过接触点和销钉中心,由于接触点位置不能确定,因而约束反力方向是未知的。可见铰链给物体的约束反力在垂直于销钉中心线的平面内,通过销钉中心,方向不定。在这种情况下,只能把约束反力表示成一个既不知方向又不知大小的力。习惯上将此约束反力沿直角坐标轴分解为两个互相垂直的力,此时两力方向已知,大小未知,仍含两个未知量,常用 F_x、F_y 表示[图1.12(b)]。

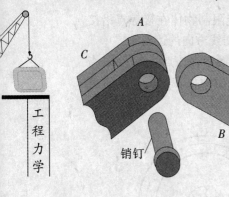

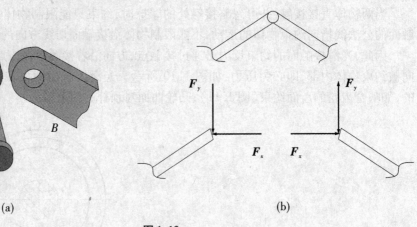

图 1.12

(2)固定铰支座　用光滑铰链把零件、构件同支承面(固定平面或机架)连接起来,这种连接叫固定铰支座[图1.13(a)],约束反力与圆柱形铰链约束反力相同,也是用通过铰链中心且相互垂直的两个分力来表示,其简图和约束反力方向如图1.13(b)所示。

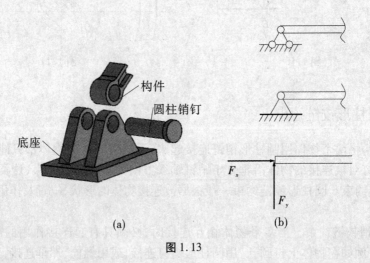

图 1.13

(3)滚动支座　在桥梁和其他工程结构中,经常采用滚动支座,如图1.14(a)所示。这种支座有几个圆柱磙子可以沿固定面滚动,以便当温度变化而引起桥梁跨度伸长或缩短时,允许两支座间的距离有微小变化,显然这种滚动支座的约束性质与光滑接触面相同,其约束反力必然垂直于固定面,其简图及约束反力方向如图1.14(b)所示,滚动支座与光滑接触面之间的区别在于这种支座有特殊装置,能阻止支座离开接触面方向运动。

普通高等教育力学"十二五"规划教材

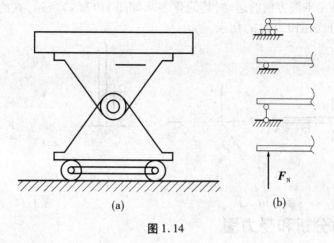

图 1.14

1.3.4　二力杆约束

不计自重,两端均用铰链的方式与周围物体相连接,且不受其他外力作用的杆件,称为二力构件,简称二力杆。根据二力平衡公理,二力杆的约束必沿杆件两端铰链中心的连线,指向不定。如图 1.15(a)中的杆 BC 和图 1.15(b)中的杆 CD 均为二力杆(图中二力构件的受力假定为受拉)。

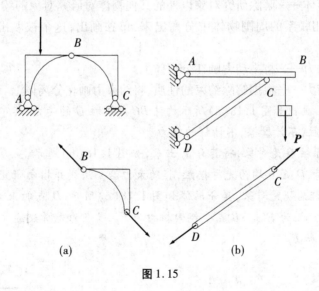

图 1.15

1.3.5　径向轴承与止推轴承

(1)径向轴承　机器中的径向轴承是转轴的约束,它允许转轴转动,但限制转轴在垂直于轴线平面内任何方向的运动,其简化表示如图 1.16(a)所示,其约束力可用垂直于轴线的两个相互垂直的分力 F_x 和 F_y 表示,如图 1.16(b)所示。

(2)止推轴承　止推轴承也是机器中常见的约束,其与径向轴承的不同之处是它还能限制转轴沿轴线方向的运动,其简化表示如图1.17(a)所示,其约束增加了沿轴向方向的分力,如图1.17(b)所示。

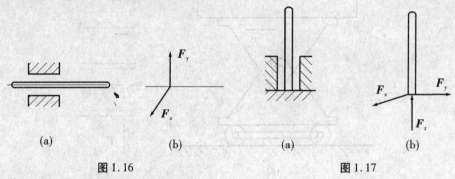

图1.16　　　　　　　　　　　　　　　　　图1.17

1.4　受力分析和受力图

作用在物体上的力有主动力和约束力两种,一般主动力为已知力,而约束力是未知力,需要通过物体的平衡条件求出。为了应用物体的平衡条件,必须了解物体受哪些力作用以及这些力的作用点和方向,这个分析过程称为物体受力分析。物体受力分析可以通过受力图来实现,作受力图的步骤如下:

(1)确定研究对象——单个物体或物体系统。

(2)取脱离体——解除研究对象以外的其他物体对研究对象的约束,也就是把研究对象从与它相联系的周围物体中分离出来,单独画出,这个被取出的物体就叫脱离体。

(3)画主动力——将主动力画在分离体上。

(4)画约束力——根据解除约束的性质,将约束力画在分离体上。

【例1.1】　画出如图1.18(a)所示构件BC及圆柱O的受力,其中AB为钢索,BC为杆件,O为圆柱,不计摩擦,不计杆的重力。

解　先以圆柱O为对象,将其分离出来,如图1.18(b)所示,主动力P作用于O点。不计摩擦时,D、E点均为光滑接触,其约束力沿公法线并指向研究对象,为F_{ND}和F_{NE}。再以BC杆为研究对象,其分离体如图1.18(c)所示,D点约束力与F_{ND}互为作用力与反作用力,记为F'_{ND};B点受钢索拉力为F_B,C点为光滑铰链约束,其约束力为一对正交力F_{Cx}和F_{Cy}。

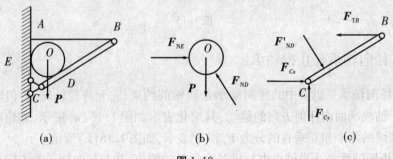

图1.18

【例 1.2】 如图 1.19(a)所示,AC 杆置于一槽中,试画其受力图,不计摩擦。

解 取杆 AC 为脱离体,如图 1.19(b)所示,画出主动力 P,不计摩擦时,A、B、C 点均为光滑接触,其约束力沿公法线并指向研究对象,分别为 F_{NA}、F_{NB} 和 F_{NC}。

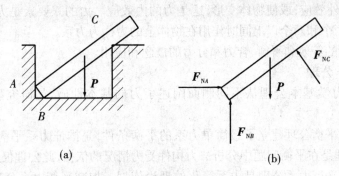

图 1.19

【例 1.3】 如图 1.20(a)所示,简易起重机的起重臂 AB,下端 A 为固定铰支座,B 端由钢索 BC 固定。B 端有滑轮,不计滑轮摩擦力。已知所吊重物重 P_1,杆 AB 重 P_2,作用在 AB 中点。画出起重臂 AB、滑轮及系统的受力图。

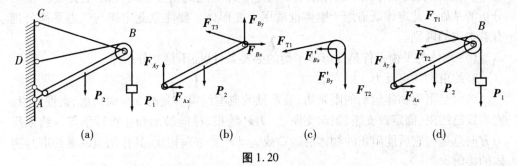

图 1.20

解 (1)起重臂的受力图[图 1.20(b)]

取起重臂 AB 为研究对象,画主动力 P_2 在 AB 中点,竖直向下。绳索 BC 的拉力 F_{T3} 沿绳索方向。B 处销钉的反力为 F_{Bx}、F_{By}。A 处固定铰支座的反力为 F_{Ax}、F_{Ay}。

(2)滑轮的受力图[图 1.20(c)]

取滑轮为研究对象,绳索对滑轮的作用力 F_{T1}、F_{T2},沿绳索方向为拉力,不计绳索与滑轮之间的摩擦力,$F_{T1} = F_{T2}$。AB 杆与滑轮通过销钉连接,销钉对滑轮的作用力用互相垂直的两个分力 F'_{Bx}、F'_{By} 表示。

(3)整个系统的受力图[图 1.20(d)]

将整个系统取为研究对象,去掉周围约束,主动力有 P_1、P_2。约束力有 C 点的拉力 F_{T3},D 点的拉力 F_{T1},A 点的约束反力 F_{Ax}、F_{Ay}。

小 结

本章是学习静力学的基础,应掌握静力学的基本概念和公理,能熟练地对物体进行受力分析和画出物体的受力图。

1.静力学基本概念

(1)力的概念。力是物体间的相互作用。力的作用效果是使物体的运动状态改变,这是力的外效应;或使物体变形,这是力的内效应。力的三要素是力的大小、方向和作用点。两个和两个以上同时作用在物体上的力称为力系。

(2)力系的等效和平衡、合力和分力的概念和应用。

2.静力学公理

几个静力学基本公理从不同侧面阐述了力的基本性质,是研究静力学的理论基础。

(1)二力平衡公理建立了最简单力系的平衡条件,是推证力系平衡条件的基础。二力平衡公理是在平衡问题中分析二力构件受力情况的依据,此公理仅适用于刚体。

(2)加减平行力系公理是力系简化的理论依据。加减平衡力系公理和力的可传性原理都是指力的外效应,它们只适用于刚体。

(3)力的平行四边形法则给出了最简单力系的合成法则。它使一合力和与之等效的一个力系联系起来,也为力的分解提供了理论依据。

(4)作用力与反作用力定律阐明了两个物体之间的相互作用关系,它是物体受力分析的基础。此定律既适用于刚体也适用于变形体。要注意此定律与二力平衡公理有着本质的区别。

(5)刚体的平衡条件是变形体平衡的必要条件,而不是充分条件。

3.约束和约束反力

约束是阻碍物体运动的限制物,最常见的典型约束有光滑支承面约束、柔性约束、光滑铰链约束、固定铰支座、滚动支座、二力杆约束、径向轴承和止推轴承等。约束反力方向总是与它所能阻止的物体的运动或运动趋势方向相反,其作用点就是约束与物体的接触点。

4.受力分析

受力图表示物体的受力情况。受力图中主动力是已知的,所以画受力图的关键在于正确分析约束反力。

受力分析的步骤:确定研究对象、取脱离体、画主动力、画约束反力。要注意对物体进行受力分析时不考虑平衡条件,只根据约束的性质来画。

思考题

1.1 下列说法是否正确?为什么?

(1)大小相等、方向相反且作用线共线的两个力,一定是一对平衡力。

(2)分力一定小于合力。

(3)桌子放在地板上,桌子压地板,地板以反作用力支持桌子,二力大小相等,方向相反,且共线,所以桌子平衡。

1.2 能否在图示的杆上 B、C、D 三点上各加一力,使杆平衡?

1.3 合力是否一定比分力大,为什么?试举例说明。

普通高等教育力学"十二五"规划教材

1.4 如图所示,当求铰链 E 的约束反力时,能否将作用于 AE 上 C 点的力 P_1 沿其作用线移动,变成作用于杆 BE 上 D 点的力 P_2。

1.5 如图所示的受力图是否正确,如有错误请改正。(设杆重不计,接触处是光滑的)

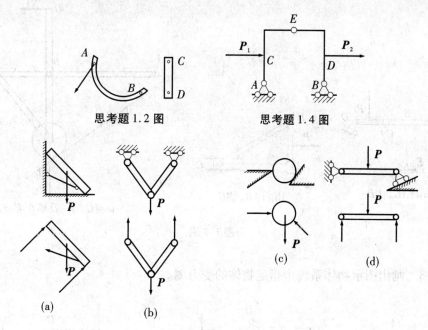

思考题 1.2 图   思考题 1.4 图

思考题 1.5 图

习题

1.1 画出下列指定物体的受力图,物体的质量除图上注明外,均略去不计。假设接触处都是光滑的。

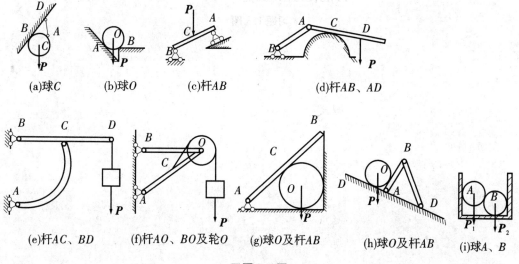

(a)球C (b)球O (c)杆AB (d)杆AB、AD

(e)杆AC、BD (f)杆AO、BO及轮O (g)球O及杆AB (h)球O及杆AB (i)球A、B

习题 1.1 图

1.2 画出图示物体系统中指定物体的受力图。(凡未标出自重的物体质量不计,接触处摩擦不计)

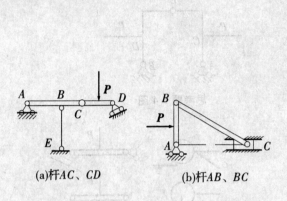

(a)杆AC、CD

(b)杆AB、BC

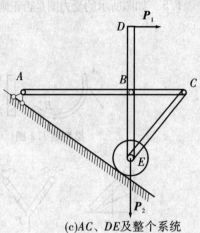

(c)AC、DE及整个系统

习题1.2 图

1.3 画出图示物体系统中指定物体的受力图。

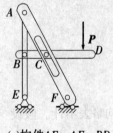

(a)构件AE、AF、BD

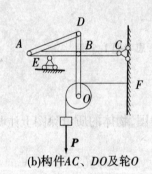

(b)构件AC、DO及轮O

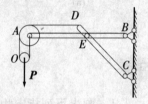

(c)构件AB、DC及滑轮A和滑轮O

习题1.3 图

普通高等教育力学"十二五"规划教材

第2章 平面汇交力系与平面力偶系

作用在物体上的力系多种多样,可以根据力系的特点进行分类。按力的作用线是否在同一平面内,力系可分为平面力系和空间力系。若力系中各分力作用线在同一平面内,称为平面力系,否则称为空间力系。如果将力系按作用线是否汇交或者平行分,则可分为汇交力系、力偶力系、平行力系和任意力系。

在各力系中,平面汇交力系与平面力偶系是最简单的两种力系,也是研究复杂力系的基础。本章将分别利用几何法与解析法研究平面汇交力系的合成与平衡问题。

2.1 平面汇交力系合成与平衡的几何法

平面汇交力系是指各力的作用线都在同一平面内且汇交于一点的力系。下面先介绍平面汇交力系合成的几何法——力的多边形法则。

2.1.1 平面汇交力系合成的几何法——力的多边形法则

平面汇交力系合成的理论依据是力的平行四边形法则或三角形法则。

如图 2.1(a),作用在某刚体上有 4 个力 F_1、F_2、F_3 和 F_4,且 4 个力汇交于 O 点,下面介绍运用几何法求其合力。

首先将 F_1、F_2 两个力进行合成,将这两个力矢量按平行四边形法则或三角形法则得合力 F_{12}。同理再求得力 F_{12} 与 F_3 的合力为 F_{123},依次按同样的方法进行合成得力系的合力 F_R,如图 2.1(b)所示。实际上,可以省略中间求合力的过程,将力矢量 F_1、F_2、F_3 和 F_4 依次首尾相连,得到代表各力矢大小和方向的折线,由折线起点向折线终点做有向线段,使各折线构成的图形封闭,如图 2.1(c)所示。则封闭边表示力系合力的大小和方向,且合力的作用线通过力系汇交点 O,所得到的多边形称为力的多边形,该方法称为力的多边形法则。值得注意的是,作图时力的顺序可以是任意的,对应的力的多边形的形状也会发生变化,但不影响合力的大小和方向。

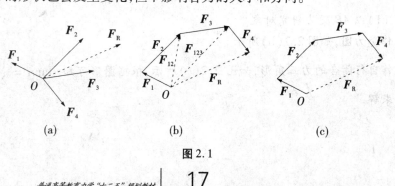

(a) (b) (c)

图 2.1

可以看出,力多边形是由各分力矢与合力矢构成的多边形。合力矢是力多边形的封闭边,也就是由第一个力的起点到最后一个力的末端的连线。

推广到由 n 个力 $\boldsymbol{F}_1, \boldsymbol{F}_2, \cdots, \boldsymbol{F}_n$ 组成的平面汇交力系,可得如下结论:平面汇交力系可简化为一合力,其合力的大小与方向等于各分力的矢量和(也称几何和),合力的作用线通过汇交点。其矢量表达式如下:

$$\boldsymbol{F}_R = \boldsymbol{F}_1 + \boldsymbol{F}_2 + \cdots + \boldsymbol{F}_n = \sum_{i=1}^{n} \boldsymbol{F}_i \tag{2.1}$$

如果各力在同一直线上,称为共线力,假设沿直线的一个方向规定为力的正方向,与之相反力为负,运用上述矢量式时其合力应等于力系中各力的代数和,即

$$F_R = \sum_{i=1}^{n} F_i \tag{2.2}$$

2.1.2 平面汇交力系平衡的几何条件

平面汇交力系平衡的必要充分条件是力系的合力为零,即

$$\sum_{i=1}^{n} \boldsymbol{F}_i = 0 \tag{2.3}$$

根据力的多边形法则,我们知道合力为首力的起点与末力的终点。平衡时,起点与终点必重合,也就是说,平面汇交力系平衡时力系的力多边形自行闭合。力的多边形自行闭合是平面汇交力系平衡的几何条件。

【例 2.1】 如图 2.2 所示,有一简支梁 AB,A 点为固定铰支座,B 点为可动铰支座。在 AB 梁跨中受一力 F 作用,方向如图 2.2 所示,求各支座反力。

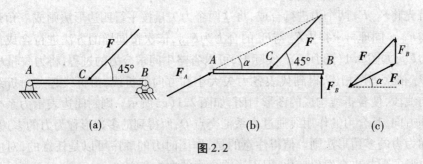

(a)　　　　　　　　(b)　　　　　　　　(c)

图 2.2

解 (1)以 AB 梁为研究对象。

(2)作受力图,如图 2.2(b)所示。

(3)作自行闭合的力三角形,如图 2.2(c)所示,根据图形可知:$\tan\alpha = \dfrac{1}{2}$。

(4)求解。

根据三角关系的正弦定理得

$$\frac{F}{\sin(90°+\alpha)}=\frac{F_A}{\sin 45°}=\frac{F_B}{\sin(45°-\alpha)}$$

则约束力为

$$F_A=\frac{F\sin 45°}{\cos\alpha}\ ,\ F_B=\frac{F\sin(45°-\alpha)}{\cos\alpha}$$

【例2.2】 已知如图2.3所示支架 ABC,A、B 处为固定铰支座,C 处为销钉连接。在 C 处作用有 $P=20$ kN,不计自重。求 AC 和 BC 杆所受的力。

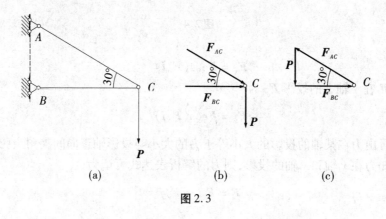

图 2.3

解 (1)以销钉 C 为研究对象,作受力图如图2.3(b)所示。

(2)作自行封闭的力多边形,如图2.3(c)所示。

(3)根据三角关系的正弦定理,有

$$\frac{P}{\sin 30°}=\frac{F_{AC}}{\sin 90°}=\frac{F_{BC}}{\sin 60°}$$

故

$$F_{AC}=2P\ ,\ F_{BC}=\sqrt{3}\,P$$

2.2　平面汇交力系合成与平衡的解析法

2.2.1　力在正交坐标轴系的投影和力的解析表达式

设力 F 作用在 A 点,终点为 B 点,自力矢 F 的起点和终点向 x 轴作垂线,垂足分别为 A' 点和 B' 点。线段 $A'B'$ 的长度冠以适当的正负号,称为 F 在 x 轴上的投影,可记为 F_x。正负号的规定为:自 A' 点到 B' 点的指向与轴的指向一致时,投影为正;反之为负。记 x 轴和 y 轴单位矢量分别为 i、j。则如图2.4所示,力 F 在 x 轴上的投影 F_x 为

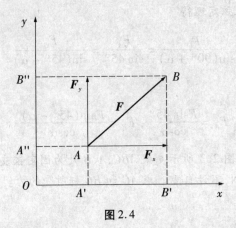

图 2.4

$$F_x = F\cos(F, i) \tag{2.4}$$

同理 F 在 y 轴上的投影 F_y 为

$$F_y = F\cos(F, j) \tag{2.5}$$

可以看出力在某轴的投影的大小等于力的大小与投影轴正向间夹角余弦的乘积。

若已知力在 x 轴和 y 轴的投影,则力的解析表达式可记为

$$F = F_x i + F_y j \tag{2.6}$$

其中

$$F = \sqrt{F_x^2 + F_y^2}, \quad \cos(F, i) = \frac{F_x}{F}, \quad \cos(F, j) = \frac{F_y}{F}$$

2.2.2　平面汇交力系合成的解析法

前面已介绍过平面汇交力系合成的几何法,下面介绍平面汇交力系的解析法。确定平面汇交力系合力的解析法可以利用合力投影定理。设力 F_1 和 F_2 的合力为 F_R,根据矢量合成,有

$$F_R = F_1 + F_2 \tag{2.7}$$

将上式分别向 x 轴和 y 轴投影,有

$$\begin{cases} F_{Rx} = F_{x1} + F_{x2} \\ F_{Ry} = F_{y1} + F_{y2} \end{cases}$$

$$F_R = \sqrt{F_{Rx}^2 + F_{Ry}^2} = \sqrt{\left(\sum_{i=1}^{2} F_{xi}\right)^2 + \left(\sum_{i=1}^{2} F_{yi}\right)^2}$$

$$\cos(F_R, i) = \frac{F_{Rx}}{F_R}, \quad \cos(F_R, j) = \frac{F_{Ry}}{F_R} \tag{2.8}$$

显然,对于有多个力组成的平面汇交力系,按照矢量合成,有

$$F_R = F_1 + F_2 + \cdots + F_n = \sum_{i=1}^{n} F_i \tag{2.9}$$

它们的投影关系为

$$\begin{cases} F_{Rx} = F_{x1} + F_{x2} + \cdots + F_{xn} = \sum_{i=1}^{n} F_{xi} \\ F_{Ry} = F_{y1} + F_{y2} + \cdots + F_{yn} = \sum_{i=1}^{n} F_{yi} \end{cases}$$

$$F_R = \sqrt{F_{Rx}^2 + F_{Ry}^2} = \sqrt{\left(\sum_{i=1}^{n} F_{xi}\right)^2 + \left(\sum_{i=1}^{n} F_{yi}\right)^2}$$

$$\cos(F_R, i) = \frac{F_{Rx}}{F_R}, \quad \cos(F_R, j) = \frac{F_{Ry}}{F_R} \tag{2.10}$$

这就是合力投影定理:对于平面汇交力系,该力系的合力在某一轴上的投影等于各个分力在同一轴上投影的代数和。

若平面汇交力系平衡,则力系合力为零,由式(2.10),有

$$F_R = \sqrt{\left(\sum_{i=1}^{n} F_{xi}\right)^2 + \left(\sum_{i=1}^{n} F_{yi}\right)^2} = 0$$

则平面汇交力系平衡方程为

$$\begin{cases} \sum F_{xi} = 0 \\ \sum F_{yi} = 0 \end{cases} \tag{2.11}$$

可见平面汇交力系平衡的充要条件为各力在两坐标轴投影的代数和为 0。

【例 2.3】　一半径为 30 cm,重量为 400 N 的圆球体,用一根长为 30 cm 的绳子贴墙悬挂,如图 2.5(a)所示。求绳子的拉力和墙面对小球的约束反力。

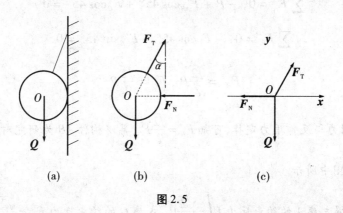

图 2.5

解　经分析可知,小球共受到 3 个力的作用,即重力、绳子拉力和墙面的约束反力,作受力图如图 2.5(b)所示。由于小球处于平衡状态,这 3 个力构成平面汇交力

系,交点为球心 O,过 O 点建立直角坐标系,如图2.5(c)所示,由平面汇交力系的平衡方程,有

$$\sum F_{xi} = 0, F_T\sin\alpha - F_N = 0 \tag{1}$$

$$\sum F_{yi} = 0, F_T\cos\alpha - Q = 0 \tag{2}$$

其中,$\alpha = 30°$,于是得到

$$F_T = Q/0.866 = 461.88 \text{ N}, \qquad F_N = 0.5F_T = 230.9 \text{ N}$$

【例2.4】 有一三铰拱结构,不计自重,构件各直角边长度为 a,设在 D 点作用水平力 $\boldsymbol{P}$,试求支座 A、C 的约束反力。

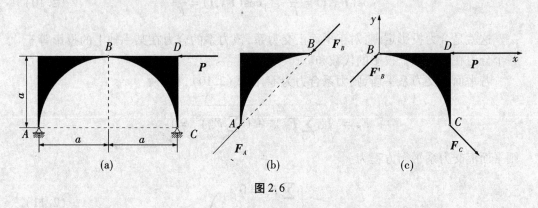

图2.6

解 经分析易知 AB 是二力杆件,首先以 AB 为研究对象作受力图,如图2.6(b)所示;再以构件 BCD 为研究对象,作受力图如图2.6(c)所示。由于构件 BCD 平衡,平衡方程为

$$\sum F_{ix} = 0, \quad -P + F'_B\cos 45° + F_C\cos 45° = 0$$

$$\sum F_{iy} = 0, \quad -F_C\cos 45° + F'_B\sin 45° = 0$$

可得

$$F_B' = \frac{\sqrt{2}}{2}P, \ F_C = \frac{\sqrt{2}}{2}P$$

根据作用力与反作用力定律,可知 $F_B = \frac{\sqrt{2}}{2}P$,再以构件 AB 为研究对象,易得 $F_A = \frac{\sqrt{2}}{2}P$,方向如图中所示。

因此,可得支座 A 的约束反力 $F_A = \frac{\sqrt{2}}{2}P$,支座 C 的约束反力 $F_C = \frac{\sqrt{2}}{2}P$,方向如图中所示。

2.3   平面力对点之矩

力对刚体的作用效应使刚体的运动状态发生改变,包括刚体的移动和转动。其中力对刚体的移动可用力矢来度量,力对刚体的转动效应可用力对点之矩(力矩)来度量,力矩是度量力对刚体转动效应的物理量。

2.3.1   力对点之矩

对于平面情况,平面内的力对点 O 之矩为一代数量,记为 $M_O(F)$,其绝对值大小等于力的大小与力臂乘积,正方向符合右手法则,以力使物体绕逆时针转动为正,反之为负。力 F 对点 O 之矩可以表示为

$$M_O(F) = \pm Fh = \pm 2\Delta OAB \qquad (2.12)$$

式中, F 为力的大小, h 为力臂大小, ΔOAB 为力矢与矩心 O 组成三角形的面积。

运用矢量式可表达为

$$\boldsymbol{M}_O(\boldsymbol{F}) = \boldsymbol{r} \times \boldsymbol{F} \qquad (2.13)$$

式中, $\boldsymbol{r}$ 为力的作用点相对于矩心的矢径, $\boldsymbol{F}$ 为力矢。

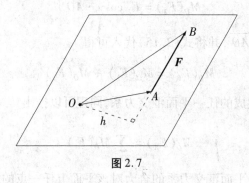

图 2.7

如图 2.7 所示, $M_O(F) = Fh$,由于力矩的转动方向为逆时针,所以力矩为正。可以看出,当力的作用线通过矩心即力臂 $h = 0$ 时或 $F = 0$ 时力矩的大小为 0;当力臂 h 为常量时,力矩的大小为常数,即力 $\boldsymbol{F}$ 沿其作用线移动,对同一点的矩为常数。力矩的单位常用 N·m 或 kN·m。

2.3.2   合力矩定理

如图 2.8 所示,已知某平面力系 F_1 和 F_2 ,其合力为 F_R ,即 $\boldsymbol{F}_R = \boldsymbol{F}_1 + \boldsymbol{F}_2$ 。下面研究该力系各分力与合力对该平面上点 O 的力矩。设 F_R、F_1 和 F_2 与 x 轴的夹角分别为 α、β、γ ,与 O 的距离分别为 D、d_1 和 d_2 ,根据合力投影定理,有

$$F_{Rx} = F_{1x} + F_{2x}$$

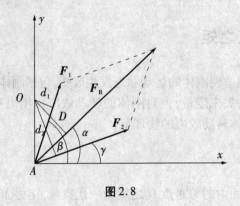

图 2.8

即有

$$F_R\cos\alpha = F_1\cos\beta + F_2\cos\gamma \qquad (2.14)$$

显然 F_R、F_1 和 F_2 对平面上点 O 的力矩分别为

$$\left. \begin{array}{l} M_O(F_R) = F_R\cos\alpha \cdot \overline{AO} \\ M_O(F_1) = F_1\cos\beta \cdot \overline{AO} \\ M_O(F_2) = F_2\cos\gamma \cdot \overline{AO} \end{array} \right\} \qquad (2.15)$$

将式(2.14)两边同乘 $\overline{AO}$,并将式(2.15)代入可得

$$M_O(F_R) = M_O(F_1) + M_O(F_2) \qquad (2.16)$$

显然,对于由 n 个力组成的任一平面汇交力系,同理可以推出

$$M_O(F_R) = \sum_{i=1}^{n} M_O(F_i) \qquad (2.17)$$

上式即为合力矩定理:平面汇交力系的合力对该平面上任一点的矩等于各个分力对该点的力矩之和。

下面来推导力对点之矩的解析表达式。根据合力矩定理,假定力 F 的作用点坐标为 (x, y),在两个坐标轴的投影分别为 F_x、F_y,对该平面上坐标系原点 O 的矩为

$$M_O(F) = [M_O(F_x)] + [M_O(F_y)] = -F_x y + F_y x$$

因此,力对点之矩的解析表达式为

$$M_O(F) = F_y x - F_x y \qquad (2.18)$$

注意,上式适用的条件为:矩心 O 为坐标系原点,x、y 分别为力 F 的作用点坐标,F_x、F_y 为力 F 在两坐标轴上的投影。

对于平面汇交力系,根据式(2.18)、式(2.17),解析表达式为

$$M_O(F_R) = \sum_{i=1}^{n} M_O(F_i) = \sum_{i=1}^{n} (F_{yi}x_i - F_{xi}y_i) \qquad (2.19)$$

【例 2.5】　一托架如图 2.9 所示。一大小为 2 kN 的力 F 作用于支架上的 O 点，方向如图所示。试求力 F 分别对点 A、B 之矩。

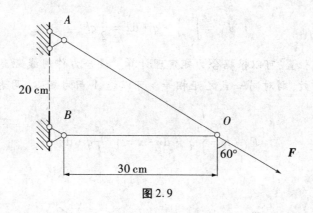

图 2.9

解　本题可以直接根据力对点之矩的定义式求解，但是求力 F 对 A、B 两点的力臂比较麻烦。下面利用合力矩定理求解。根据式(2.17)，有

$$M_A(F) = M_A(F_x) + M_A(F_y) = 0.2F\sin 60° - 0.3F\cos 60° = 46.4 \ (\text{N} \cdot \text{m})$$

同理

$$M_B(F) = M_B(F_x) + M_B(F_y) = 0 - 0.3F\cos 60° = -300 \ (\text{N} \cdot \text{m})$$

注意：本题求解时不能直接运用式(2.18)，因为 A、B 两点均不是坐标系原点。

【例 2.6】　已知一简支梁，上面作用一方向向下的线性分布荷载，如图 2.10 所示。试求该力系的合力及其作用线位置。

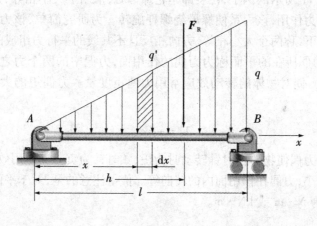

图 2.10

解　先求合力。设距离 A 点为 x 处的荷载分布集度为 q'，则

$$q' = \frac{x}{l} \cdot q$$

则其合力大小为

$$F_R = \int_0^l \frac{x}{l} \cdot q \cdot dx = \frac{1}{2}ql$$

合力作用线位置，可以根据合力矩定理计算。设合力作用线距离 A 点为 h，由于合力与原力系等效，则对同一点之矩相等。可以选 A 点为矩心，两者对 A 点之矩相等，则

$$F_R \cdot h = \int_0^l q' \cdot dx \cdot x = \int_0^l \frac{x^2}{l} q \cdot dx$$

故

$$h = \frac{2}{3}l$$

对于呈三角形规律的分布荷载，其基本规律为合力的大小等于"三角形"面积，作用线距离底边为"三角形"高度的 $\frac{1}{3}$。

2.4　平面力偶系

2.4.1　力偶与力偶矩

首先看图 2.11 所示的例子，在装卸车轮螺母时，采用了大小相等、方向相反、作用线相平行的两个力作用，该力系使螺母绕螺杆旋转。为研究简单，该力系可表示为图 2.12。通常情况下，称两个大小相等、方向相反且不共线的平行力组成的力系为力偶，记作 (F, F')。力偶所在的平面称为力偶的作用面，力偶中的两个力之间的垂直距离 d 称为力偶臂。力偶对物体的转动效应常用力偶矩度量。力偶矩的大小等于力与力偶臂的乘积，即

$$M = \pm Fd \tag{2.20}$$

其正负号规定为力偶使物体逆时针转动时为正，顺时针为负。其作用效应的影响因素包括力偶矩的大小，力偶在作用面内的转向等。值得注意的是，对于平面情况，力偶为一代数量，单位为 N·m 或 kN·m。

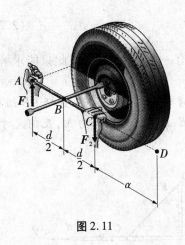

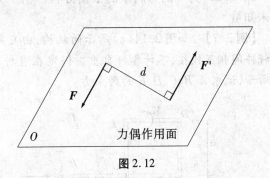

图 2.11　　　　　　　　　　　　图 2.12

　　由于力可以使刚体产生两种运动效应,即移动效应和转动效应,而力偶的作用效果是改变物体的转动状态(图 2.13),因此力偶不能与力等效替换,也不能和力平衡。力和力偶是静力学的两个基本因素。

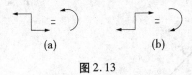

图 2.13

　　力偶的性质主要包括:

　　(1)无合力。

　　(2)力偶的两个力对任一点的矩等于力偶矩。

　　(3)任一力偶可在其作用面内移动而不改变它对物体的作用,力偶对刚体的作用与力偶在其平面内的位置无关。

　　(4)只要保持力偶的大小和转向不变,可以同时改变力偶中力的大小和力偶臂的长短,而不改变力对刚体的作用。

　　同一平面内力偶矩大小相等、转向相同的两力偶对刚体的作用等效,称之为平面力偶的等效定理。或在同一个平面内的两个力偶,如果力偶矩相等,则两个力偶彼此等效。

2.4.2　平面力偶系的合成与平衡条件

　　同一平面内的力偶可合成为一个合力偶,合力偶矩等于各力偶矩的代数和。

$$M = \sum_{i=1}^{n} M_i \tag{2.21}$$

　　平面力偶系平衡的必要与充分条件是合力偶矩等于零,即力偶系中各力偶矩的代数和等于零。即

$$\sum_{i=1}^{n} M_i = 0 \qquad\qquad (2.22)$$

式(2.22)为平面力偶系的平衡方程。由于只有一个平衡方程,因此只能求解一个未知量。

【例2.7】 如图2.14(a)所示的机构,由直角弯杆 *ACE* 和 *BCD* 和直杆 *DE* 组成,各杆件间相互铰接,不计各杆自重。假定在直杆 *DE* 上作用力偶矩为 *M*,几何尺寸如图所示,试求 *A*、*B*、*C*、*D*、*E* 的约束力。

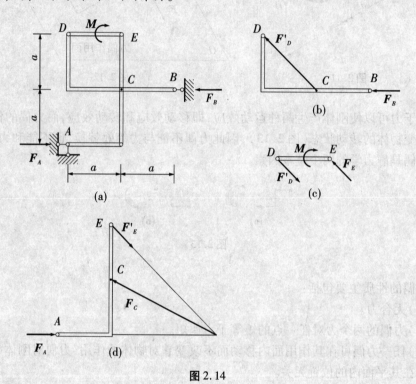

图2.14

解 (1)先取整体为研究对象,由于 *B* 铰为滚动支座,故有水平方向的约束力 F_B,因此 F_B 与 *A* 处的约束力 F_A 构成一力偶,受力如图2.14(a)所示。由于两力偶平衡,则有

$$\sum_{i=1}^{n} M_i = 0 , \qquad F_A \cdot a - M = 0 \qquad\qquad (1)$$

可得

$$F_A = F_B = \frac{M}{a}$$

(2)再取直角弯杆 *BCD* 为研究对象。由于力 F_B 的作用线通过点 *C*,由三力平衡汇交定理得 *D* 点力 F'_D 的的作用线也通过点 *C*,受力如图2.14(b)所示。

·(3)取直杆 DE 为研究对象,受力如图 2.14(c)所示。由力偶的平衡,可知

$$\sum_{i=1}^{n} M_i = 0 , \quad F_D \sin 45° \cdot a - M = 0 \tag{2}$$

解得

$$F_D = F_E = \frac{\sqrt{2} M}{a}$$

(4)最后取直角弯杆 ACE 为研究对象,受力如图 2.14(d)所示。由平面汇交力系的平衡方程

$$\sum_{i=1}^{n} F_{yi} = 0 , \quad F_C \sin \alpha - F'_E \cos 45° = 0 \tag{3}$$

其中, $\sin \alpha = \frac{1}{\sqrt{5}}$,可得

$$F_C = \frac{\sqrt{5} M}{a}$$

注意本题的关键是把两个大小相等,方向相反,作用线相平行的"力"凑成"力偶",如(F_A , F_B),(F_D , F_E)。这主要是因为,物体平衡时,必定作用在其上的力与力相平衡,力矩与力矩相平衡。如果以本题整体为研究对象,由于作用在其上已知有 M ,故必须有大小相同,转向相反的力偶(F_A , F_B)作用,结构才能平衡。

小 结

本章主要基本概念包括:

1. 平面汇交力系合成的几何法——力的多边形法则

平面汇交力系合成的理论依据是力的平行四边形法则或三角形法则。力多边形是由各分力矢与合力矢构成的多边形;合力矢是力多边形的封闭边,也就是由第一个力的起点到最后一个分力的末端的连线。

平面汇交力系平衡的必要充分条件是力系的合力为零。平面汇交力系平衡的几何条件是力多边形自行封闭。

2. 平面汇交力系合成与平衡的解析法

力在坐标轴上的投影为

$$F_x = F \cos(F, i)$$

式中, $\cos(F, i)$ 为力 F 与 x 轴间的夹角,投影值为代数量。

平面力的解析表达式为

$$F = F_x i + F_y j$$

其中

$$F = \sqrt{F_x^2 + F_y^2}, \quad \cos(\boldsymbol{F},\boldsymbol{i}) = \frac{F_x}{F}, \quad \cos(\boldsymbol{F},\boldsymbol{j}) = \frac{F_y}{F}$$

平面汇交力系合力的解析法可以利用合力投影定理,即合力在某一轴上的投影等于各分力在同一轴上投影的代数和。

平面汇交力系平衡的充要条件为各力在两坐标轴投影的代数和为零。

3. 平面力对点之矩

平面内的力对点 O 之矩是代数量,记为 $M_O(F)$

$$M_O(F) = \pm Fh = \pm 2\Delta OAB$$

其中 F 为力的大小,h 为力臂大小,ΔOAB 为力矢与矩心 O 组成三角形的面积。一般以逆时针转向为正,反之为负。

力矩的解析表达式为

$$M_O(F) = F_y x - F_x y$$

合力矩定理:平面汇交力系的合力对该平面上任一点的矩等于各个分力对该点的力矩之和,即

$$M_O(F_R) = \sum_{i=1}^{n} M_O(F_i) = \sum_{i=1}^{n} (F_{yi} x_i - F_{xi} y_i)$$

4. 平面力偶

力偶是由等值、反向、不共线的两个平行力组成的特殊力系。力偶没有合力,也不能用一个力来平衡。

力偶对物体的作用效应决定于力偶矩 M 的大小和转向,即 $M = \pm Fd$。式中正负号表示力偶的转向,一般以逆时针转向为正,反之为负。

力偶在任一轴上的投影等于零,它对平面内任一点的矩等于力偶矩,力偶矩与矩心的位置无关。

同平面内力偶的等效定理:在同平面内的两个力偶,如果力偶矩相等,则彼此等效。力偶矩是力偶作用效果的唯一度量。

思考题

2.1 判断下面说法的正确性。

(1)一个力在任意轴上投影的大小一定小于或等于该力的模,而沿该轴的分力的大小则可能大于该力的模。 (   )

(2)力偶无合力,不能用一个力来等效,也不能用一个力来平衡。 (   )

(3)只要两个力大小相等、方向相反,这两个力就组成一力偶。 (   )

(4)同一个平面内的两个力偶,只要它们的力偶矩相等,这两个力偶就一定等效。
(   )

普通高等教育力学"十二五"规划教材

(5)只要平面力偶的力偶矩保持不变,可将力偶的力和臂作相应的改变,而不影响其对刚体的效应。　　　　　　　　　　　　　　　　　　　　　　　(　　)

(6)力偶中的两个力对于任一点之矩恒等于其力偶矩,而与矩心的位置无关。
　　　　　　　　　　　　　　　　　　　　　　　　　　　　　　　(　　)

(7)用解析法求平面汇交力系的合力时,若选用不同的直角坐标系,则所求得的合力不同。　　　　　　　　　　　　　　　　　　　　　　　　　　　　(　　)

(8)若平面汇交力系构成首尾相连、封闭的力多边形,则合力必然为零。　(　　)

(9)力偶的两个力在其作用面内向任意轴上的投影代数和均等于零。　(　　)

(10)如图所示,带有不平行二槽的矩形平板上作用一矩为 M 的力偶。今在槽内插入两个固定于地面的销钉,若不计摩擦则平板不能平衡。　　　　　　(　　)

2.2　图示结构受力 P 作用,杆重不计,试计算 A 支座约束反力的大小。

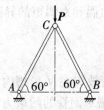

思考题 2.1 图　　　　　　　　思考题 2.2 图

2.3　简支梁 AB 受载荷如图所示,今分别用 F_{N1}、F_{N2}、F_{N3} 表示三种情况下支座 B 的反力,试比较它们之间的大小关系。

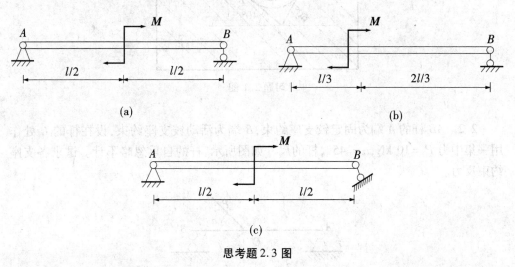

(a)　　　　　　　　　　　　　　　(b)

(c)

思考题 2.3 图

2.4　在图示结构中,如果将作用于构件 AC 上矩为 M 的力偶搬移到构件 BC 上,则 A、B、C 三处约束力的大小如何变化?

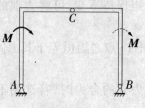

思考题 2.4 图

2.5 由力的解析表达式 $F = F_x i + F_y j$,能确定力的大小和方向吗？能确定力的作用线位置吗？

2.6 用解析法求解平面汇交力系的平衡问题时,两投影轴是否一定要相互垂直？当两轴不垂直时,建立的平衡方程能满足力系的平衡条件 $\sum F_{xi} = 0$ 和 $\sum F_{yi} = 0$ 吗？

2.7 比较力偶和力偶矩的异同点。

习题

2.1 一钢管放置在 V 形槽内,如图所示,已知管重 $P = 10$ kN,钢管与槽面间的摩擦不计,求 V 形槽对钢管的约束力。

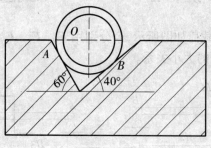

习题 2.1 图

2.2 AB 杆的 A 端为固定铰支座约束,B 端为活动铰支座约束,设在杆的 C 处作用一集中力 $P = 10$ kN,$\alpha = 45°$,杆的尺寸如图所示,杆的自重忽略不计。试求各支座约束反力。

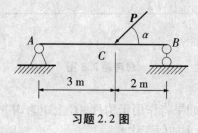

习题 2.2 图

2.3 两个密切接触的齿轮,半径分别为 r_1、r_2。作用在轮 A 上的力偶矩大小为

M_1, 转向如图所示。齿轮的压力角为 θ_1, 不计两轮的重量。求使两轮维持匀速转动时齿轮 B 上的力偶矩 M_2 及轴承 O_1、O_2 的约束力大小和方向。

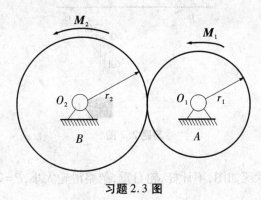

习题 2.3 图

2.4 图示三个力的大小分别是 $F_1 = 2 \text{ kN}, F_2 = 4 \text{ kN}, F_3 = 3 \text{ kN}$。试求它们的合力 F_R。

2.5 已知: $F_1 = 100 \text{ N}, F_2 = 200 \text{ N}, F_3 = 300 \text{ N}, F_4 = 400 \text{ N}$, 如图所示, 求平面汇交力系的合力。

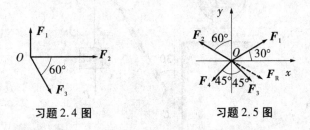

习题 2.4 图　　　　　习题 2.5 图

2.6 一构件上须钻三个孔, 钻头力偶矩分别为 $M_1 = 100 \text{ kN} \cdot \text{m}, M_2 = 200 \text{ kN} \cdot \text{m}, M_3 = 300 \text{ kN} \cdot \text{m}$。求夹具对工件的约束反力。

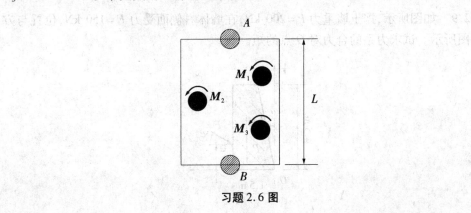

习题 2.6 图

2.7 如图所示, 重物重 $G = 30 \text{ kN}$, 由绳索 AB、AC 悬挂在墙上。求绳 AB、AC 的约

束反力。

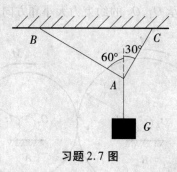

习题 2.7 图

2.8 系统受力状况如图,不计杆、轮自重,忽略滑轮大小,$P=20$ kN。求系统平衡时杆 AB、BC 受力。

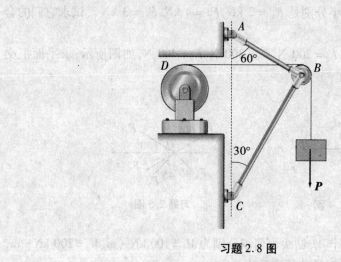

习题 2.8 图

2.9 如图所示,挡土墙重力 $P=200$ kN,在墙体右侧面受力 $F=150$ kN,位置与方向如图所示。试求力系的合力对 O 点的矩。

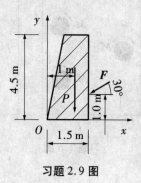

习题 2.9 图

普通高等教育力学"十二五"规划教材

2.10　一简易起重结构,起吊重物 $P = 10$ kN,不计杆重和滑轮尺寸。求杆 AB 与 BC 所受的力。

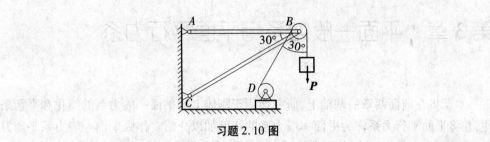

习题 2.10 图

第3章 平面一般力系与平面平行力系

本章将在前面两章的基础上,研究作用于刚体上的平面一般力系的简化和平衡条件,并将平面平行力系作为平面一般力系的特例加以介绍。作为平面一般力系平衡方程的应用,本章将讨论若干刚体组成的刚体系的平衡问题,并介绍静定与超静定的概念。

3.1 平面一般力系向一点的简化

平面一般力系是指各力作用线都在同一平面内,既不汇交于同一点,也不完全平行的力系。平面一般力系是工程上最常见的力系,很多实际问题都可简化为平面一般力系问题来处理。因此,研究平面一般力系就显得非常重要。

力系向一点简化是一种较为简便并具有普遍性的力系简化方法。此方法的理论基础是力的平移定理。

3.1.1 力的平移定理

前面介绍了刚体中力的可移性,作用在刚体上某点的力,可沿其作用线移动到刚体内任一点,而不改变它对刚体的作用(运动效应)。现在来讨论在什么样的情况下,可以把力平行地移到作用线以外的任意一点,而不改变力对刚体的作用效应。

设在刚体上 A 点作用有一个力 $\boldsymbol{F}$[图 3.1(a)],在其作用线外另有一点 B。在 B 点加上一组平衡力 $\boldsymbol{F}'$ 和 $\boldsymbol{F}''$,且有 $\boldsymbol{F}' = -\boldsymbol{F}'' = \boldsymbol{F}$。力 $\boldsymbol{F}$ 与 $\boldsymbol{F}''$ 是一个力偶,则力系($\boldsymbol{F}'$,$\boldsymbol{F}''$,$\boldsymbol{F}$)[图 3.1(b)]与作用在 B 点的力 $\boldsymbol{F}'$ 和一个力偶($\boldsymbol{F}$,$\boldsymbol{F}''$)[图 3.1(c)]等效。后者即为力 $\boldsymbol{F}$ 向 B 点平移的结果。力偶($\boldsymbol{F}$,$\boldsymbol{F}''$)称为附加力偶,其力偶矩为

$$M = Fd = M_B(\boldsymbol{F})$$

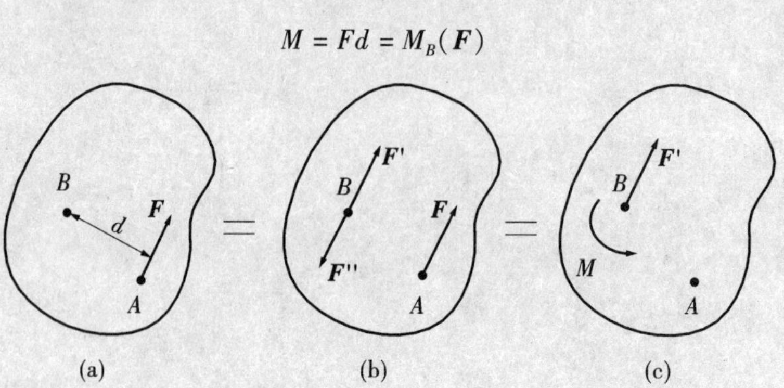

(a) (b) (c)

图 3.1

于是得到力的平移定理：作用在刚体上点 A 的力 F 可平行移到任一点 B，但必须同时附加一个力偶，此附加力偶的力偶矩等于原来的力 F 对新作用点 B 的矩。

该定理说明平面内一个力可以分解为一个力和一个力偶。注意其逆定理也成立，即上图反过来也成立。其逆定理表明，在同平面内的一个力和一个力偶可等效或合成一个力。

3.1.2　平面一般力系向作用面内一点的简化

前面所讲的定理是一个力向任一点的简化，运用这个定理我们可以将力系向任一点简化。

刚体上作用有 n 个力 $F_1, F_2, \cdots, F_n$ 组成的平面一般力系，如图 3.2（a）所示。在平面内任取一点 O，称为简化中心，应用力的平移定理，把各力都平移到点 O 并各附加一力偶。这样，得到一个作用于点 O 的平面汇交力系（$F'_1, F'_2, \cdots, F'_n$）和一个平面力偶系（$M_1, M_2, \cdots, M_n$），如图 3.2（b）所示。然后将平面汇交力系和平面力偶系分别合成，得到一个作用于点 O 的力 F'_R 和力偶矩为 M_O 的一个力偶，如图 3.2（c）所示。

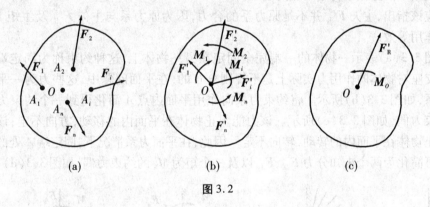

(a)　　　　　(b)　　　　　(c)

图 3.2

根据汇交力系的合成理论，F'_R 应等于各汇交力的矢量和，即

$$F'_R = F'_1 + F'_2 + \cdots + F'_n$$

因为各力矢 $F_i' = F_i$（$i = 1, 2, \cdots, n$），因此

$$F'_R = F_1 + F_2 + \cdots + F_n = \sum_{i=1}^{n} F_i \tag{3.1}$$

即力矢 F'_R 等于原来各力的矢量和。

根据力偶系的合成理论，M_O 应等于各附加力偶矩的代数和，即

$$M_O = M_1 + M_2 + \cdots + M_n$$

而各附加力偶矩分别等于原来各力对 O 点之矩，即

$$M_i = M_O(F_i) \quad (i = 1, 2, \cdots, n)$$

因此

$$M_O = M_1 + M_2 + \cdots + M_n = \sum_{i=1}^{n} M_O(F_i) \tag{3.2}$$

即力偶矩 M_O 等于原来各力对 O 点之矩的代数和。

由此可知,平面一般力系向作用面内任一点(简化中心)简化,一般可得到一个力和一个力偶,这个力作用于简化中心,等于原力系各力的矢量和,称之为原力系的主矢;这个力偶作用在原力系所在平面内,其矩等于原力系各力对简化中心之矩的代数和,称之为原力系对简化中心的主矩。

选取不同的简化中心,主矢并不改变,因为主矢等于原力系各力的矢量和,因此当简化中心改变时,主矢的大小及方向都不改变,所以一个力系的主矢是一个常矢量,主矢与简化中心的位置无关。主矩等于力系中各力对简化中心之矩的代数和,取不同的点为简化中心,各力对简化中心的矩会改变,它们的代数和一般也会改变,故主矩一般随简化中心的位置不同而不同。因此说到主矩,必须说明是力系对哪一点的主矩,比如我们用 M_O 表示力系对 O 点的主矩。

应该指出,主矢 F'_R 并不是原力系的合力,因为原力系与主矢 F'_R 及主矩 M_O 的共同作用等效。

图3.3(a)表示一物体的一端完全固定在另一物体上,这种约束称为固定端。固定端支座对物体的作用力实际上是不规则分布的,在平面问题中,这些力为一平面一般力系,如图3.3(b)所示。将约束力系向作用平面内点 A 简化得到一个约束力和一个约束力偶,如图3.3(c)所示。该力能阻止物体在平面内的移动,方向不定;该力偶能阻止物体在平面内的转动,转向不定。因此,在平面力系情况下,固定端 A 处的约束反力可简化为两个未知分力 F_{Ax},F_{Ay} 以及一个矩为 M_A 的约束力偶,如图3.3(d)所示。

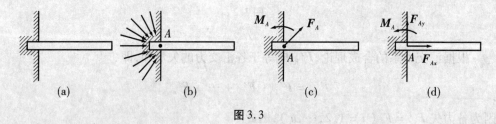

图3.3

在工程实际中,固定端约束是一种常见的约束,比如建筑物中阳台板的一端插入墙内用水泥砂浆封固,还有插入基础中的立柱,插入地下的电线杆等。

3.1.3　平面一般力系简化结果的讨论

平面一般力系向作用平面内任一点简化,得到主矢 F'_R 和主矩 M_O,可能有以下几种情况。

(1)平面一般力系简化为力偶　如果力系的主矢等于零,主矩不等于零,即

普通高等教育力学"十二五"规划教材

$$F'_R = 0 , \quad M_O \neq 0$$

则原力系最后简化为一合力偶,其力偶矩等于原力系对简化中心的主矩,即合力偶矩为

$$M_O = \sum_{i=1}^{n} M_O(\boldsymbol{F}_i)$$

在此情况下,若力系向平面内其他任何一点简化,也必然简化为一合力偶,而且此合力偶矩与主矩 M_O 相等,因为力偶对平面内任一点的矩都相等。因此,在力系的主矢 $\boldsymbol{F}'_R = 0$ 的情况下,也只有在这种情况下,力系的主矩与简化中心的选择无关。其余各情况,主矩一定与简化中心有关。

(2)平面一般力系简化为合力

1)如果主矩等于零,主矢不等于零,即

$$\boldsymbol{F}'_R \neq 0 , \quad M_O = 0$$

此时附加力偶系互相平衡,只有一个与原力系等效的力 $\boldsymbol{F}'_R$。显然,$\boldsymbol{F}'_R$ 就是原力系的合力,合力矢等于力系的主矢,而合力的作用线正好通过简化中心 O。

2)如果主矢和主矩都不等于零,即

$$\boldsymbol{F}'_R \neq 0 , \quad M_O \neq 0$$

在保持 M_O 的力偶矩和转向不变的情况下,用两个力 $\boldsymbol{F}_R , \boldsymbol{F}''_R$ 来表示 M_O,并令 $\boldsymbol{F}'_R = \boldsymbol{F}_R = -\boldsymbol{F}''_R$[图 3.4(b)]。再去掉一对平衡力 $\boldsymbol{F}'_R$ 和 $\boldsymbol{F}''_R$,于是就将作用于点 O 的力 $\boldsymbol{F}'_R$ 和力偶($\boldsymbol{F}_R , \boldsymbol{F}''_R$)合成为一个作用在点 O' 的力 $\boldsymbol{F}_R$,如图 3.4(c)所示。

这个力 $\boldsymbol{F}_R$ 就是原力系的合力。合力矢等于主矢,合力的作用线在点 O 的哪一侧,需要根据主矢和主矩的方向确定,合力的作用线到点 O 的距离 d 为

$$d = \frac{M_O}{F_R} \tag{3.3}$$

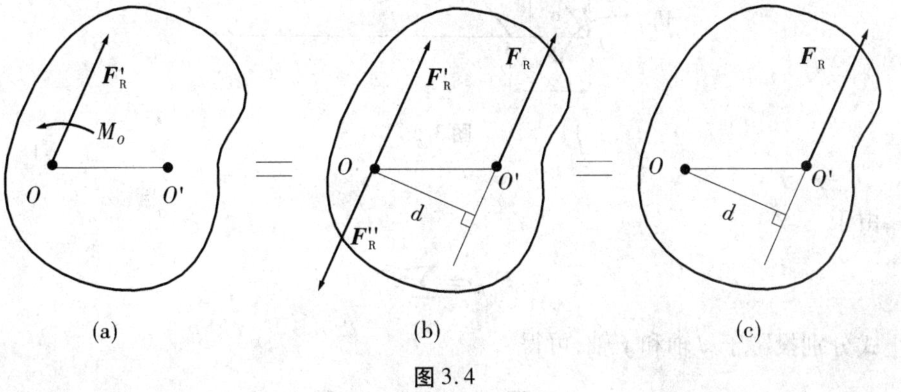

图 3.4

当平面力系简化为一个合力时,由图 3.4 可知,合力 $\boldsymbol{F}_R$ 对点 O 的矩为

$$M_O(\boldsymbol{F}_{\mathrm{R}}) = F_{\mathrm{R}}d = M_O$$

由式(3.2)可知

$$M_O = \sum_{i=1}^{n} M_O(\boldsymbol{F}_i)$$

所以

$$M_O(\boldsymbol{F}_{\mathrm{R}}) = \sum_{i=1}^{n} M_O(\boldsymbol{F}_i) \tag{3.4}$$

由于简化中心 O 是任意选取的,故上式具有普遍意义,可叙述如下:平面一般力系的合力对作用平面内任一点的矩等于力系中各分力对同一点的矩的代数和。这就是平面力系的合力矩定理。

(3)平面一般力系平衡　如果力系的主矢、主矩都等于零,即

$$\boldsymbol{F}'_{\mathrm{R}} = 0 , \quad M_O = 0$$

则原力系平衡,这种情况将在下一节详细讨论。

3.1.4　平面一般力系简化结果的解析计算

为了用解析法计算主矢和主矩,过简化中心 O 作直角坐标系 Oxy ,如图 3.5 所示。

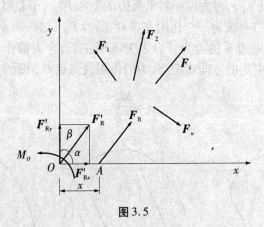

图3.5

由于

$$\boldsymbol{F}'_{\mathrm{R}} = \sum \boldsymbol{F}_i$$

将上式分别投影于 x 轴和 y 轴,可得

$$F'_{\mathrm{R}x} = \sum F_{xi} , \quad F'_{\mathrm{R}y} = \sum F_{yi} \tag{3.5}$$

式中, $F'_{\mathrm{R}x}$, $F'_{\mathrm{R}y}$ 及 F_{xi} , F_{yi} 分别为 $\boldsymbol{F}'_{\mathrm{R}}$ 及 $\boldsymbol{F}_i$ 在 x , y 轴上的投影。

普通高等教育力学"十二五"规划教材

于是主矢的大小和方向余弦分别为

$$F'_R = \sqrt{(F'_{Rx})^2 + (F'_{Ry})^2} = \sqrt{\left(\sum F_{xi}\right)^2 + \left(\sum F_{yi}\right)^2}$$

$$\cos(F'_R, x) = \frac{F'_{Rx}}{F'_R} = \frac{\sum F_{xi}}{F'_R}, \quad \cos(F'_R, y) = \frac{F'_{Ry}}{F'_R} = \frac{\sum F_{yi}}{F'_R} \qquad (3.6)$$

力系对点 O 的主矩的解析表达式为

$$M_O = \sum_{i=1}^{n} M_O(F_i) = \sum_{i=1}^{n} (x_i F_{yi} - y_i F_{xi}) \qquad (3.7)$$

式中, x_i, y_i 为力 F_i 作用点的坐标。主矩是一个代数值,若 $M_O > 0$,表明主矩为逆时针转向,若 $M_O < 0$,则表明主矩为顺时针转向。

只要主矢量不等于零,力系总可以简化为一个合力 F_R,合力的大小和方向均与主矢 F'_R 相同,可按式(3.5)和式(3.6)计算。当主矢和主矩都不等于零时,我们可利用式(3.3)求出合力作用线到简化中心 O 点的垂直距离。在实际计算中往往要确定合力作用点的 x 坐标,可利用合力矩定理用下述方法求得。

设合力 F_R 作用线与 x 轴的交点为 A ,点 A 的坐标为 $(x, 0)$,如图 3.5 所示,则合力 F_R 对 O 点的矩为

$$M_O(F_R) = x F_{Ry}$$

由合力矩定理

$$M_O(F_R) = \sum_{i=1}^{n} M_O(F_i)$$

得

$$x F_{Ry} = \sum_{i=1}^{n} M_O(F_i)$$

从而

$$x = \frac{\sum\limits_{i=1}^{n} M_O(F_i)}{F_{Ry}} = \frac{M_O}{F_{Ry}} \qquad (3.8)$$

当为 x 正时,合力在 x 轴正向;反之,在 x 轴负向。

【例 3.1】　重力坝受力如图 3.6(a)所示。设 $P_1 = 450$ kN, $P_2 = 200$ kN, $F_1 = 300$ kN, $F_2 = 70$ kN 。求力系的合力。

解　(1)先将力系向点 O 简化,求主矢 F'_R 和主矩 M_O ,如图 3.6(b)所示。由图 3.6(a),有

$$\theta = \angle ACB = \arctan \frac{AB}{CB} = 16.7°$$

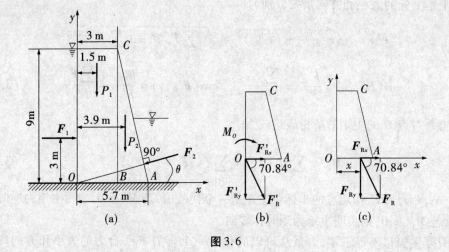

图 3.6

主矢 F'_R 在 x 轴和 y 轴上的投影为

$$F'_{Rx} = \sum F_x = F_1 - F_2\cos\theta = 232.9 \ (\text{kN})$$

$$F'_{Ry} = \sum F_y = -P_1 - P_2 - F_2\sin\theta = -670.1 \ (\text{kN})$$

主矢 F'_R 的大小为

$$F'_R = \sqrt{\left(\sum F_x\right)^2 + \left(\sum F_y\right)^2} = 709.4 \ (\text{kN})$$

因为 F'_{Rx} 为正，F'_{Ry} 为负，故主矢 F'_R 在第四象限内，与 x 轴的夹角为 β，有

$$\tan\beta = \frac{F'_{Ry}}{F'_{Rx}} = \frac{-670.1}{232.9} = -2.877$$

所以

$$\beta = -70.84°$$

故主矢 F'_R 与 x 轴的夹角为 $-70.84°$。

力系对点 O 的主矩为

$$M_O = \sum M_O(F_i)$$
$$= -3 \times F_1 - 1.5 \times P_1 - 3.9 \times P_2$$
$$= -2355 \ (\text{kN} \cdot \text{m})(\text{顺时针})$$

(2)合力 F_R 的大小和方向与主矢 F'_R 相同。其作用线位置的 x 值根据式(3.8)求得，如图 3.6(c)所示，有

$$x = \frac{M_O}{F_{Ry}} = \frac{-2355}{-670.1} = 3.514 \ \text{m}$$

3.2 平面平行力系的简化

在工程中还经常遇到平面平行力系的问题。所谓平面平行力系,就是各力的作用线都在同一平面内且互相平行的力系。

平面平行力系的简化与平面一般力系的简化方法完全相同,简化的结果仍然是一个主矢和一个主矩。如果在平面平行力系中,所取的坐标系的 y 轴平行于各力的作用线,则所有力在 x 轴上的投影均为零,所以主矢的大小等于原力系中各力的代数和,即

$$F'_R = \sum F_i \tag{3.9}$$

主矢的方向与平面平行力系平行。当 F'_R 为正值时,表明主矢沿 y 轴正向;当 F'_R 为负值时,表明主矢沿 y 轴负向,作用在简化中心上。主矩仍等于平面平行力系中各力对简化中心之矩的代数和,即

$$M_O = \sum_{i=1}^n M_O(\boldsymbol{F}_i) \tag{3.10}$$

当主矢、主矩均不等于零时,则力系可进一步简化为一个合力。合力与主矢的大小及方向均相同,合力的作用点不再通过简化中心,其作用点 x 坐标可用下式求出

$$x = \frac{M_O}{F'_R} = \frac{\sum_{i=1}^n M_O(\boldsymbol{F}_i)}{\sum F_i} \tag{3.11}$$

合力作用点的 x 坐标是一个代数值,当 $x > 0$ 时,合力作用在 x 轴正向;反之,作用在 x 轴负向。

【例3.2】 如图 3.7 所示,梁 AB 上作用铅直向下的分布荷载,设 $AB = l$,单位长度上的力(荷载集度)呈线性规律,图 3.7(a)中梁左端的荷载集度为零,右端的荷载集度为 q_0,图 3.7(b)中梁的荷载集度为 q。求梁上的分布荷载的合力的大小和作用线位置。

解 作用在梁 AB 上的线分布荷载的作用线互相平行,组成一平面平行力系,由上面讨论可知,其简化结果为一主矢和一主矩。以 A 点为简化中心建立坐标系,在距离 A 端为 x 的梁中取一微段 dx,由于荷载线性分布,在此微段上分布荷载的集度为 q_x,其大小为

$$q_x = \frac{q_0}{l}x$$

dx 微段上力的大小为 $q_x dx$,把梁 AB 分成无数个小微段,则主矢等于各微段上力的代数和,可用积分求出

$$F' = \int_0^l q_x dx = \int_0^l \frac{-q_0 x}{l} dx = -\frac{q_0 l}{2}$$

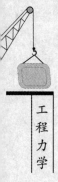

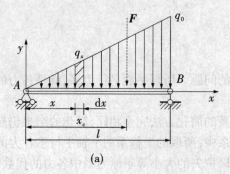
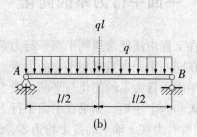

(a)   (b)

图 3.7

负号说明主矢方向平行于 y 轴向下。

主矩等于各微段上的力对 A 点之矩的代数和,同样可用积分求出

$$M_A = \int_0^l q_x \mathrm{d}x \cdot x = \int_0^l \frac{-q_0 x}{l} \mathrm{d}x \cdot x = -\frac{q_0}{l} \int_0^l x^2 \mathrm{d}x = -\frac{q_0 l^2}{3}$$

主矩 M_A 为负号说明其转向为顺时针。

主矢和主矩不等于零,可进一步求出合力的大小及作用线位置。

合力的大小等于主矢的大小,即

$$F = \frac{q_0 l}{2}$$

合力的方向与分布荷载的方向一致。

合力作用线的位置可利用合力矩定理计算。设合力 F 的作用线距离 A 端为 x_c,由式(3.11)有

$$x_c = \frac{M_A}{F'} = \frac{-\dfrac{q_0 l^2}{3}}{-\dfrac{q_0 l}{2}} = \frac{2}{3} l$$

由此可知:

(1)分布荷载合力的方向与分布荷载相同。

(2)分布荷载合力的大小等于分布荷载组成的几何图形(荷载图)的面积。

(3)分布荷载合力的作用线通过荷载图的形心。

对于其他分布荷载,这一结论也是同样正确的。习惯上把图 3.7(a)所示的分布荷载称为三角形荷载,它是非均布荷载的一种。

q 为常量的分布荷载称为均布荷载,如图 3.7(b)所示,其合力的大小为荷载图的面积 ql。合力的作用线通过荷载图的形心,距离 A、B 均为 $l/2$,方向铅直向下。

3.3 平面一般力系的平衡和平衡方程

本节讨论静力学中最重要的情形,即平面一般力系的主矢和主矩都等于零的情况。

显然,主矢等于零,表明作用于简化中心的平面汇交力系为平衡力系;主矩等于零,表明附加力偶系也是平衡力系,所以原力系必为平衡力系。因此,"主矢和主矩都等于零"为平面一般力系平衡的充分条件。反之,如果平面一般力系平衡,必定有主矢和主矩同时等于零。因此,"主矢和主矩都等于零"又是平面一般力系平衡的必要条件。

所以,平面一般力系平衡的充分和必要条件是:力系的主矢和对任一点的主矩都等于零,即

$$\left.\begin{array}{l} F'_R = 0 \\ M_O = 0 \end{array}\right\} \tag{3.12}$$

由式(3.5)和式(3.7),以上平衡条件可用解析式表示为

$$\left.\begin{array}{l} \sum F_{xi} = 0 \\ \sum F_{yi} = 0 \\ \sum M_O(\boldsymbol{F}_i) = 0 \end{array}\right\} \tag{3.13}$$

平面一般力系的平衡条件亦可叙述为:力系中所有各力在平面内两个任选的坐标轴上的投影的代数和分别等于零,以及各力对任意一点的矩的代数和也等于零。式(3.13)称为平面一般力系的平衡方程(为了便于书写,下标 i 可略去)。其中前两个称为投影方程,后一个称为力矩方程。

式(3.13)是平面一般力系平衡方程的基本形式,除此之外,还可将平衡方程表示为二力矩形式或三力矩形式。

(1)二力矩形式

$$\left.\begin{array}{l} \sum F_x = 0 \left(\text{或} \sum F_y = 0\right) \\ \sum M_A(\boldsymbol{F}) = 0 \\ \sum M_B(\boldsymbol{F}) = 0 \end{array}\right\} \tag{3.14}$$

其中 A,B 两点的连线不能与投影轴 x 轴或 y 轴垂直。

首先证明必要性:假设平面一般力系平衡,由式(3.12)知,此时 $F'_R = 0$, $M_O = 0$,表明力系在任何一轴上投影的代数和等于零,力系对任一点的力矩之和等于零,故式(3.14)必成立。

再证明充分性:力系对 A 点的主矩等于零,则这个力系不可能简化为一个力偶,可

能有两种情况,这个力系简化为经过点 A 的一个合力,或者平衡。而力系对另一点 B 的主矩也同时为零,则这个力系可能简化为一个沿 A,B 两点连线的合力,或者平衡(图3.8)。再加上 $\sum F_x = 0$,那么力系如果有合力,则此合力必与 x 轴垂直。而式(3.14)的附加条件(A,B 两点的连线不能与投影轴 x 轴或 y 轴垂直)完全排除了力系简化为一个合力的可能性,故所研究的力系必为平衡力系。

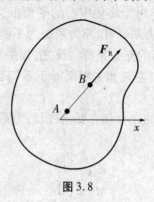

图3.8

(2)三力矩形式

$$\left.\begin{aligned} \sum M_A(\boldsymbol{F}) &= 0 \\ \sum M_B(\boldsymbol{F}) &= 0 \\ \sum M_C(\boldsymbol{F}) &= 0 \end{aligned}\right\} \tag{3.15}$$

其中 A,B,C 三点不能共线。

下面给予证明(只证明充分性,必要性证明从略):

与证明二力矩形式同理,力系对 A 点的主矩等于零,则这个力系不可能简化为一个力偶,只可能简化为通过 A 点的合力或者平衡。如果简化为合力,又因满足式(3.15)的其他二式,则合力必须通过 A,B,C 三点,而附加条件是 A,B,C 三点不能共线,这就排除了力系简化为一个合力的可能性,故所研究的力系必为平衡力系。

尽管平面一般力系的平衡方程可以写成不同的形式。但是必须注意:独立的平衡方程只有 3 个,只可能求解 3 个未知量。这是因为一个平面一般力系只要满足 3 个独立的平衡方程,就必然平衡,再写出的其他方程是力系平衡的必然结果,任何第 4 个方程只是前 3 个方程的线性组合,因而不是独立的,但我们可以利用这个方程来校核计算的结果。

平面一般力系平衡方程的三种形式是完全等价的,究竟选用哪种形式,在实际计算时,取决于计算是否方便。为简化计算,在建立投影方程时,宜选取与尽可能多的未知力垂直的投影轴,这样,这些未知力就不会在此投影方程中出现。当然,也要照顾到便于计算其他各力的投影。在建立力矩方程时,尽量把矩心选在多个未知力的交点上,此矩心可以在刚体上,也可不在刚体上。这样,通过矩心的未知力不会在此力矩方程中出现。同时也要照顾到便于计算其他各力的力矩。总之,投影轴和矩心的选取,

普通高等教育力学 "十二五" 规划教材

既要照顾到各力的投影和力矩计算的方便,又要尽量使每一个平衡方程中所包含的未知量越少越好,最好每个方程中只包含一个未知量,应尽量避免解联立方程。

【例 3.3】　平面刚架的受力及各部分如图 3.9(a)所示,A 端为固定端约束。若图中 q,F,M,l 等均为已知,试求 A 端的约束反力。

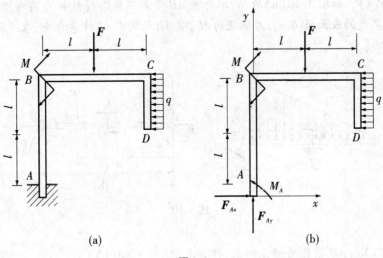

图 3.9

解　(1)选刚架 $ABCD$ 为研究对象,作出受力图[图 3.9(b)]。

刚架上除了受主动力以外还受固定端 A 处的约束力 F_{Ax},F_{Ay} 和约束力偶 M_A。

本例中有力偶的作用,由力偶的性质,力偶的两个力大小相等,方向相反,两个力在任一轴上的投影之和为零,在写投影方程时不必考虑力偶。力偶对于任一点的矩都等于力偶矩,故在写力矩方程时,可直接将力偶矩带入。

取 A 点为坐标原点,建立如图 3.9(b)所示的坐标系。

(2)列平衡方程,求解未知量

$$\sum F_x = 0 , \quad F_{Ax} - ql = 0 \tag{a}$$

$$\sum F_y = 0 , \quad F_{Ay} - F = 0 \tag{b}$$

$$\sum M_A(\boldsymbol{F}) = 0 , \quad M_A - M - Fl + ql \cdot \frac{3}{2}l = 0 \tag{c}$$

由式(a)得

$$F_{Ax} = ql$$

由式(b)得

$$F_{Ay} = F$$

由式(c)得

$$M_A = M + Fl - \frac{3}{2}ql^2$$

F_{Ax}, F_{Ay}的结果均为正值,表明约束反力的实际方向与假设方向一致,若M_A的最终结果为正,则约束反力偶的实际转向与假设一致,若为负,则相反。

【例3.4】 如图3.10(a)所示,水平梁AB受到三角形荷载和力偶的作用,已知三角形荷载集度的最大值为q_0,力偶矩为M,梁AB长为l,不计梁自重,求A和B处的支座约束反力。

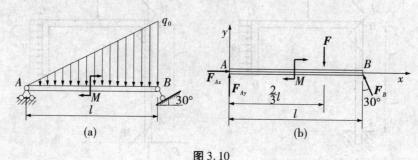

图3.10

解 (1)选AB梁作为研究对象,作受力图[图3.10(b)]

A处为固定铰支座,将约束反力表示为水平分力F_{Ax}和铅直分力F_{Ay}。B处为活动铰支座,反力F_B垂直于支承面,与铅直方向成30°夹角。作用在梁上的主动力有三角形荷载的合力F($F = \frac{1}{2}q_0l$,作用在离A点$\frac{2}{3}l$处)以及矩为M的力偶。这些主动力和约束反力组成一个平面力系。

(2)列平衡方程,求解未知量

取A点为坐标原点,以梁中心线为x轴,y轴向上为正。由于A点是F_{Ax}和F_{Ay}的汇交点,故先列以A为矩心的平衡方程,可以求出一个未知量F_B。

$$\sum M_A(\boldsymbol{F}) = 0, \qquad -M - \frac{1}{2}q_0l \cdot \frac{2}{3}l + F_B\cos30° \cdot l = 0$$

由此解得

$$F_B = \frac{2\sqrt{3}}{3}\frac{M}{l} + \frac{2\sqrt{3}}{9}q_0l$$

以x轴为投影轴,列出投影方程

$$\sum F_x = 0, \qquad F_{Ax} - F_B\sin30° = 0$$

由此解得

$$F_{Ax} = \frac{\sqrt{3}}{3}\frac{M}{l} + \frac{\sqrt{3}}{9}q_0l$$

$$\sum F_y = 0, \qquad F_{Ay} + F_B \cos 30° - \frac{1}{2} q_0 l = 0$$

由此解得

$$F_{Ay} = \frac{q_0 l}{6} - \frac{M}{l}$$

由 $\sum M_B(F) = 0$ 也可直接求出 F_{Ay}，作为校核。

讨论：本例中所列平衡方程的顺序是 $\sum M_A(F) = 0, \sum F_x = 0, \sum F_y = 0$，这样可达到列一个方程，求解一个未知量，不必解联立方程的目的，这种顺序是可取的。如果先列投影方程再列力矩方程，这样就需要解联立方程了，是应该避免的。

【例3.5】 外伸梁的尺寸及荷载如图 3.11(a)所示，求支座 A 及支座 B 的约束反力。

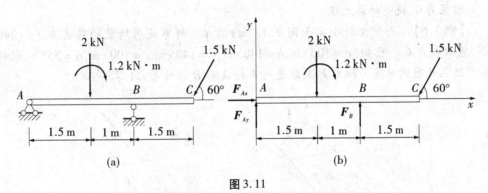

图 3.11

解　(1)选 AB 梁作为研究对象，作受力图［图 3.11(b)］

A 处为固定铰支座，将约束反力表示为水平分力 F_{Ax} 和铅直分力 F_{Ay}，指向假设如图所示。B 处为活动铰支座，反力 F_B 垂直于支承面，指向假设为向上。作用在梁上的主动力和约束反力组成一个平面一般力系。

(2)列平衡方程，求解未知量

以与未知力 F_{Ay} 和 F_B 都垂直的 x 轴为投影轴，列投影方程

$$\sum F_x = 0, \qquad F_{Ax} - 1.5 \times \cos 60° = 0$$

由此解得

$$F_{Ax} = 0.75 \ (\text{kN})$$

以 F_{Ax} 和 F_{Ay} 的汇交点 A 为矩心，列力矩方程

$$\sum M_A(F) = 0,$$

$$F_B \times 2.5 - 1.2 - 2 \times 1.5 - 1.5 \times \sin 60° \times 4 = 0$$

由此解得

$$F_B = 3.75 \text{ (kN)}$$

$$\sum F_y = 0 , \quad F_{Ay} + F_B - 2 - 1.5 \times \sin 60° = 0$$

由此解得

$$F_{Ay} = -0.45 \text{ (kN)}$$

F_{Ay} 为负值,说明它的实际方向与假设的相反,即向下。

为校核所得结果是否正确,可计算力系对任一点之矩的和,看结果是否为 0,如

$$\sum M_B(\boldsymbol{F}) = 2 \times 1 - F_{Ay} \times 2.5 - 1.2 - 1.5 \times \sin 60° \times 1.5$$
$$= 2 + 0.45 \times 2.5 - 1.2 - 1.5 \times \sin 60° \times 1.5$$
$$= 0$$

结果为 0,说明计算无误。

【例 3.6】 高炉上料小车如图 3.12(a) 所示。料车连同所装的料共重 $P = 240$ kN,重心在点 C。已知:$a = 100 \text{ cm}$,$b = 140 \text{ cm}$,$d = 140 \text{ cm}$,$e = 100 \text{ cm}$,$\alpha = 55°$。求料车匀速上升时钢丝绳的拉力 $\boldsymbol{F}$ 及轨道对车轮 A 和 B 的约束力(摩擦不计)。

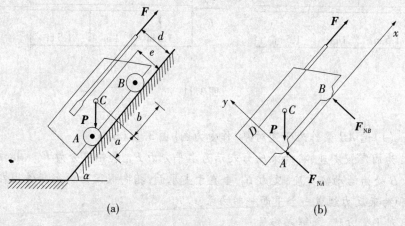

图 3.12

解 (1)选上料小车为研究对象,作上料小车的受力图[图 3.12(b)]。

作用于车上的力有重力 $\boldsymbol{P}$,钢丝绳拉力 $\boldsymbol{F}$,约束反力 $\boldsymbol{F}_{NA}$ 及 $\boldsymbol{F}_{NB}$。$\boldsymbol{F}$ 的方向沿着钢丝绳,$\boldsymbol{F}_{NA}$,$\boldsymbol{F}_{NB}$ 垂直于斜面。

(2)建立图示坐标系,列平衡方程,求解未知量

$$\sum F_x = 0 , \quad F - P\sin\alpha = 0 \tag{a}$$

$$\sum M_A(\boldsymbol{F}) = 0 , \quad -F \cdot d + F_{NB}(a+b) - P\cos\alpha \cdot a + P\sin\alpha \cdot e = 0 \tag{b}$$

$$\sum F_y = 0 , \quad F_{NA} + F_{NB} - P\cos\alpha = 0 \tag{c}$$

由式（a）得

$$F = P\sin\alpha = 240 \times 0.819 = 196.6 \; (\text{kN})$$

由式（b）得

$$F_{NB} = \frac{F \cdot d + P\cos\alpha \cdot a - P\sin\alpha \cdot e}{a + b}$$

$$= \frac{196.6 \times 140 + 240 \times 0.574 \times 100 - 240 \times 0.819 \times 100}{100 + 140}$$

$$= 90.2 \; (\text{kN})$$

由式（c）得

$$F_{NA} = -F_{NB} + P\cos a = -90.2 + 240 \times 0.574 = 47.6 \; (\text{kN})$$

为避免解联立方程，常常希望写出只包含一个未知力的方程。比如，在本例中如果只要求求解 F_{NB}，则可取 $\boldsymbol{F}_{NA}$ 和 $\boldsymbol{F}$ 两个力作用线的交点 D 为矩心，列力矩平衡方程

$$\sum M_D(\boldsymbol{F}) = 0, \quad F_{NB}(a + b) - P\cos\alpha \cdot a - P\sin\alpha \cdot (d - e) = 0$$

得

$$F_{NB} = \frac{P[a\cos\alpha + (d - e)\sin\alpha]}{a + b}$$

$$= \frac{240 \times (100 \times 0.574 + 40 \times 0.819)}{100 + 140}$$

$$= 90.2 \; (\text{kN})$$

3.4　平面平行力系的平衡和平衡方程

平面平行力系是平面一般力系的一种特殊情况。设物体受平面平行力系的作用（图3.13）。若取 Ox 轴垂直于各力，Oy 轴与各力平行，则不论平面平行力系平衡与否，各力在 x 轴上的投影恒等于零，即 $\sum F_x \equiv 0$，因此，平面平行力系的平衡方程为

$$\left. \begin{array}{l} \sum F_y = 0 \\ \sum M_O(\boldsymbol{F}) = 0 \end{array} \right\} \tag{3.16}$$

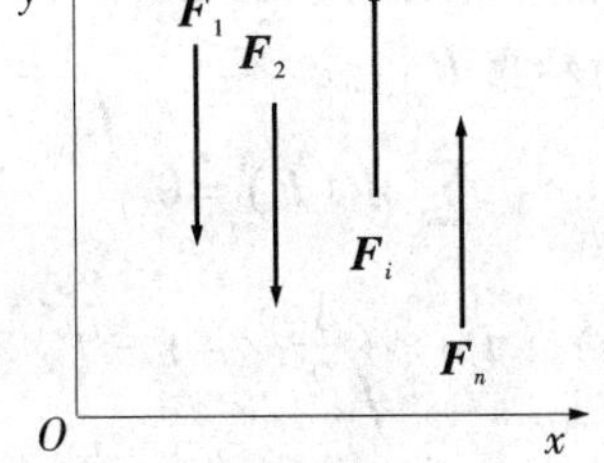

图 3.13

平面平行力系平衡的充分和必要条件是:力系中各力在不与力作用线垂直的坐标轴上投影的代数和等于零,以及各力对任一点之矩的代数和等于零。

平面平行力系的平衡方程也可用两个力矩方程的形式:

$$\left.\begin{aligned} \sum M_A(\boldsymbol{F}) = 0 \\ \sum M_B(\boldsymbol{F}) = 0 \end{aligned}\right\} \tag{3.17}$$

其中 A,B 两点的连线不能与各力平行。

由此可见,平面平行力系有两个独立的平衡方程,最多可求解两个未知量。

【例3.7】 塔式起重机如图3.14所示。机架重 $P_1 = 700\ \mathrm{kN}$,作用线通过塔架的中心。最大起重量 $P_2 = 200\ \mathrm{kN}$,最大悬臂长为 12 m,轨道 AB 的间距为 4 m。平衡锤重 P_3 到机身中心线的距离为 6 m。试求:

(1)保证起重机在满载和空载时都不致翻倒,平衡锤重 P_3 应为多少?

(2)当平衡锤重 $P_3 = 180\ \mathrm{kN}$ 时,求满载时轨道 A,B 的约束力。

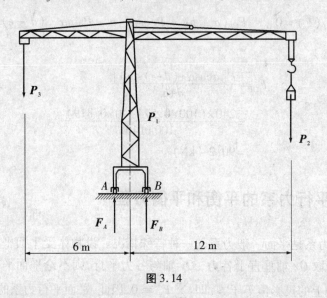

图 3.14

解 (1)求平衡锤重 P_3 的取值范围

先研究满载时的情况。此时,作用于起重机的力有机架重 P_1,最大起重量 P_2,平衡锤重 P_3,轨道的约束力 F_A 和 F_B。若起重机在满载时处于即将翻倒的临界情况,起重机将绕 B 顺时针转动,而轮 A 即将离开轨道,此时 $F_A = 0$,满足这种临界平衡状态的平衡锤为所必需的最小平衡锤重 $P_{3,\min}$。有

$$\sum M_B(\boldsymbol{F}) = 0 \ ,$$

$$P_{3,\min} \times (6 + \frac{1}{2} \times 4) + P_1 \times (\frac{1}{2} \times 4) - P_2 \times (12 - \frac{1}{2} \times 4) = 0$$

解得

普通高等教育力学"十二五"规划教材

$$P_{3,\min} = \frac{P_2 \times 10 - P_1 \times 2}{8}$$

$$= \frac{200 \times 10 - 700 \times 2}{8}$$

$$= 75 \ (\text{kN})$$

再研究空载时的情况。此时,作用于起重机的力有机架重力 P_1,平衡锤重 P_3,轨道的约束力 F_A 和 F_B。若起重机在空载时处于即将翻倒的临界情况,起重机将绕 A 逆时针转动,而轮 B 即将离开轨道,此时 $F_B = 0$,满足这种临界平衡状态的平衡锤为所必需的最大平衡锤重 $P_{3,\max}$。有

$$\sum M_A(\boldsymbol{F}) = 0, \quad P_{3,\max} \times \left(6 - \frac{1}{2} \times 4\right) - P_1 \times \left(\frac{1}{2} \times 4\right) = 0$$

解得

$$P_{3,\max} = \frac{P_1 \times 2}{4} = \frac{700 \times 2}{4} = 350 \ (\text{kN})$$

由此可见,要保证起重机在满载和空载时都不致翻倒,平衡锤的重量 P_3 的取值范围为

$$75 \ \text{kN} \leqslant P_3 \leqslant 350 \ \text{kN}$$

(2) 当平衡锤重 $P_3 = 180$ kN 且满载时,作用于起重机的力有机架重力 P_1,最大起重量 P_2,平衡锤重 P_3,轨道的约束力 F_A 和 F_B,此时起重机处于平衡状态。

$$\sum M_A(\boldsymbol{F}) = 0,$$

$$P_3 \times \left(6 - \frac{1}{2} \times 4\right) - P_1 \times \left(\frac{1}{2} \times 4\right) - P_2 \times \left(12 + \frac{1}{2} \times 4\right) + F_B \times 4 = 0$$

由此解得

$$F_B = \frac{P_2 \times 14 + P_1 \times 2 - P_3 \times 4}{4} = \frac{200 \times 14 + 700 \times 2 - 180 \times 4}{4} = 870 \ (\text{kN})$$

$$\sum F_y = 0, \quad -P_3 - P_1 - P_2 + F_A + F_B = 0$$

由此解得

$$F_A = P_1 + P_2 + P_3 - F_B = 700 + 200 + 180 - 870 = 210 \ (\text{kN})$$

结果校核:由多余的平衡方程

$$\sum M_B(\boldsymbol{F}) = 0$$

有

$$P_3 \times \left(6 + \frac{1}{2} \times 4\right) + P_1 \times \left(\frac{1}{2} \times 4\right) - P_2 \times \left(12 - \frac{1}{2} \times 4\right) - F_A \times 4 = 0$$

由此解得

$$F_A = \frac{P_3 \times 8 + P_1 \times 2 - P_2 \times 10}{4} = 210 \text{ (kN)}$$

结果相同,计算无误。

【例3.8】 长凳的几何尺寸和重心位置如图3.15所示,设长凳的重量为 $W = 100$ N,求重为 $P = 700$ N 的人在长凳上的活动范围 x 。

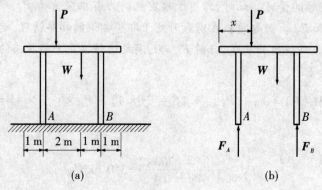

图3.15

解 选长凳为研究对象,画出受力图[图3.15(b)]。作用于长凳的力有:长凳的重力 W ,人的重力 P ,地面的约束力 F_A 和 F_B ,以凳子的左端点为坐标原点。

长凳受平行力系作用,但有 3 个未知量:F_A 和 F_B 的大小以及人在长凳上的活动范围 x 。需要利用翻倒条件补充一个方程。

下面分两种情况讨论:

(1)当人在长凳的左端时,长凳有向左翻倒的趋势,要保证凳子平衡而不向左翻倒,须满足平衡方程

$$\sum M_A(\boldsymbol{F}) = 0 , \quad -P \times (x - 1) - W \times 2 + F_B \times 3 = 0$$

和限制条件

$$F_B \geq 0$$

临界平衡时,有

$$F_B = 0$$

由此解得

$$x_{\min} = 0.71 \text{ (m)}$$

(2)当人在长凳的右端时,长凳有向右翻倒的趋势,要保证凳子平衡而不向右翻倒,须满足平衡方程

$$\sum M_B(\boldsymbol{F}) = 0 , \quad P \times (4 - x) + W \times 1 - F_A \times 3 = 0$$

和限制条件

$$F_A \geqslant 0$$

临界平衡时,有

$$F_A = 0$$

由此解得

$$x_{\max} = 4.14 \ (\mathrm{m})$$

所以人在长凳上的活动范围为 $0.71 \ \mathrm{m} \leqslant x \leqslant 4.14 \ \mathrm{m}$。

至此,我们已经把几种平面力系的平衡问题都讨论过了,应用平衡方程求解平衡问题的方法(即解析法)是求解平衡问题的主要方法。现将这种解题方法归纳如下。

(1)根据求解的问题,恰当地选取研究对象。选取研究对象的原则是,要使所取物体上既包含已知条件,又包含待求的未知量。

(2)对选取的研究对象进行受力分析,正确地画出受力图。在正确画出研究对象受力图的基础上,应注意适当地运用简单力系的平衡条件(如二力平衡公理、三力平衡汇交定理、力偶等效定理等)确定未知反力的方位,以简化求解过程。

(3)建立平衡方程,求解未知量。为顺利地建立平衡方程求解未知量,应注意如下几点:

1)根据所研究的力系选择平衡方程的类别(如汇交力系、平行力系、力偶系、一般力系等)和形式(如基本形式、二力矩形式、三力矩形式等)。

2)建立投影方程时,投影轴的选取原则上是任意的,并非一定取水平或铅垂方向,应根据具体问题从解题方便的角度去考虑。

3)建立力矩方程时,矩心的选取也应从解题方便的角度加以考虑。

4)求解未知量。由于所列平衡方程一般是线性方程组,这说明一个静力学问题经过上述力学分析后将归结为一个线性方程组的求解问题。从理论上讲,只要所建立的平衡方程组具有完整的定解条件(独立方程个数和未知量个数相等),则求解并不困难,若要解的方程相互联立,则计算(指手算)耗时费力。为免去这种麻烦,就要求在列平衡方程时要运用一些技巧,尽可能做到每个方程只含有一个(或较少)的未知量,恰当地排列方程的顺序,以便手算求解。

(4)校核和讨论计算结果。

3.5　物体系的平衡

前面研究的主要是单个物体的平衡问题,而实际中许多工程结构或机械都是由多个物体通过一定的方式连接起来的系统,称为物体系统。研究物体系统的平衡问题,不仅要研究物体系以外的物体对这个物体系的作用,同时还应分析物体系内部各物体之间的相互作用。前者属于系统的外力,后者属于系统的内力。在分析整个系统的平衡时,不必考虑系统的内力。

3.5.1　静定与超静定问题的概念

前面讨论了几种力系的简化与平衡问题。每种力系可列出的独立平衡方程的数目都是一定的：平面一般力系有 3 个，平面汇交力系和平面平行力系各有 2 个，平面力偶系则只有一个。因此，对于每一种力系的平衡问题来说，能求解的未知量的个数也是一定的。

当物体系平衡时，组成该系统的每一个物体都处于平衡状态。对于每一个受平面一般力系作用的物体，均可写出 3 个独立的平衡方程。如果物体系由 n 个这样的物体组成，则该物体系一共可写出 $3n$ 个独立的平衡方程。如果物体系中有的物体受平面汇交力系或平面平行力系或平面力偶系作用，则系统的独立平衡方程数目相应减少。

如果所研究的问题的未知量的数目等于独立平衡方程的数目，则所有未知量都可由平衡方程求出，这类问题称为静定问题。如果所研究的问题的未知量的数目多于独立平衡方程的数目，仅由平衡方程就不可能完全求解出所有的未知量，这类问题称为超静定问题。对于超静定问题，必须考虑物体因受力作用而产生的变形，加列某些补充方程后，才能使方程的数目等于未知量的数目，才可完全解出所有未知量。超静定问题已超出刚体静力学的范围，须在材料力学和结构力学中研究。

下面举一些静定和超静定问题的例子。

如图 3.16(a)、(c)所示，重物分别用绳子悬挂，均受到平面汇交力系的作用，均有 2 个独立的平衡方程。在图 3.16(a)中，有 2 个未知力，是静定的；而在图 3.16(c)中，有 3 个未知力，因此是超静定的。

如图 3.16(b)、(d)所示，梁均受到平面一般力系的作用，均有 3 个平衡方程。图 3.16(b)中有 3 个未知力，是静定的；而在图 3.16(d)中，有 4 个未知力，因此是超静定的。

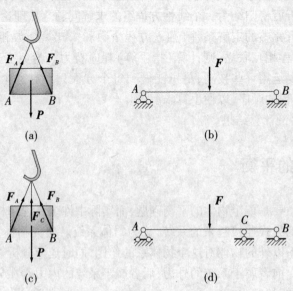

图 3.16

3.5.2　物体系的平衡

当分析物体系统的平衡问题时,往往不仅要求出外部约束反力,同时也需要求出内部约束反力。因此,除了考虑整个系统的平衡外,还要考虑系统中某一部分的平衡。那么,解物体系统的平衡问题时,就有一个选择研究对象的问题。我们可以选每个物体作为研究对象,列出全部平衡方程,然后求解(这种方法能解决任何一个静定的物体系的平衡问题,但一般来讲,很繁琐,不是最优的方案);也可先选取整个系统作为研究对象,列出平衡方程,这样的方程因不含内力,式中未知量较少,解出部分未知量后再从系统中选取某些物体作为研究对象,列出另外的平衡方程,直到求出所有的未知量为止;也可先选取系统的一部分作为研究对象,求出内力和一部分外力,再选取整体为研究对象。在解题时应根据具体情况而采用合适的方法。

总之,选择研究对象和平衡方程的原则是:应使每一个方程中未知量的个数尽可能地少,最好只含有一个未知量,尽量避免解联立方程。

下面通过几个例题说明物体系统平衡问题的解法。

【例 3.9】　如图 3.17(a)所示结构中,横杆 AB 在 B 处承受集中力 F,结构各部分尺寸均示于图中,若已知 l 和 F 的大小,不计各杆自重,试求撑杆 CD 的受力以及 A 处的约束反力。

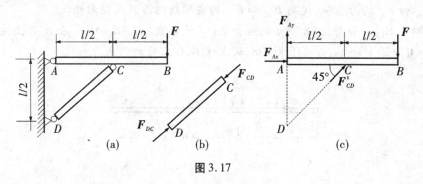

图 3.17

解　(1)判断物体系是否属于静定系统

未知的约束反力有 6 个(A,C,D 三处各有 2 个),系统由两个物体组成,每个物体都受平面一般力系作用,共有 6 个独立的平衡方程,所以系统是静定的。

(2)恰当选取研究对象

由 CD 杆的受力及约束情况容易判断 CD 是二力杆,其两端的约束反力方向可确定,沿两端铰的中心连线,即沿直线 CD。若以二力杆 CD 为研究对象,只能得到 $F_{DC} = F_{CD}$ 的恒等式,所以选 ACB 杆为研究对象,作受力图如图 3.17(c)所示。

(3)列平衡方程求解

由

$$\sum M_A(\boldsymbol{F}) = 0, \quad F'_{CD} \cdot \sin 45° \cdot \frac{l}{2} - F \cdot l = 0$$

得

$$F'_{CD} = 2\sqrt{2}\,F$$

F'_{CD} 为正值,说明 F'_{CD} 的实际指向与假设指向相同。

CD 杆在 C 端受到的力 F_{CD} 与 F'_{CD} 等值反向,为压力,CD 杆在 D 端受到的力 F_{DC} 与 F'_{CD} 等值同向,如图 3.17(b)所示。

由

$$\sum F_x = 0, \quad F_{Ax} + F'_{CD} \cdot \cos 45° = 0$$

得

$$F_{Ax} = -2F$$

由

$$\sum F_y = 0, \quad F_{Ay} + F'_{CD} \cdot \sin 45° - F = 0$$

得

$$F_{Ay} = -F$$

F_{Ax} 和 F_{Ay} 均为负值,说明 F_{Ax} 和 F_{Ay} 的实际指向与假设指向相反。

【例 3.10】 如图 3.18 所示的组合梁(不计自重)由 AB 和 BC 在 B 端铰接而成。若已知 $M = 20$ kN·m,$q = 15$ kN/m,试求 A,B,C 三处的约束力。

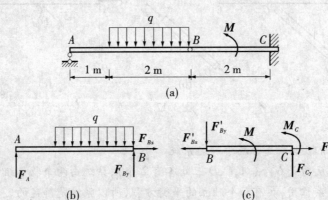

图 3.18

解 (1)判断物体系是否属于静定系统

梁 ABC 共有 6 个未知量(A 处 1 个, B 处 2 个, C 处 3 个),可列出 6 个独立平衡方程,所以系统静定。

(2)恰当选取研究对象

如果先选整体为研究对象,则未知量较多,不易求解。梁 AB 可列 3 个独立的平衡方程,梁 AB 上的 3 个未知量可全部求出。

(3)画出梁 AB 的受力图[图 3.18(b)],列平衡方程

$$\sum M_B(\boldsymbol{F}) = 0, \quad -3 \times F_A + 1 \times (q \times 2) = 0$$

由此解得

$$F_A = 10 \ (\text{kN})$$

$$\sum M_A(\boldsymbol{F}) = 0, \quad 3 \times F_{By} - 2 \times (q \times 2) = 0$$

由此解得

$$F_{By} = 20 \ (\text{kN})$$

由

$$\sum F_x = 0$$

得

$$F_{Bx} = 0$$

再取梁 BC 为研究对象,受力如图 3.18(c)所示。

由

$$\sum F_x = 0, \quad -F'_{Bx} - F_{Cx} = 0$$

得

$$F_{Cx} = 0$$

由

$$\sum M_C(\boldsymbol{F}) = 0, \quad 2 \times F'_{By} + M + M_C = 0$$

得

$$M_C = -2 \times F'_{By} - M = -2 \times 20 - 20 = -60 \ (\text{kN} \cdot \text{m})$$

由

$$\sum M_B(\boldsymbol{F}) = 0, \quad 2 \times F_{Cy} + M + M_C = 0$$

得

$$F_{Cy} = \frac{-M_C - M}{2} = \frac{60 - 20}{2} = 20 \ (\text{kN})$$

此题也可取梁 AB 为研究对象,求得 F_A 和 F_{Bx}, F_{By} 后,再取整体为研究对象,求 F_{Cy}, F_{Cx} 和 M_C 。

【例 3.11】　不计自重的三杆 AB, BD, HK 用铰链、滑槽、销钉连成如图 3.19(a)所

示结构,图中 ABED 围成正方形,C 为正方形中心点,H 为 AB 杆中点,水平杆 HK 的 K 端受铅直向下的力 F 作用。固定在水平杆 HK 中点的销钉与滑槽光滑接触,试求各约束处的约束力。

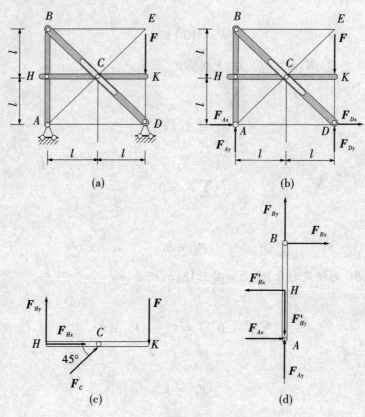

图 3.19

解 (1)判断系统的静定性

系统共有 9 个未知量(A,B,D,H 处各 2 个,C 处 1 个),可列出 9 个独立平衡方程,所以系统静定。

系统整体的约束反力为 4 个,独立平衡方程有 3 个,但有两个一元一次方程,故仍可先研究整体。

(2)取整体为研究对象,作受力图如图 3.19(b),列平衡方程求解

$$\sum M_D(\boldsymbol{F}) = 0 , \quad 2l \cdot F_{Ay} = 0$$

由此解得

$$F_{Ay} = 0$$

$$\sum M_A(\boldsymbol{F}) = 0 , \quad 2l \cdot F_{Dy} - 2l \cdot F = 0$$

由此解得

$$F_{Dy} = F$$

$$\sum F_x = 0 , \qquad F_{Ax} + F_{Dx} = 0 \qquad\qquad (a)$$

(3)取杆 HK 为研究对象,作受力图如图 3.19(c)所示,列平衡方程求解:

$$\sum M_H(\boldsymbol{F}) = 0 , \quad \sin45° \cdot F_C \cdot l - 2l \cdot F = 0$$

由此解得

$$F_C = 2\sqrt{2}F$$

$$\sum F_x = 0 , \quad F_{Hx} + F_C\cos45° = 0$$

由此解得

$$F_{Hx} = -2F$$

$$\sum F_y = 0 , \quad F_{Hy} + F_C\sin45° - F = 0$$

由此解得

$$F_{Hy} = -F$$

(4)取杆 AB 为研究对象,作受力图如图 3.19(d)所示,列平衡方程求解

$$\sum M_B(\boldsymbol{F}) = 0 , \quad 2l \cdot F_{Ax} - l \cdot F'_{Hx} = 0$$

由此解得

$$F_{Ax} = -F$$

$$\sum F_x = 0 , \quad F_{Bx} + F_{Ax} - F'_{Hx} = 0$$

由此解得

$$F_{Bx} = -F$$

$$\sum F_y = 0 , \quad F_{By} + F_{Ay} - F'_{Hy} = 0$$

由此解得

$$F_{By} = -F$$

将 F_{Ax} 的值代入式(a)中,得 $F_{Dx} = F$。

本题也可以先取杆 HK 为研究对象,再分别以整体及杆 BD 为研究对象,列平衡方程求解。

【例3.12】　曲柄冲压机由冲头 B,连杆 AB 和飞轮 O 所组成,如图 3.20(a)所示。$OA = R, AB = l$。不计各构件的自重和摩擦,当 OA 在水平位置,冲头 B 所受的工件阻力为 $\boldsymbol{F}$ 时系统处于平衡状态。求:

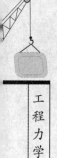
(1)作用于飞轮上的力偶矩 M 的大小。

(2)轴承 O 处的约束反力。

(3)冲头给导轨的侧压力。

(4)连杆 AB 受的力。

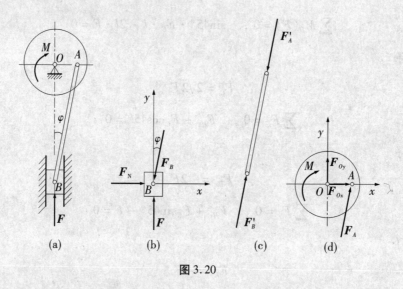

图 3.20

解 (1)首先以冲头为研究对象

冲头 B 受工件阻力 F,导轨约束力 F_N 以及连杆的作用力 F_B 的作用,受力如图 3.20(b)所示,为一平面汇交力系。

设连杆与铅直线之间的夹角为 φ,按图示坐标轴列平衡方程,有

$$\sum F_y = 0 , \quad F - F_B\cos\varphi = 0$$

由此解得

$$F_B = \frac{F}{\cos\varphi}$$

F_B 为正值,说明假设的 F_B 的方向是对的,即连杆受压力,如图 3.20(c)所示,大小与 F_B 相等。

$$\sum F_x = 0, \quad F_N - F_B\sin\varphi = 0$$

由此解得

$$F_N = F_B\sin\varphi = F\tan\varphi = F\frac{R}{\sqrt{l^2 - R^2}}$$

冲头给导轨的侧压力的大小等于 F_N,方向相反。

(2)再取飞轮为研究对象

飞轮受到矩为 M 的力偶,连杆的作用力 F_A,以及轴承的约束力 F_{Ox},F_{Oy} 的作用,受力如图 3.20(d)所示,为平面一般力系。按图示坐标轴列平衡方程,有

$$\sum M_O(F) = 0 , \quad F_A\cos\varphi \cdot R - M = 0$$

其中 $F_A = F_B = \dfrac{F}{\cos\varphi}$,由此解得

$$M = FR$$

$$\sum F_x = 0 , \quad F_{Ox} + F_A\sin\varphi = 0$$

由此解得

$$F_{Ox} = - F_A\sin\varphi = - F \frac{R}{\sqrt{l^2 - R^2}}$$

$$\sum F_y = 0, \quad F_{Oy} + F_A\cos\varphi = 0$$

由此解得

$$F_{Oy} = - F_A\cos\varphi = - F$$

负号说明力 F_{Ox},F_{Oy} 的方向与图示假设的方向相反。

本题也可以先取整个系统为研究对象,再取冲头或飞轮为研究对象,列平衡方程求解。

从上面几个例题分析可见,求解物体系平衡的步骤为:一般先判别是否是静定问题,若是静定的,再选取适当的研究对象——可以是整个系统也可以是系统中的任一部分,分析其受力情况,正确作出受力图,建立必要的平衡方程求解。

求解过程中我们应注意以下解题技巧:通常先观察一下,以整体为研究对象是否能求出某些未知量,如果不能,就需要把整体分开,选取其中一部分来研究,总之,取未知力较少的物体入手解决问题。分离物体时,尽量避免不必要的未知力产生,且应注意物体间作用力与反作用力的性质。灵活选取平衡方程的形式,注意投影轴和矩心的选取,尽量减少方程中的未知量,能避免解联立方程就尽量避免,不能避免时也力求方程简单。

通过上面的例题,我们发现,一个题目可能有多种解法,选取研究对象的先后次序不同,或者选取不同的研究对象,可能使求解过程的繁简程度不一样,请读者用心体会,灵活掌握。

小　结

1.平面一般力系的简化

(1)力的平移定理。平移一个力的同时必须附加一个力偶,附加力偶的矩等于原来的力对新作用点之矩。

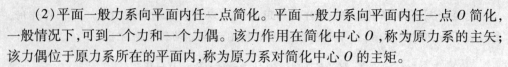

（2）平面一般力系向平面内任一点简化。平面一般力系向平面内任一点 O 简化，一般情况下，可到一个力和一个力偶。该力作用在简化中心 O，称为原力系的主矢；该力偶位于原力系所在的平面内，称为原力系对简化中心 O 的主矩。

主矢 $F'_R = F_1 + F_2 + \cdots + F_n = \sum_{i=1}^{n} F_i$，与简化中心的位置无关。

主矩 $M_O = M_1 + M_2 + \cdots + M_n = \sum_{i=1}^{n} M_O(F_i)$，与简化中心的位置有关。

（3）平面一般力系简化结果的讨论

① $F'_R = 0, M_O \neq 0$，原力系简化为一合力偶。其力偶矩等于原力系对简化中心的主矩，此力偶矩与简化中心的选择无关。

② $F'_R \neq 0, M_O = 0$，原力系简化为一合力。此合力矢等于力系的主矢，而合力的作用线正好通过简化中心 O。

③ $F_R' \neq 0, M_O \neq 0$，原力系简化为一合力。此合力矢等于力系的主矢，而合力的作用线与简化中心 O 的距离为 $d = \dfrac{M_O}{F_R}$。

④ $F'_R = 0, M_O = 0$，原力系平衡。

2. 平面平行力系的简化

平面平行力系作为平面一般力系的特殊情况，其简化方法与平面一般力系的简化方法完全相同，简化的结果仍然是一个主矢和一个主矩。

对于分布荷载有以下几个结论：

（1）分布荷载合力的方向与分布荷载相同。

（2）分布荷载合力的大小等于分布荷载组成的几何图形（荷载图）的面积。

（3）分布荷载合力的作用线通过荷载图的形心。

3. 平面一般力系的平衡

平面一般力系平衡的充分和必要条件是：力系的主矢和对任一点的主矩都等于零，即

$$F'_R = 0, \quad M_O = 0$$

平面一般力系平衡的解析条件（平衡方程）的基本形式为

$$\left. \begin{array}{l} \sum F_{xi} = 0 \\ \sum F_{yi} = 0 \\ \sum M_O(F_i) = 0 \end{array} \right\}$$

二力矩形式为

$$\left. \begin{array}{l} \sum F_x = 0（或 \sum F_y = 0） \\ \sum M_A(F) = 0 \\ \sum M_B(F) = 0 \end{array} \right\}$$

其中 A,B 两点的连线不能与投影轴 x 轴或 y 轴垂直。

三力矩形式为

$$\left. \begin{array}{l} \sum M_A(\boldsymbol{F}) = 0 \\ \sum M_B(\boldsymbol{F}) = 0 \\ \sum M_C(\boldsymbol{F}) = 0 \end{array} \right\}$$

其中 A,B,C 三点不能共线。

4. 平面平行力系的平衡

平面平行力系平衡的充分和必要条件是：力系中各力在不与力作用线垂直的坐标轴上投影的代数和为零，以及各力对任一点之矩的代数和为零。

平面一般力系平衡的解析条件(平衡方程)的基本形式为

$$\left. \begin{array}{l} \sum F_y = 0 \\ \sum M_O(\boldsymbol{F}) = 0 \end{array} \right\}$$

两个力矩方程的形式为

$$\left. \begin{array}{l} \sum M_A(\boldsymbol{F}) = 0 \\ \sum M_B(\boldsymbol{F}) = 0 \end{array} \right\}$$

其中 A,B 两点的连线不能与各力平行。

思考题

3.1　某平面力系向同平面内不同的两点简化，主矩都为零，此力系简化的最终结果可能是一个力吗？可能是一个力偶吗？可能平衡吗？

3.2　某平面力系向同平面内任一点简化的结果都相同，此力系简化的最终结果是什么？

3.3　平面汇交力系的平衡方程中，能否取两个力矩方程，或者一个力矩方程和一个投影方程？这时，其矩心和投影轴的选择有什么限制？

3.4　如何理解平面一般力系只有 3 个独立的平衡方程？为什么说其他的方程都只是前三个方程的线性组合？

3.5　如图所示，静定多跨梁 $ABCD$ 上受均布荷载和力偶 M 作用，荷载集度为 q。当求 A,D 的约束反力时，是否都可以将均布荷载以作用在 C 点的集中力 $2qa$ 来代替呢？

3.6　如图所示结构中，构件 CB 上作用有一力 $\boldsymbol{F}$，当求 A,B,C 的约束反力时，能否将力 $\boldsymbol{F}$ 沿其作用线移到构件 AC 上？为什么？

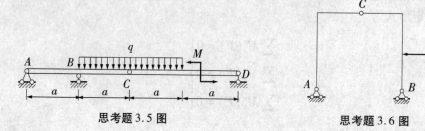

思考题 3.5 图　　　　　　　　思考题 3.6 图

习题

3.1　如图所示,边长为 a 的正方形 $OABC$ 的三个顶点上作用 3 个力 F_1, F_2, F_3,并且 $F_1 = F, F_2 = 2F, F_3 = 5F, \tan\alpha = 4/3$。求:

(1)该平面力系向 O 点简化的结果。

(2)力系合力的大小及其与原点的距离。

3.2　已知 $F_1 = 400\ \text{N}, F_2 = 100\ \text{N}, F_3 = 500\ \text{N}, F_4 = 200\ \text{N}$,求力系向 O 点简化的结果。

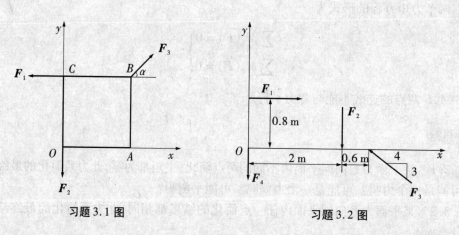

习题 3.1 图　　　　　　　　　习题 3.2 图

3.3　已知 $P = 800\ \text{N}, F_1 = 200\ \text{N}, F_2 = 400\ \text{N}$,求力系向 A 点简化的结果。

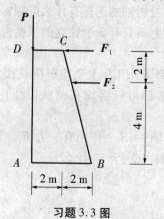

习题 3.3 图

3.4　求图示各梁、刚架的支座反力(不计各杆的自重)。

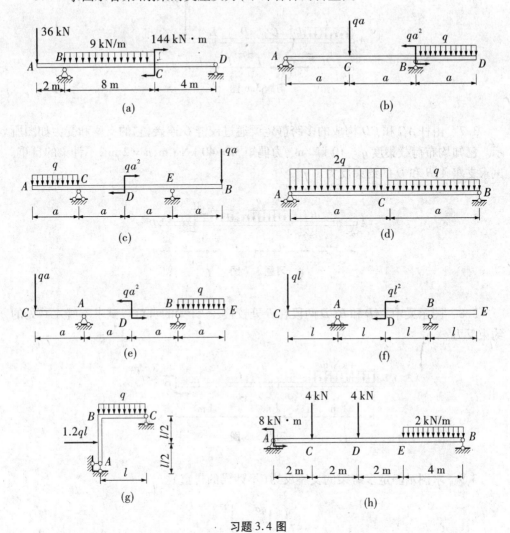

习题 3.4 图

3.5　组合结构的尺寸和受力如图所示,不计各杆的自重。试求 *CD* 杆的受力。

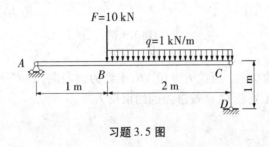

习题 3.5 图

3.6　在图示多跨静定梁中,已知 P,q,L ,不计梁的自重,试求支座 *D* 的反力。

习题 3.6 图

3.7 由杆 AC 和 CD 构成的多跨静定梁通过铰链 C 连接,它的支座和受力如图所示。已知均布荷载集度 $q = 10 \text{ kN/m}$,力偶矩 $M = 40 \text{ kN} \cdot \text{m}, a = 2 \text{ m}$,不计梁的自重。试求支座 A,B 和 D 的约束反力。

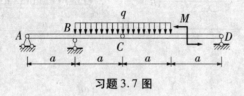

习题 3.7 图

3.8 图示梁中,AB 和 BCD 两段在 B 处铰接,不计梁的自重。试求支座 A,C 处的约束反力。

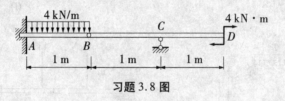

习题 3.8 图

3.9 求图示静定多跨梁的支座反力(不计梁的自重)。

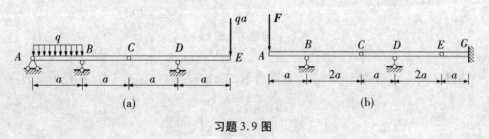

习题 3.9 图

3.10 在图示构架中,荷载 $P = 10 \text{ kN},A$ 处为固定端,B,C,D 处为铰链,不计各杆自重。求固定端 A 处及 C,D 铰链处的约束反力。

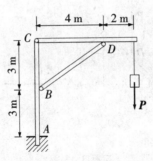

习题 3.10 图

3.11　图示结构不计自重及摩擦,尺寸如图。已知:均布荷载集度 $q = 3$ kN/m, $P = 5$ kN, $M = 2$ kN·m。试求 C, D 处的约束反力。

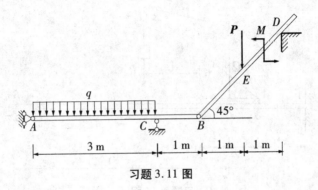

习题 3.11 图

3.12　图示结构由直角弯杆 DAB 与直杆 BC, CD 铰接而成,并在 A 处用固定铰支座固定。杆 DC 受均布载荷 q 的作用,杆 BC 受矩为 $M = qa^2$ 的力偶作用,不计构件的自重。试求铰链 D 所受的力。

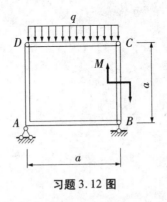

习题 3.12 图

3.13　直杆 AC 长 l, BC 长 $2l$, C 端用铰链相连, A, B 两端用铰链固定。两杆与铅垂线的夹角均为 $\alpha = 45°$, AC 杆中点 D 作用铅垂力 $P = 1000$ N, BC 杆中点 E 作用水平力 $Q = 2000$ N,不计杆件自重。试求 A, B 两处之约束力。

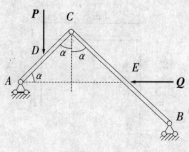

习题 3.13 图

3.14 图示起重机置于组合梁 ACB 上,梁的自重不计,设梁与起重机光滑接触。已知:$Q = 10$ kN,起吊重物 $P = 4$ kN,$l_1 = 1$ m,$l_2 = 2$ m。试求支座 A,B 的约束反力。

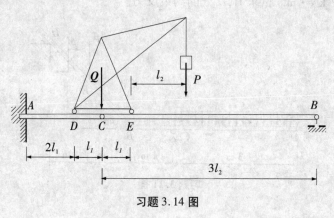

习题 3.14 图

第4章　材料力学基本概念

4.1　材料力学的基本假设

制作构件所用的材料是多种多样的，而材料的具体组成与微观结构更是非常复杂，但它们具有一个共同的特点，即都是固体，而且在荷载作用下都会发生变形（变形是指在荷载作用下物体尺寸的改变和形状的改变），这些材料统称为变形固体。在材料力学中不能像静力学中那样，把物体看做忽略了变形的刚体。

变形固体种类繁多，工程材料中有金属与合金、工业陶瓷、聚合物等，性质是多方面的，而且很复杂。材料的基本组成部分，例如金属、陶瓷、岩石的晶体，混凝土的石子、砂和水泥等，彼此之间以及基本组成部分与构件之间的力学性能都存在不同程度的差异。但由于基本组成部分的尺寸与构件尺寸相比极为微小，而且其排列方向又是随机的，因此材料的力学性能反映的是无数个随机排列的基本组成部分的力学性能的统计平均值。

对于变形固体制成的构件，在进行强度、刚度、稳定性计算时，通常略去一些次要因素，将它们抽象为理想化的材料，然后进行理论分析。现根据工程材料的主要性质对其作下列假设：

（1）连续性假设　假设物体在其全部体积内毫无空隙地充满了物质，其结构是密实的。而实际上，组成固体的粒子之间存在空隙，但这种空隙与构件尺寸相比是微乎其微的，在宏观研究时完全可以忽略不计，认为物质是连续的。这就可以根据连续函数的性质，利用微积分等数学知识来研究力学中的有关问题。

此外，连续性假设不仅适用于构件变形前，也适用于变形后，即构件内变形前相邻近的质点在变形后仍保持邻近，既不产生新的空隙或孔洞，也不出现重叠现象。

（2）均匀性假设　假设从固体内取出的任何一小部分的力学性质都是完全相同的，材料的力学性能与其在构件中的位置无关，即认为是均匀的。按照此假设，从构件内任意一点处截取的微单元体，其力学性能都能代表整个构件的力学性能。

对于实际的工程材料而言，其组成部分的力学性能往往存在不同程度的差异。例如，金属由无数微小晶粒组成，各晶粒的力学性能并不完全相同。又如，混凝土材料由石子、砂、水泥组成，它们的性质各不相同，但由于这些组成物质的大小与构件的整体尺寸相比很小，而且排列也是随机的，因此，从宏观上来看，可以将固体的力学性质看成是各组成部分力学性能的统计平均值，可认为各部分的力学性能是均匀的。这样，如果从固体中取出一部分，无论大小，也无论从何处取出，力学性能总是相同的。

（3）各向同性假设　假设材料沿各个方向的力学性能是完全相同的，即认为材料是各向同性的。

就金属的单一晶粒而言，沿不同的方向力学性能并不完全一样，属于各向异性体，但由于构件包含数量极多的晶粒，而且这些晶粒又杂乱无章地排列，这样沿各个方向的力学性质就接近相同。具有这种属性的材料称为各向同性材料。金属材料如铸钢、铸铁、铸铜等均可认为是各向同性材料，像玻璃、混凝土、塑料等非金属材料也可认为是各向同性材料。但是有些材料，如经过碾压的钢材、纤维整齐的木材、玻璃纤维及碳纤维等复合材料等，则属于各向异性材料，应按各向异性问题处理。材料力学中主要研究各向同性的材料。

如上所述，在材料力学的理论分析中，以均匀、连续、各向同性的变形固体作为构件材料的力学模型。这种理想化了的力学模型抓住了各种工程材料的基本属性，从而使理论研究成为可行。而且，用这种力学模型进行计算所得的结果精度，大多情况下在工程计算中是允许的。

材料力学除了采用以上假设外，主要研究以下范围的变形固体：

(1)小变形体　物体在承受荷载作用后将产生变形，变形的大小与物体的原始尺寸相比小得多、可以忽略不计的物体称为小变形体。在小变形情况下，研究构件平衡和运动以及内部受力和变形时，均可按构件的原始尺寸和形状来计算。而有些构件在受力变形后，必须按变形后的形状来计算，如压杆稳定问题，而对于大变形问题，则在后继课程中介绍。

(2)线弹性体　材料在弹性变形范围内，变形与荷载呈线性关系的物体称为线弹性体。工程上所用的材料，在荷载作用下均发生变形。当荷载不超过一定的范围时，绝大多数材料在卸除荷载后均可恢复原状。但当荷载过大时，则在荷载卸除后只能部分地恢复而残留一部分变形不能消失。在卸除荷载后能完全消失的那一部分变形称为弹性变形，不能消失而残留下来的那一部分变形称为塑性变形。

概括起来讲，在材料力学中是把实际材料看做均匀、连续、各向同性的变形固体，且在大多数场合下局限在线弹性变形范围内和小变形条件下进行研究。

4.2　材料力学主要研究对象(杆件)的几何特征

实际构件有各种不同的形状，根据几何形状可将构件分为杆件、板和壳、块体三类。材料力学主要研究杆件。杆件是指纵向(长度方向)尺寸远大于横向(垂直于长度方向)尺寸的构件，如房屋建筑中的梁、柱，机器中的轴、连杆等。

杆件的几何特征可由横截面和轴线来描述。横截面指的是垂直于杆件长度方向的截面。各横截面形心的连线叫做轴线，如图4.1所示。

如果杆件的轴线为直线，叫做直杆；如果杆件的轴线为曲线，叫做曲杆。各横截面尺寸不变的杆叫做等截面杆，否则叫做变截面杆。工程上常见的是等截面直杆，简称等直杆，它是材料力学的主要研究对象。等直杆的计算原理一般也可近似地用于曲率很小的曲杆和横截面变化不大的变截面杆。

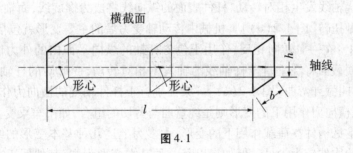

图 4.1

4.3　杆件的基本变形

杆件在各种形式的外力作用下,其变形形式是多种多样的。这些变形可以分解为四种基本形式,杆件的变形不外乎是基本变形形式之一,或者是几种基本变形的组合。

(1)轴向拉伸或轴向压缩　直杆受到与其轴线相重合的外力作用时,其主要变形是轴线方向的伸长或缩短。这种变形叫做轴向拉伸[图 4.2(a)]或轴向压缩[图 4.2(b)]。桁架中的杆件就发生轴向拉伸或轴向压缩变形。

(2)剪切　在一对大小相等、方向相反、相互平行、相距很近且垂直于轴线的横向力作用下,直杆的主要变形是横截面沿外力作用方向发生相对错动[图 4.2(c)],这种变形叫做剪切。连接件中的螺栓和销钉受力后的主要变形就包括剪切。剪切变形通常与其他变形形式共存。

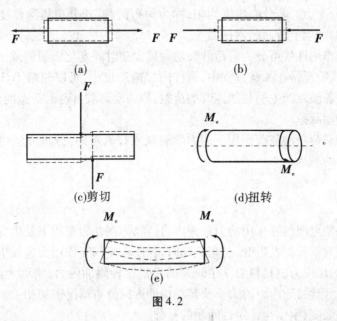

图 4.2

(3)扭转　在一对转向相反、作用面都垂直于杆轴的外力偶的作用下,杆件相邻的横截面将绕轴线发生相对转动，杆件表面的纵向线将成为螺旋线，而轴线仍为直线，这种变形叫做扭转[图4.2(d)]。机械中传动轴受力后的主要变形就包括扭转。

（4）弯曲　在一对转向相反、作用于包含杆轴的纵向平面内的外力偶的作用下，直杆的相邻横截面将绕垂直于杆轴线的轴发生相对转动，变形后的杆轴线将弯成曲线，这种变形叫做纯弯曲[图4.2(e)]。梁在垂直于杆件轴线的横向力作用下将引起横力弯曲，在横向力作用下的变形则是纯弯曲与剪切的组合，如吊车梁受力后的变形。

工程中常见构件在荷载作用下的变形，大多为上述几种基本变形的组合，纯属一种变形形式的构件较为少见。但如果以某一种基本变形为主，其他属于次要变形的，仍按基本变形计算；如果几种变形形式都非次要变形，则属于组合变形问题。

4.4　外力、内力、截面法

4.4.1　外力

材料力学的研究对象是构件，因此，对于所研究的对象来说，其他构件或物体作用于其上的力均为外力，包括荷载与约束反力。

外力按其作用方式可分为体积力和表面力。体积力是分布作用在杆件整个体积内各质点上的力，如杆的自重、杆件加速运动时的惯性力等。表面力是分布作用在杆件表面的力。若分布力的作用范围远小于构件的表面面积，或沿杆件轴线的分布范围远小于杆件长度，则可将分布力简化为作用于一点处的力，称为集中力；若作用面积较大，则称为面分布力。若分布集度均匀，称为均布荷载；若分布集度是变化的，则称为非均布荷载，如大坝上游面的水压力等。

外力按其作用性质可分为静荷载和动荷载。随时间变化极缓慢或不变化的荷载，称为静荷载，其特征是在加载过程中，构件的加速度很小，可以忽略不计；随时间显著变化或使构件各质点产生明显加速度的荷载，称为动荷载，例如，锻造时汽锤锤杆受到的冲击力就是动载荷。

构件在静载荷与动载荷作用下的力学表现或行为不同，分析方法也不完全相同，但前者是后者的基础。

4.4.2　内力

物体内各质点间相互作用的力称为内力。物体在外力作用下发生变形时，其内部各质点间的相对位置将发生变化，与此同时，各质点间相互作用力也发生了改变，这一改变量，称为附加内力。材料力学中研究的正是这种附加内力，简称为内力。构件的强度、刚度及稳定性，与内力的大小及其在构件内的分布情况密切相关。因此，内力分析是解决构件强度、刚度与稳定性问题的基础。

普通高等教育力学"十二五"规划教材

4.4.3　截面法

由刚体静力学可知,为了分析两物体之间的相互作用力,必须将这两个物体分离。同样,要分析构件的内力,比如要分析如图 4.3(a)所示杆件横截面 $m-m$ 上的内力,也必须沿该截面假想地将杆件截开,于是得到截开截面的内力如图 4.3(b)所示。由连续性假设可知,内力是作用在截开截面上的连续分布力。

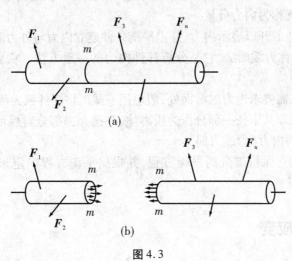

图 4.3

应用力系简化理论,将上述分布内力向横截面的形心 C 简化,得到主矢 F'_R 与主矩 M [图 4.4(a)]。以形心 C 为坐标原点建立空间直角坐标系,沿截面法线建立坐标轴 x,在所截截面内建立坐标轴 y 与 z,将主矢 F'_R 和主矩 M 沿上述三轴分解[图 4.4(b)],得到内力分量 F_N、F_{Qy} 与 F_{Qz},以及内力偶矩分量 M_x、M_y 与 M_z。

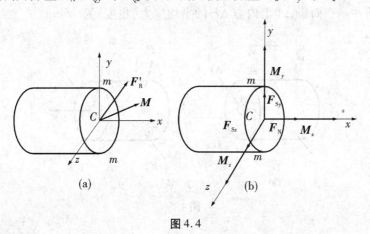

图 4.4

沿轴线的内力分量 F_N,称为轴力;作用线位于横截面的内力分量 F_{Sy} 与 F_{Sz},称为剪力;矢量沿轴线的内力偶矩分量 M_x,称为扭矩;矢量位于所截横截面的内力偶矩分

量 M_y 与 M_z ，称为弯矩。上述内力及内力偶矩分量与作用在截开杆段上的外力保持平衡，则由平衡方程

$$\sum F_x = 0, \quad \sum F_y = 0, \quad \sum F_z = 0$$

$$\sum M_x = 0, \quad \sum M_y = 0, \quad \sum M_z = 0$$

即可建立内力与外力间的关系，或由外力确定内力。为了叙述简单，以后将内力分量及内力偶矩分量统称为内力分量。

将杆件假想地截开以显示内力，并由平衡条件建立内力与外力间的关系或由外力确定内力的方法，称为截面法，它是分析杆件内力的一般方法。截面法主要有以下 3 个步骤：

（1）截开　在需要求内力的截面处，假想用一截面将杆件截为两部分。

（2）代替　留取其中任一部分作为脱离体，并把弃去部分对保留部分的作用代之以作用在截面上的内力（力或力偶）。

（3）平衡　建立保留部分的平衡方程，并根据平衡方程确定未知内力的大小和方向。

4.5　应力与应变

实际的杆件总是从内力集度最大处开始破坏的，因此只求出截面上分布内力的合力（力和力偶）是不够的，还必须进一步确定截面上各点处分布内力的集度。为此，引入内力分布集度即应力的概念。

应力是受力杆件某一截面上某一点处的内力集度。研究受力杆截面 $m-m$ 上任一点 k 的应力的方法是：在该点周围取一微面积 ΔA ，设 ΔA 上分布内力的合力为 ΔF ，如图 4.5 所示。在面积 ΔA 上内力 ΔF 的平均应力（集度）为

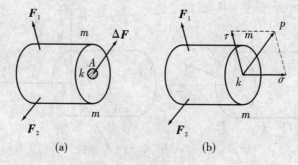

图 4.5

$$p_m = \frac{\Delta F}{\Delta A} \tag{4.1}$$

式中，p_m 为面积 ΔA 上的平均应力。

一般情况下，内力沿截面并非均匀分布，平均应力 p_m 的大小及其方向将随所取的微小面积 ΔA 的大小而异。为了更精确地描述内力的分布情况，应使 ΔA 无限缩小而趋于零，则其极限值

$$p = \lim_{\Delta A \to 0} \frac{\Delta F}{\Delta A} = \frac{\mathrm{d}F}{\mathrm{d}A} \tag{4.2}$$

式(4.2)表示截面 $m-m$ 上 k 点处的内力的集度，称为截面 $m-m$ 上 k 点处的总应力。由于 ΔF 是矢量，所以总应力 p 也是矢量，其方向一般来讲既不与截面垂直，也不与截面相切。通常将总应力 p 分解为与截面垂直的法向分量 σ 和与截面相切的切向分量 τ，法向分量 σ 称为正应力，切向分量 τ 为切应力。

由应力的定义可见，应力具有以下特征：①应力定义在受力物体的某一截面上的某一点处，因而，讨论应力必须明确在哪一个截面上的哪一点处。②在某一截面上的某一点处的应力是矢量。③在国际单位制中，应力的单位为 Pa，其名称为"帕斯卡"，$1\text{Pa} = 1\ \text{N/m}^2$，工程中应力的常用单位为 MPa（兆帕）、GPa（吉帕），其关系为：$1\ \text{MPa} = 10^6\ \text{Pa}$，$1\ \text{GPa} = 10^9\ \text{Pa}$。④整个截面上各点处的应力与微面积 ΔA 乘积的合成，即为该截面上的内力。

在外力作用下，构件发生变形，同时引起应力。为了研究构件的变形及其内部的应力分布，需要了解构件内部各点处的变形。

假想地在构件内点 A 处取出微小的长方体，它在 xy 平面内的边长为 Δx 和 Δy，如图4.6所示（图中未画出厚度）。物体受力后，单元体的位置发生了变化，由 A 点移至 A' 点，相邻棱边的长度以及相邻棱边间的夹角一般也发生变化，如边长 Δx 和 Δy 变为 $\Delta x'$ 和 $\Delta y'$，直角变为锐角（或钝角），从而引出线应变和切应变两种表示长方体变形的量。

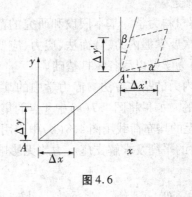

图4.6

（1）线应变　棱边的原长为 Δx，变形后的长度为 $\Delta x'$，即长度改变量为 $\Delta x' - \Delta x$。线段长度的改变量并不能够真正反映变形的程度，很显然线段长度的改变量随线段原长的不同而变化。为了消除线段原长的影响，引入线应变（即相对变形）的概念。$\Delta x' - \Delta x$ 与 Δx 的比值，称为棱边的平均线应变，用 ε 表示，即

$$\varepsilon = \frac{\Delta x' - \Delta x}{\Delta x} \tag{4.3}$$

一般情况下,棱边各点处的变形程度并不相同,平均线应变的大小将随原长的长度而改变。为了精确地描写某点处的线应变,取无限小的单元体(即微体),由此得平均线应变的极限值,即

$$\varepsilon_x = \lim_{\Delta x \to 0} \frac{\Delta x' - \Delta x}{\Delta x} \tag{4.4a}$$

$$\varepsilon_y = \lim_{\Delta y \to 0} \frac{\Delta y' - \Delta y}{\Delta y} \tag{4.4b}$$

ε_x 和 ε_y 称为 A 点沿 x 方向和 y 方向的线应变。采用类似方法,还可确定点 A 处沿其他任意方向的线应变。线应变也称为正应变,它是一个无量纲的量。

（2）切应变 通过一点互相垂直的两线段之间所夹直角的改变量,称为切应变,用 γ 表示。例如在图 4.6 中,当 $\Delta x \to 0$ 和 $\Delta y \to 0$ 时,直角的改变量为

$$\gamma = \alpha + \beta$$

这就是 A 点的切应变。切应变通常用弧度表示,也是无量纲的量。

线（正）应变 ε 和切应变 γ 是描述物体内一点变形的两个基本量,它们分别与正应力和切应力相对应。

小　结

本章介绍了材料力学的基本假设,杆件的几何特征,杆件的基本变形,外力、内力、截面法以及应力与应变等概念。

本章重点:首先要了解材料力学的基本假设和研究的范围,这是材料力学理论建立的前提和适用范围。其次要掌握内力、截面法、应力、应变等概念,这些概念是贯穿全书的,掌握好这些概念可为学好以后各章打基础。

截面法是材料力学求内力的基本方法。静力学中的某些公理和原理在用截面法求内力的过程中是有限制的。如果将图 4.7（a）中 A 点的集中力搬移到图 4.7（b）中 B 点的位置,图 4.8（a）中杆上的均布荷载用图 4.8（b）中作用在杆中点的等效集中力来代替,这样处理之后对杆件的平衡及求解支座反力均无影响,但杆件的内力及变形会发生很大的变化。

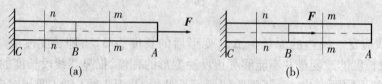

图 4.7

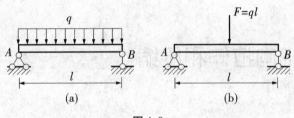

图4.8

思考题

4.1 杆件的轴线与横截面之间有何关系?

4.2 材料力学的基本假设是什么? 均匀性假设与各向同性假设有何区别? 能否说"均匀性材料一定是各向同性材料"?

4.3 什么叫截面法? 一般情况下,横截面上的内力可以用几个分量表示?

4.4 什么是正应变与切应变? 它们的量纲是什么? 切应变的单位是什么?

习题

4.1 圆截面如图所示杆,两端承受一对方向相反、力偶矩矢量沿轴线且大小均为 M 的力偶作用。试问:在杆件的任一横截面 $m-m$ 上,存在何种内力分量? 请确定其大小。

4.2 如图所示,在杆件的斜截面 $m-m$ 上,任一点 A 处的总应力 $p = 120$ MPa ,其方位角 $\theta = 20°$,试求该点处的正应力 σ 与切应力 τ 。

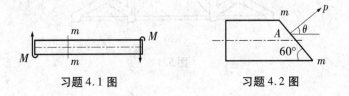

习题4.1 图   习题4.2 图

第5章　轴向拉伸和压缩

5.1　概述

　　工程上有些直杆,在外力作用下,其主要变形是沿轴线方向的伸长或缩短,如图 5.1(a)所示的操纵杆,图5.1(b)所示的屋架各桁杆等。

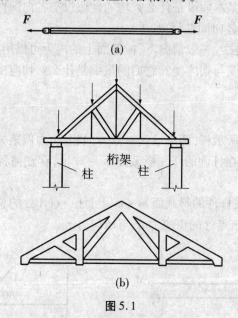

图5.1

　　尽管这些杆件端部的连接方式各异,但如果不考虑其端部的具体连接情况,均可用图5.2所示的计算简图来表示。计算简图从几何上来讲是等直杆,其受力的特点是外力或其合力的作用线与杆件轴线重合。其变形特点是杆件的主要变形是轴线方向的伸长或缩短。

　　作用线沿杆件轴线的荷载称为轴向荷载。以轴向伸长或缩短为主要特征的变形形式,称为轴向拉伸或压缩。以轴向拉压为主要变形的杆,称为拉压杆。图5.2(a)所示为轴向拉伸,图5.2(b)所示为轴向压缩。

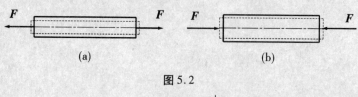

图5.2

本章首先介绍内力、应力、变形以及材料在拉伸和压缩时的力学性能,并在此基础上,研究拉压杆的强度与刚度问题,研究对象包括拉压静定问题和简单的拉压超静定问题。

5.2 轴力及轴力图

5.2.1 轴力的计算

设拉杆如图 5.3(a) 所示,求任意横截面 $m - m$ 上的内力。应用截面法,假想在横截面 $m - m$ 处将杆截为两部分,取截面左侧部分为研究对象,该段杆在轴向荷载 F 作用下,杆件横截面上唯一的内力分量为轴力 F_N,如图 5.3(b) 所示,内力 F_N 的数值可由平衡条件求得。

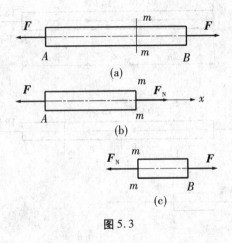

图 5.3

由平衡方程

$$\sum F_x = 0, \quad F_N - F = 0$$

得

$$F_N = F$$

如果取右边一段杆为研究对象,如图 5.3(c) 所示,同样可求得横截面 $m - m$ 上的轴力,其大小与取左边段求出的相同,但方向相反。

为了使由左、右两段杆求得的同一截面上的轴力不但大小相等,并且具有相同的正负号,根据变形情况,对轴力的正负号规定如下:引起纵向伸长变形的轴力为正,称为拉力;反之,引起纵向缩短的轴力为负,称为压力。在受力图中,拉力的指向与横截面的外法线方向一致,即背离截面;压力的指向与横截面的外法线方向相反,即指向截面。按此规定,图 5.3 中 $m - m$ 截面的轴力为正。

5.2.2 轴力图

当杆件受到多个轴向外力作用时,在杆的不同截面上的轴力将各不相同。为了直观地反映杆件各横截面上的轴力沿着杆长变化的规律,并找出最大轴力及其所在的位置,通常需要画出轴力图。轴力图的作法如下:

(1)平行于杆件轴线的横坐标表示横截面的位置。

(2)选定比例尺,用垂直于杆轴线的纵坐标表示横截面上轴力的大小和符号。

(3)用截面法计算各段轴力。

(4)绘出表示轴力与截面位置关系的图线。

习惯上将正的轴力画在横坐标轴的上方,负的画在下方。

【例5.1】 一等直杆,受力情况如图5.4所示,试作该杆的轴力图。

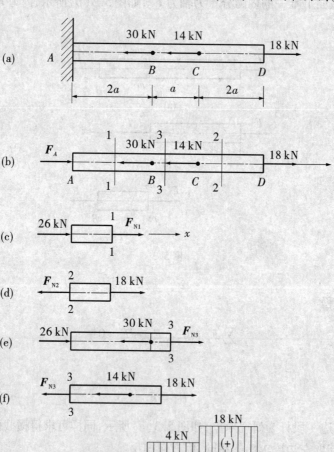

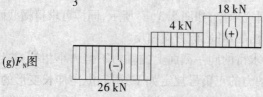

图5.4

解　(1)求出约束反力 F_A

F_A 指向任意假定,由整根杆的平衡方程

$$\sum F_x = 0 , \quad F_A - 30 - 14 + 18 = 0$$

得

$$F_A = 26 \text{ kN} \quad (F_A \text{ 实际方向即为所设方向})$$

(2)分段求轴力

为求 AB 段轴力,可沿 AB 段内任一截面 1-1 截开直杆,宜取左段为研究对象,因为左段受到的外力个数少,未知轴力 F_{N1} 假设为拉力,由平衡方程

$$\sum F_x = 0 , \quad F_{N1} + 26 = 0$$

得

$$F_{N1} = - 26 \text{ kN}$$

结果为负值,说明原先假定的 F_{N1} 的指向不对,即实际应为压力。

在 CD 段内任意取一截面 2-2 截开直杆,取外力较少的右段为研究对象,由

$$\sum F_x = 0 , \quad 18 - F_{N2} = 0$$

得

$$F_{N2} = 18 \text{ kN}$$

结果为正值,说明原先假定的 F_{N2} 的指向是对的, F_{N2} 为拉力。

在 BC 段内任意取一截面 3-3 截开直杆,取右段为研究对象(也可取左段为研究对象),由

$$\sum F_x = 0 , \quad 18 - F_{N3} - 14 = 0$$

得

$$F_{N3} = 4 \text{ kN}$$

(3)作轴力图

横坐标代表截面位置,纵坐标表示轴力 F_N,拉力画在上侧,压力画在下侧,并在轴力图上注明各段轴力的数值及正负号。

由轴力图可见,轴力的最大值为 $|F_N|_{max} = 26 \text{ kN}$,产生在 AB 段的各截面上。

另外,本例题若不求支座反力 F_A,仍可以作出轴力图。只要全部选择截面右侧段为研究对象,即可达到不求支座反力也可求出各段轴力的目的。

【**例 5.2**】　图 5.5(a)所示的等直杆,A 端和 D 端各有一集中力作用,分别为 3 kN 和 1 kN,在 BC 段,作用有沿杆长均匀分布的轴向均布荷载,集度为 2 kN/m 。试作杆的轴力图。

解 用截面法容易求出 AB 段和 CD 段杆的轴力分别为 3 kN（拉力）和 -1 kN（压力）。

为了求 BC 段杆的轴力，假想在距 B 点为 x 处将杆截开，取左边一段杆为研究对象，如图5.5(b)所示。由平衡方程

$$\sum F_x = 0 , \quad F_N(x) + 2x - 3 = 0$$

得

$$F_N(x) = 3 - 2x$$

由此可见，在 BC 段内，$F_N(x)$ 沿杆长呈线形变化。轴力图在 BC 段应该为一条斜直线，由两个点即可确定该段轴力图的形状。当 $x = 0$ 时，即在 B 截面，$F_N = 3$ kN，当 $x = 2$ m时，即在 C 截面，$F_N = -1$ kN。杆的轴力图如图5.5(c)所示。

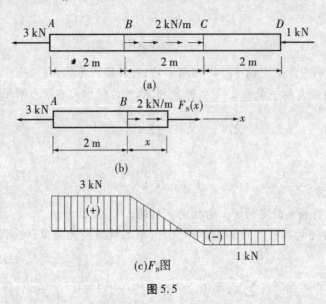

图 5.5

5.3 拉压杆的应力

5.3.1 轴向拉（压）杆横截面上的应力

我们已经由截面法求得分布内力的合力（大小和方向），但因不知分布内力在截面上的分布情况，还无法求出应力。为了找到分布内力在截面上的变化规律，材料力学中常用的方法是：以杆件受力后表面上的变形情况为依据，由表及里地做出内部变形情况的几何假设；再通过分布内力与变形之间的物理关系，得到应力在截面上的变化规律；最后通过静力学关系得到以内力表示的应力的计算公式。下面我们从这三方

面进行分析。

5.3.1.1 几何关系

研究轴向拉伸横截面上的应力时,取一等直杆。先在杆件中段的表面画两条垂直于杆轴的横向线 1-1 与 2-2,如图 5.6(a)所示,然后在杆两端施加一对轴向拉力,使杆发生轴向拉伸变形。这时可以看到,两条横向线移到了 $1'-1'$ 与 $2'-2'$ 的位置,但这两条横向线仍然为直线,且仍垂直于杆件的轴线。

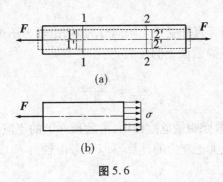

图 5.6

横向线可以看成是横截面的周边线。根据横向线的变形情况去推测杆件内部的变形,可以作以下假设:原来是平面的横截面变形后仍为平面,且仍垂直于轴线,只是横截面间沿杆轴线相对平移,这就是拉压杆的"平面假设"。

如果假想杆件是由无数纵向"纤维"所组成,则根据上述假设,任意两横截面之间的所有纵向纤维的伸长都是相同的,即拉杆的任意两个横截面之间的伸长变形是均匀的。以上是变形方面即几何方面的分析。

5.3.1.2 物理关系

物理方面,也就是分布内力的集度与变形之间的关系。因为在基本假设中假设材料是均匀、连续的,而伸长变形也是均匀的,因此可以推断出内力均匀、连续地分布在横截面上,也就是横截面上各点的应力相同,如图 5.6(b)所示。

5.3.1.3 静力学关系

应力的方向与轴力 $\boldsymbol{F}_N$ 的方向一致,垂直于横截面。所以轴向拉(压)杆件横截面上的应力是正应力。由静力学求合力的方法,可得

$$F_N = \int_A \sigma \, dA = \sigma \int_A dA = \sigma A$$

由此可得杆的横截面上任一点处正应力的计算公式

$$\sigma = \frac{F_N}{A} \tag{5.1}$$

式中,F_N 为横截面上的轴力,A 为横截面面积。

式(5.1)同样适用于轴向压缩,正应力 σ 的正负号和轴力 $\boldsymbol{F}_N$ 的正负号相对应,即拉应力为正,压应力为负。式(5.1)适用于等直杆,对于横截面沿杆长连续缓慢变化

的变截面杆,其横截面上的正应力也可用此式作近似计算。

式(5.1)是根据正应力在同一横截面上各点处相等这一结论推导出来的。必须指出,这一结论实际上只在杆上离外力作用点稍远的部分才成立,而在外力作用点附近,由于杆端外力的作用方式不同,其应力分布情况较为复杂。但圣维南原理指出:力作用于杆端方式的不同,只会使应力分布在与杆端距离不大于杆的横向尺寸的范围内受到影响。这一原理已经被实验所证实,故在拉(压)杆的应力计算中,都以式(5.1)为准。

对于等截面直杆,当等直杆受几个轴向外力时,由轴力图可求得最大轴力 $F_{\mathrm{N,max}}$,则杆内的最大正应力(危险截面上的应力)为

$$\sigma_{\mathrm{max}} = \frac{F_{\mathrm{N,max}}}{A} \tag{5.2}$$

最大轴力所在的横截面叫做危险截面,危险截面上的正应力称为最大工作应力。

对于变截面直杆,最大正应力的计算不但要考虑轴力 $F_{\mathrm{N}}(x)$,同时还要考虑横截面面积 $A(x)$。

【例5.3】 简易起重设备如图 5.7(a) 所示,已知 AB 杆由两根截面面积为 $10.86\ \mathrm{cm^2}$ 的角钢制成,$F = 130\ \mathrm{kN}$,$\alpha = 30°$。求 AB 杆横截面上的应力。

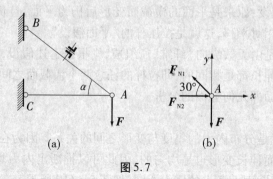

(a)　　　　(b)

图 5.7

解 (1)计算 AB 杆内力

取节点 A 为研究对象,由平衡条件

$$\sum F_y = 0 , \quad F_{\mathrm{N1}}\sin 30° - F = 0$$

得

$$F_{\mathrm{N1}} = 2F = 260\ \mathrm{kN} \quad (拉力)$$

(2)计算 AB 杆应力

$$\sigma_1 = \frac{F_{\mathrm{N1}}}{A} = \frac{260 \times 10^3}{2 \times 10.86 \times 10^{-4}} = 1.197 \times 10^8\ (\mathrm{Pa}) = 119.7\ (\mathrm{MPa})$$

【例5.4】 起吊钢索如图 5.8 所示,截面积分别为 $A_1 = 3\ \mathrm{cm^2}$,$A_2 = 4\ \mathrm{cm^2}$,

$l_1 = l_2 = 50$ m，$F = 12$ kN，材料单位体积重量 $\gamma = 0.028$ N/cm^3，试考虑绘制轴力图，并求 σ_{max}。

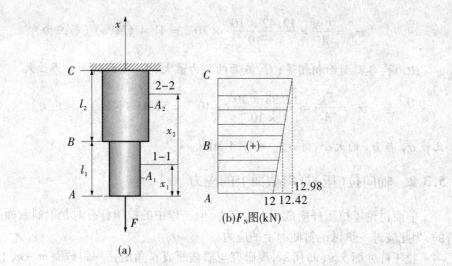

图5.8

解 （1）计算轴力

AB 段：取 1 - 1 截面

$$\sum F_x = 0, \quad F_{N1} - F - \gamma A_1 x_1 = 0$$

得

$$F_{N1} = F + \gamma A_1 x_1 \quad (0 \leqslant x_1 \leqslant l_1)$$

BC 段：取 2 - 2 截面

$$\sum F_x = 0, \quad F_{N2} - F - \gamma A_1 l_1 - \gamma A_2 (x_2 - l_1) = 0$$

$$F_{N2} = F + \gamma A_1 l_1 + \gamma A_2 (x_2 - l_1) \quad (l_1 \leqslant x_2 \leqslant l_1 + l_2)$$

（2）绘轴力图

当 $x_1 = 0$ 时

$F_{NA} = F = 12$ （kN）（拉力）

当 $x_1 = l_1$ 时

$F_{NB} = F + \gamma A_1 l_1 = 12 + 0.028 \times 3 \times 50 \times 10^2 \times 10^{-3} = 12.42$ （kN）（拉力）

当 $x_2 = l_1$ 时

$F_{NB} = F + \gamma A_1 l_1 + \gamma A_2 (l_1 - l_1) = 12.42$ （kN）（拉力）

当 $x_2 = l_1 + l_2$ 时

$F_{NC} = F + \gamma A_1 l_1 + \gamma A_2 l_2 = 12.98$ （kN）（拉力）

轴力图如图 5.8(b)所示。

(3)应力计算

AB 段:各截面面积相等,$B_{\text{下}}$ 截面的轴力最大,$B_{\text{下}}$ 截面的正应力最大

$$\sigma_B = \frac{F_{NB}}{A_1} = \frac{12.42 \times 10^3}{3 \times 10^{-4}} \times 10^{-6} = 41.4 \text{ (MPa)（拉应力）}$$

BC 段:各截面面积相等,$C_{\text{下}}$ 截面的轴力最大,$C_{\text{下}}$ 截面的正应力最大

$$\sigma_C = \frac{F_{NC}}{A_2} = \frac{12.98 \times 10^3}{4 \times 10^{-4}} \times 10^{-6} = 32.45 \text{ (MPa)（拉应力）}$$

比较 σ_B 与 σ_C 的大小,得 $\sigma_{\max} = 41.4$ MPa

5.3.2 轴向拉(压)杆斜截面上的应力

前面讨论了拉压杆横截面上的应力,但工程中的拉压杆有时是沿斜截面发生破坏的,为此应进一步讨论斜截面上的应力。

拉压杆如图 5.9(a)所示,现研究与横截面成 α 角的任一斜截面 $m-m$ 上的应力。由前述分析可知,杆内各纵向纤维的变形相同,那么在互相平行的截面 $m-m$ 与 $m'-m'$ 之间,各纤维的变形也相同。因此,斜截面 $m-m$ 上的应力 p_α 沿截面均匀分布[图 5.9(b)],即同一斜截面上各点的应力相等。

(a)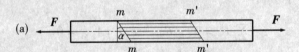

(b)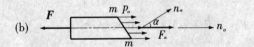

(c)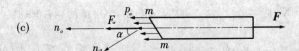

(d)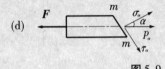

图 5.9

设等直杆的横截面面积为 A,由左段杆的平衡,可得斜截面 $m-m$ 上的内力 F_α 为

$$F_\alpha = F \tag{a}$$

则

$$p_\alpha = \frac{F_\alpha}{A_\alpha} \tag{b}$$

式中，A_α 是斜截面面积。

A_α 与横截面面积 A 的关系为 $A_\alpha = A/\cos\alpha$，代入式(b)并利用式(a)，即得

$$p_\alpha = \frac{F}{A}\cos\alpha = \sigma_0 \cos\alpha \tag{5.3}$$

式中，$\sigma_0 = F/A$ 是横截面($\alpha = 0$)上的正应力。α 是斜截面外法线 n_α 与横截面外法线 n_0 之间的夹角，从 n_0 逆时针转到 n_α 时，α 为正，反之为负。

斜截面 $m-m$ 的方位，保留左段、右段都为正 α，故图示的 $m-m$ 截面也叫正 α 斜截面，如图 5.9(b) 和图 5.9(c) 所示。

全应力 p_α 的方向与轴力 F_α 相同，将其沿斜截面的法向和切向分解[图 5.9(d)]，得到斜截面的正应力 σ_α 和切应力 τ_α，这两个应力分量可表示为

$$\sigma_\alpha = p_\alpha \cos\alpha = \upsilon_0 \cos^2\alpha \tag{5.4}$$

$$\tau_\alpha = p_\alpha \sin\alpha = \frac{\sigma_0}{2}\sin 2\alpha \tag{5.5}$$

为了便于应用上述公式，正应力 σ_α 以拉应力为正，压应力为负；切应力 τ_α 以对脱离体(研究段)内一点产生顺时针力矩的 τ_α 为正，反之为负。

上列两式表达了通过拉杆内任一点处不同方位斜截面上的正应力 σ_α 和切应力 τ_α 随角 α 而改变的规律。这说明，讨论点的应力时，除了要知道该点在杆上的位置、应力的大小、应力的符号以外，还要知道该点所在截面的方位。这是应力的一般规律，在其他变形中也是如此。

由式(5.4)可知，当 $\alpha = 0°$ 时，正应力最大，其值为 $\sigma_{max} = \sigma_0$，即通过拉杆某一点的横截面上的正应力，是通过该点的所有不同方位截面上正应力中的最大值。

由式(5.5)可知，当 $\alpha = 45°$ 时，切应力最大，其值为 $\tau_{max} = \dfrac{\sigma_0}{2}$，即与横截面成 45° 的斜截面上的切应力，是通过该点的所有不同方位截面上切应力中的最大值。

当 $\alpha = 90°$ 时，$\sigma_{90°} = 0$，$\tau_{90°} = 0$，即轴向拉杆平行于轴线的纵向截面上无任何应力。

以上的全部分析结果对压杆也同样适用。

【例 5.5】　如图 5.10(a)所示，木立柱承受压力 F，上面放有钢块。钢块横截面积 A_1 为 2 cm $\times$ 2 cm，$\sigma_1 = 35$ MPa，木立柱横截面积 $A_2 = 8$ cm $\times$ 8 cm，求木立柱顺纹方向的切应力。

解　(1)先求木立柱受到的压力 F

由

$$\sigma_1 = \frac{F}{A_1}$$

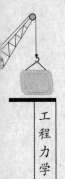

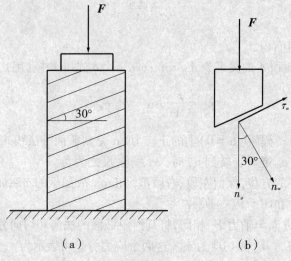

（a）　　　　　　　　　（b）

图 5.10

得

$$F = \sigma_1 A_1 = (35 \times 10^6) \times (2 \times 2 \times 10^{-4}) \times 10^{-3} = 14 \ (\text{kN}) \ (\text{压力})$$

（2）求木立柱顺纹方向的切应力 $\tau_{30°}$。

横截面上的正应力为

$$\sigma_0 = \frac{F_N}{A_2} = \frac{-F}{A_2} = \frac{-14 \times 10^3}{64 \times 10^{-4}} \times 10^{-6} = -2.19 \ (\text{MPa}) \ (\text{压应力})$$

顺纹方向的切应力为

$$\tau_{30°} = \frac{\sigma_0}{2}\sin(2 \times 30°) = \frac{-2.19}{2}\sin 60° = -0.95 \ (\text{MPa})$$

$\tau_{30°}$ 的指向如图 5.10(b)所示。

5.4 拉伸和压缩时材料的力学性能

　　构件的强度、刚度与稳定性，不仅与构件的形状、尺寸以及所受外力有关，而且与材料的力学性能有关。材料的力学性能是指材料在外力作用下所表现出来的变形、破坏等方面的特性。比如材料的弹性常数 E、υ 以及极限应力等，它们必须由试验来测定。材料的力学性能不仅与材料内部的成分和组织结构有关，还受到加载速度、温度、受力状态等因素的影响。本节主要介绍在常温和静载条件下，处于轴向拉伸和压缩时材料的力学性能，这是材料最基本的力学性能。

　　低碳钢和铸铁是工程中广泛使用的材料，其力学性能比较典型。下面以低碳钢和铸铁为塑性材料和脆性材料的代表，介绍材料拉压时的力学性能。

90

5.4.1　材料在拉伸时的力学性能

为了便于比较试验结果,应将材料做成标准试样。对金属材料的拉伸试验有两种标准试样。一种是圆截面试样,如图 5.11(a)所示。在试样中间等直部分上取 l 长作为工作段称为标距,对圆截面试样,标距 l 与标距内横截面直径的关系为 $l = 5d$ 或 $l = 10d$,分别称为 5 倍试样和 10 倍试样。另一种是矩形截面试样,如图 5.11(b)所示,其标距 l 与标距内横截面面积的关系为 $l = 11.3\sqrt{A}$, $l = 5.65\sqrt{A}$ 。

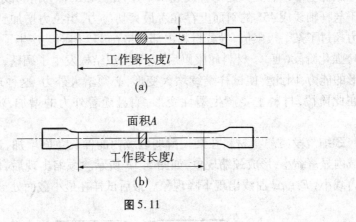

(a)

(b)

图 5.11

拉伸或压缩时主要使用两类设备:一类是使试样发生变形(伸长或缩短)和测定试样抗力的万能试验机,另一类是用来测量试样变形的变形仪。

5.4.1.1　低碳钢的拉伸试验

低碳钢是指含碳量较低(在 0.25% 以下)的普通碳素钢,例如 Q235 钢、A_3 钢(Q235A 钢)、16 Mn 钢,是工程上广泛使用的材料。

(1)拉伸图　试验时,把试样安装在万能试验机上,然后均匀缓慢地加载,使试样拉伸直至断裂。万能试验机可以自动绘出试样在工作段的伸长与抗力之间的关系曲线,以横坐标表示试样工作段的伸长量 Δl ,以纵坐标表示万能试验机上的荷载(即试样的抗力) F ,称为试样的拉伸图。

低碳钢试样的拉伸图如图 5.12 所示。从图上可以看出,低碳钢在整个拉伸试验过程中,伸长量 Δl 与荷载 F 之间的关系大致可以分为以下四个阶段:

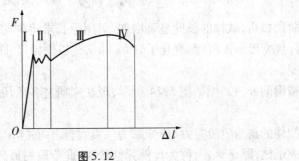

图 5.12

1）弹性阶段（Ⅰ）　试样的变形是弹性的，当卸除全部荷载后，变形完全消失，试样恢复原长，这一阶段叫弹性阶段。在此阶段内，试样的伸长量 Δl 与荷载 F、试样的原长 l 成正比，与横截面面积 A 成反比，即 $\Delta l \propto \dfrac{Fl}{A}$。

2）屈服阶段（Ⅱ）　此阶段试样的伸长量 Δl 急剧地增加，而万能试验机上的荷载读数却在很小的范围内波动，即荷载基本不变而试样却不断伸长，材料失去抵抗继续变形的能力，这一现象称为材料的屈服。屈服阶段出现的变形是不可恢复的塑性变形。在试件上可以看到大约与轴线成45°方向的条纹，称为滑移线。这种现象的产生是由于与杆轴线成45°的斜面上存在着最大切应力，当拉力增加到一定数值后，最大切应力超过了某一极限值，导致材料内部晶格在45°斜面上产生了相互间的滑移。

3）强化阶段（Ⅲ）　材料屈服以后，内部组织结构发生了调整，重新获得了抵抗继续变形的能力，因此要使试样继续增大变形，必须增大外力，这种现象称为材料的强化。在此阶段，材料主要产生塑性变形，而且随着外力的增加，塑性变形量显著地增加。

4）颈缩阶段（Ⅳ）　材料在某一薄弱区域内的伸长急剧增加，试样横截面在该薄弱区域内显著缩小，形成颈缩现象，如图 5.13 所示。颈缩出现后，使试样继续变形所需拉力减小，$F - \Delta l$ 曲线出现下降现象。最后试样在最小截面处被拉断。

图 5.13

（2）应力-应变图　低碳钢的拉伸图只能代表试样的力学性能，因为该图的横坐标和纵坐标均与试样的几何尺寸有关。为了消除试样尺寸的影响，把拉力 F 除以试样横截面的原始面积 A，同时，把伸长量 Δl 除以标距的原始长度 l，所得到的曲线称为应力-应变图或 $\sigma - \varepsilon$ 图。$\sigma - \varepsilon$ 曲线与试样的尺寸无关，因而可以代表材料的力学性能。

纵坐标 $\sigma = \dfrac{F}{A}$ 实质上是名义应力（称为工程应力），因为超过屈服阶段以后，试样横截面面积显著减小，仍用原面积求得的应力并不能表示试样横截面上的真实应力。而横坐标 $\varepsilon = \dfrac{\Delta l}{l}$ 实际上也是名义应变，（称为工程应变，通常用百分数表示），因为超过屈服阶段以后，试样的长度显著增加，仍用原长求得的应变也不能表示试样的真实应变。杆件变形后 A 和 l 都变化了，而 ε 和 σ 仍以原始尺寸计算，所以不是实际应力和实际应变。

低碳钢的 $\sigma - \varepsilon$ 图如图 5.14 所示，现在来研究各阶段中的几个特征点及其相应的含义。

在拉伸的初始阶段应力-应变图为一直线（图中的 Oa），说明在此阶段，正应力与正应变成正比，即 $\sigma \propto \varepsilon$，称为比例弹性阶段，此阶段的最高点 a 所对应的正应力称为

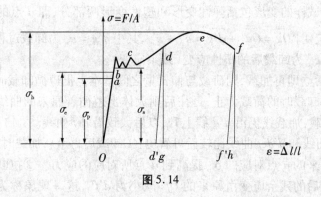

图 5.14

材料的比例极限,用 σ_P 表示。它是应力与应变成正比的最高限。

在 ab 段, $\sigma - \varepsilon$ 关系偏离直线,为曲线,但此阶段仍只发生弹性变形,弹性阶段的最高点 b 是不发生塑性变形的极限,与之对应的应力称为材料的弹性极限,以 σ_e 表示。

试验结果表明,材料的弹性极限和比例极限在数值上非常接近,在实测中很难区分,因此在工程中通常并不区分材料的这两个极限应力,而统称为弹性极限。

在屈服阶段, $\sigma - \varepsilon$ 曲线图呈现锯齿形,其最高点所对应的应力值称为上屈服强度,最低点所对应的应力叫下屈服强度,上屈服强度易受加载速度等因素影响,极不稳定,而下屈服强度较为稳定,因此,通常将下屈服强度称为材料的屈服强度或屈服极限,以 σ_s 表示。

强化阶段的最高点(e 点)所对应的应力称为强度极限或拉伸强度,以 σ_b 表示。它是试样的名义应力的最大值。

对于低碳钢来讲, σ_s 与 σ_b 是衡量材料强度的两个重要指标。

(3)材料的塑性指标　试样断裂后,弹性变形完全消失,塑性变形则残留在试样中不会消失。试样的工作段的长度由原来的 l 伸长为拉断后的 l_1 ,断口处的横截面面积由原来的 A 缩小为 A_1 。工程中常用试样拉断后残留的塑性变形大小作为衡量材料塑性的指标。常用的塑性指标有两个:延伸率(δ)和截面收缩率(ψ)。

$$\delta = \frac{l_1 - l}{l} \times 100\%$$

$$\psi = \frac{A - A_1}{A} \times 100\%$$

这两个值越大,说明材料塑性越好。工程上通常把延伸率 $\delta \geqslant 5\%$ 的材料称为塑性材料,把 $\delta < 5\%$ 的材料称为脆性材料。

(4)卸载规律及冷作硬化　试验表明,在材料的强化阶段中,如果停止加载,并逐渐卸除荷载,则在这一过程中,荷载与伸长量之间遵循直线关系。如在图 5.14 中 d 点卸载,卸载线 $\overline{dd'}$ 大致平行于弹性阶段内的直线 $\overline{Oa}$,在卸载过程中,荷载 F 与试件伸长量 Δl (或应力与应变)之间遵循直线关系的规律称为材料的卸载规律。由此可见,在强化阶段中，试样的变形包括弹性变形和塑性变形两部分，即 d 点的横坐标包括弹性应变和塑性应变，$\overline{Og} = \overline{Od'} + \overline{d'g} = \varepsilon_p + \varepsilon_e$，其中 $\overline{d'g} = \varepsilon_e$ 为卸载过程中消失了的弹性应变，$\overline{Od'} = \varepsilon_p$ 为卸载后的塑性应变（残余应变）。

如果卸载后立即再加载，则荷载与伸长量之间基本上仍遵循卸载时的同一直线关系，一直到开始卸载时的荷载为止，再往后则大体上遵循着原来的曲线关系。即卸载至 d' 后若再加载，加载线仍沿 $d'd$ 线上升，以后大致沿 def 曲线。

将 $Obdef$ 曲线和 $d'def$ 曲线比较后可看出：①卸载后再重新加载时，材料的比例极限提高了，由原来的 a 点对应的 σ_p 提高到 d 点所对应的应力。②拉断后的塑性变形减少了，即拉断后的残余应变由原来的 Of' 减小为 $d'f'$，这一现象称为冷作硬化。在工程中常利用冷作硬化来提高钢筋和钢绞线等构件在线弹性范围内的承载能力。

5.4.1.2 其他塑性材料拉伸时的力学性能

与低碳钢在 $\sigma - \varepsilon$ 曲线上相似的材料，还有 16 锰钢以及另外一些高强度低合金钢。它们与低碳钢相比，屈服极限和强度极限都显著提高了，而屈服阶段则稍短且延伸率略低。

图 5.15 给出了另外几种典型的金属材料在拉伸时的 $\sigma - \varepsilon$ 曲线，与图 5.14 比较可知：有些材料（比如铝合金、退火球墨铸铁）没有屈服阶段，而其他三个阶段却很明显；另外一些材料（比如锰钢）则仅有弹性阶段和强化阶段，而没有屈服阶段和颈缩阶段。但这些材料的共同特点是延伸率都比较大，它们和低碳钢一样都属于塑性材料。

对于不存在明显屈服阶段的的塑性材料，工程上通常以完全卸载后具有残余应变 $\varepsilon_p = 0.2\%$ 的应力作为屈服极限，称为名义屈服极限，用 $\sigma_{p0.2}$ 表示，如图 5.16 所示。

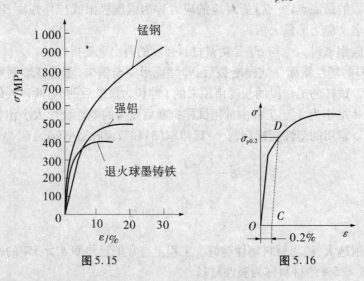

图 5.15　　　　　　　　图 5.16

5.4.1.3 铸铁的拉伸试验

脆性材料，例如灰口铸铁、陶瓷等，从开始受力直到拉断，变形始终很小，既不存在屈服阶段、强化阶段，也没有颈缩现象。图 5.17 为灰口铸铁拉伸时的应力-应变曲线，断裂时的应变仅为 $0.4\% \sim 0.5\%$，断口则垂直于试样轴线，即断裂发生在最大拉应力作用面。

衡量脆性材料强度的唯一标准就是材料的强度极限 σ_b，铸铁的拉伸破坏是由于最大拉应力超过材料的抗拉强度所致。

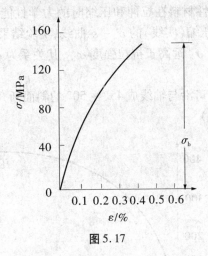

图 5.17

5.4.2　材料在压缩时的力学性能

为了避免压弯，金属材料压缩试验通常采用圆截面或正方形截面的短柱体试样，其长度 l 与横截面直径 d 或边长 b 的比值一般为 $1 \sim 3$。

5.4.2.1　低碳钢的压缩试验

由低碳钢的压缩试验得到的 $\sigma - \varepsilon$ 曲线如图 5.18 中实线所示，为了便于比较材料在拉伸和压缩时的力学性能，图中还以虚线绘出了低碳钢在拉伸时的 $\sigma - \varepsilon$ 曲线。

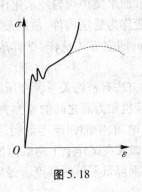

图 5.18

试验结果表明：

（1）同拉伸试验相比，两曲线在屈服阶段前，曲线大致相同。弹性极限 σ_e 和屈服极限 σ_s 都与拉伸时大致相同。

（2）当应力超过屈服极限之后，压缩试样会产生很大的塑性变形，越压越扁，即使压成纸一样薄，低碳钢也不发生破坏，因为横截面面积不断增大，抗压能力逐渐增大，因此得不到压缩时的极限强度。

由于上述两个特点,对于低碳钢等多数塑性材料来讲,只需作拉伸试验。

5.4.2.2 铸铁的压缩试验

与塑性材料不同,脆性材料在拉伸和压缩时的力学性能差别较大。图5.19为灰口铸铁在拉伸(虚线)和压缩(实线)的 $\sigma - \varepsilon$ 曲线,实验结果表明:

(1)铸铁的抗压强度 σ_c 远高于抗拉强度 σ_b,其关系为 $\sigma_c = (3 \sim 5)\sigma_b$,宜于作受压构件。

(2)破坏时试件的断口沿与轴线成 $45° \sim 50°$ 的斜面断开,因为在 $45°$ 斜截面上作用有 τ_{max}(发生剪切破坏)。

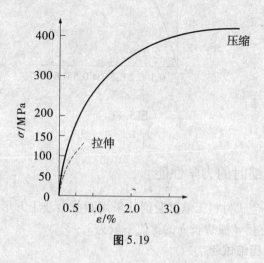

图 5.19

5.4.2.3 混凝土的压缩试验

混凝土是由水泥、石子和砂加水搅拌均匀经水化作用后形成的人造材料。混凝土和天然石料都是脆性材料,一般作为受压构件,故混凝土常需做压缩试验。混凝土压缩破坏试验常用边长为 150 mm 的立方体试样,试样成型后,在标准养护条件下养护28 天后进行试验。

混凝土的抗压强度与试验方法有密切关系。在压缩试验中,如果试样上下两端面不加减摩剂,由于两端面与试验机加力面之间的摩擦力,使得试样横向变形受到阻碍,提高了抗压强度。随着压力的增加,中部四周逐渐剥落,压坏后试样呈两个对接的截顶角椎体,如图5.20(a)所示;如果在试样上下两端面加了减摩剂,则减少了两端面的摩擦力,试样易于横向变形,因而降低了抗压强度。最后试样沿纵向开裂而破坏,如图5.20(b)所示。

因此这类材料的压缩试验还规定其端部条件,这样所得的抗压强度才能作为衡量材料强度的一种比较性指标。

必须指出,影响材料力学性能的因素是多方面的,以上所述几种常用材料的力学性能都是在常温、静载条件下测得的。

普通高等教育力学“十二五”规划教材

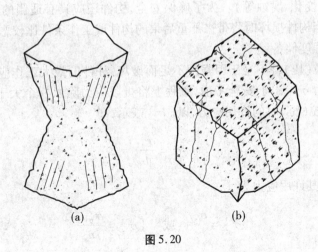

(a)　　　　　　　　　　(b)

图 5.20

5.5　失效、许用应力与强度条件

5.5.1　失效、安全因数与许用应力

　　由于各种原因使结构丧失其正常工作能力的现象,称为失效。工程材料失效有两种形式:一种是塑性屈服,当应力达到屈服极限 σ_s 时,材料产生明显的塑性变形,并伴有屈服现象;一种是脆性断裂,当应力达到强度极限 σ_b 时,材料几乎不产生塑性变形而突然断裂。

　　根据上述情况,通常将强度极限 σ_b 和屈服极限 σ_s 统称为极限应力,并用 σ_u 来表示。对于塑性材料制成的拉(压)杆,当它发生显著的塑性变形时,往往影响到它的正常工作,所以通常取屈服极限 σ_s 作为极限应力 σ_u;对于无明显屈服阶段的塑性材料,则用 $\sigma_{p0.2}$ 作为极限应力 σ_u。至于脆性材料,由于它直到破坏为止都不会产生明显的塑性变形,只有在真正断裂时才丧失正常工作能力,所以应取强度极限 σ_b 作为极限应力 σ_u。

　　在理想的情况下,为了充分地利用材料的强度,可使构件的工作应力接近于材料的极限应力。但实际上不可能,这是因为在主观上和客观上都存在一些不利因素。计算荷载难以准确估计,或者计算时所作的简化不完全符合实际情况,因而构件中实际产生的最大工作应力可能超过理论计算的数值。材料的极限应力值是根据材料试验结果按统计方法得到的,材料产品的合格与否也只能凭抽样检查来确定,所以,实际使用的材料的极限应力值个别的有低于给定值的可能;个别构件在经过加工后,其实际横截面尺寸有可能低于计算所得的尺寸。所有这些因素,都有可能使构件的实际工作条件比设想的要偏于不安全。

　　除了上述因素外,考虑到构件在使用期内可能遇到意外的事故或其他不利的工作条件(比如温度变化、腐蚀等)。为了确保安全,构件还应具有适当的强度储备,对于重要构件以及当构件损坏时将带来严重后果的构件或工作条件比较恶劣的构件,更应该给予较大的强度储备。

为了确保拉(压)杆不至于因强度不足而破坏,杆件的最大工作应力 σ_{max} 应小于材料的极限应力 σ_u,出于安全考虑,工程上将极限应力除以一个大于1的安全因数 n,作为材料在拉(压)时的许用应力,以 $[\sigma]$ 表示,即

$$\sigma = \frac{\sigma_u}{n} \tag{5.6}$$

对于塑性材料,其许用应力为

$$[\sigma] = \frac{\sigma_s}{n_s} \quad \text{或} \quad [\sigma] = \frac{\sigma_{p0.2}}{n_s}$$

对于脆性材料,其许用应力为

$$[\sigma] = \frac{\sigma_b}{n_b}$$

上式中 n_s、n_b 分别为塑性材料和脆性材料的安全因数。

如上所述,安全因数是由多种因素决定的。各种材料在不同工作条件下的安全因数或许用应力,可从有关规范或设计手册中查到。通常在静荷载设计中取 $n_s = 1.25 \sim 2.50$,$n_b = 2.5 \sim 3.0$,有时甚至可大到 $4 \sim 14$。由于脆性材料的破坏以断裂为标志,而塑性材料的破坏则以发生一定程度的塑性变形为标志,两者的危险性显然不同,且脆性材料的强度指标值的分散度较大。因此,对脆性材料要多给一些强度储备。

5.5.2 强度条件

要保证拉压杆具有足够的强度而不至于破坏,就必须使杆内的最大工作应力不超过材料的许用应力,即

$$\sigma_{max} = \left(\frac{F_N}{A}\right)_{max} \leqslant [\sigma] \tag{5.7}$$

上式为轴向拉压杆的强度条件。

对于等截面直杆,σ_{max} 一定位于轴力最大的截面上,则其拉伸(压缩)强度条件为

$$\sigma_{max} = \frac{F_{N,max}}{A} \leqslant [\sigma] \tag{5.8}$$

根据上述强度条件,可以解决以下三类强度问题:

(1)校核强度 当杆的横截面面积 A、材料的许用应力 $[\sigma]$ 及所受荷载已知时,可以校核杆的最大工作应力是否满足强度条件的要求。

(2)设计截面 当杆所受荷载以及材料的许用应力 $[\sigma]$ 已知时,根据强度条件可以确定该杆所需横截面面积。比如对于等直的拉压杆,其所需横截面面积为

工程力学

$$A \geqslant \frac{F_{N,max}}{[\sigma]}$$

（3）设计荷载 当杆的横截面面积 A 以及材料的许用应力 $[\sigma]$ 已知时，根据强度条件可以确定该杆所能容许的最大轴力，从而可以计算出其所容许承受的最大荷载。此时式(5.8)可以改写为

$$F_{N,max} \leqslant A[\sigma]$$

最后还应指出，如果最大工作应力 σ_{max} 超过了许用应力 $[\sigma]$，但只要超过的部分（即 σ_{max} 与 $[\sigma]$ 之差）不大，不超过许用应力的 5%，在工程计算中仍然是允许的。

【例5.6】 空心圆截面等直杆如图5.21所示，外径 $D = 20\ mm$，内径 $d = 15\ mm$，承受轴向荷载 $F = 20\ kN$ 的作用，材料的屈服应力 $\sigma_s = 235\ MPa$，安全因数 $n_s = 1.5$，试校核杆的强度。

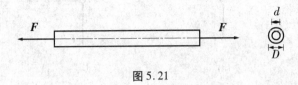

图5.21

解 （1）求杆件横截面上的工作应力

$$\sigma = \frac{F_N}{A} = \frac{4F}{\pi(D^2 - d^2)} = \frac{4 \times 20 \times 10^3}{\pi(0.020^2 - 0.015^2)}$$
$$= 1.455 \times 10^8 (Pa) = 145.5\ (MPa)$$

（2）求材料的许用应力

$$[\sigma] = \frac{\sigma_s}{n_s} = \frac{235 \times 10^6}{1.5} = 1.56 \times 10^8 (Pa) = 156\ (MPa)$$

（3）强度校核

$$\sigma < [\sigma]$$

满足强度条件，故杆件的强度是安全的。

【例5.7】 图5.22所示石桥墩高度 $l = 30\ m$，顶面受轴向压力 $F = 3\ 000\ kN$，材料的许用压应力 $[\sigma_c] = 1\ MPa$，容重 $\gamma = 25\ kN/m^3$，试按照等直杆设计截面面积。

解 危险截面在桥墩的底面，最大轴力为

$$F_{N,max} = F + \gamma Al$$

按等直杆设计桥墩，最大工作应力为

$$\sigma_{max} = \frac{F_{N,max}}{A} = \frac{F + \gamma Al}{A} = \frac{F}{A} + \gamma l \leqslant [\sigma_c]$$

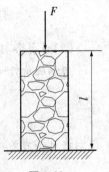

图5.22

所需横截面面积为

$$A \geqslant \frac{F}{[\sigma_c] - \gamma l} = \frac{3000 \times 10^3}{1 \times 10^6 - 25 \times 10^3 \times 30} = 12 \ (\text{m}^2)$$

以按等直杆设计桥墩时所需最小的截面面积为 12 m²。

【例 5.8】 杆系结构如图 5.23(a) 所示,已知杆 AB 及杆 AC 材料相同,$[\sigma]$ = 160 MPa ,横截面积分别为 A_1 = 706.9 mm²,A_2 = 314 mm²,试确定此结构许可荷载 $[F]$。

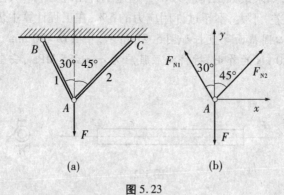

图 5.23

解 (1)分析各杆的轴力与荷载 F 的关系

设 AB 杆和 AC 杆均为拉杆,轴力分别为 $\boldsymbol{F}_{\text{N1}}$ 和 $\boldsymbol{F}_{\text{N2}}$ [图 5.23(b)],则根据节点 A 的平衡有

$$\sum F_x = 0 , \quad F_{\text{N2}} \sin 45° - F_{\text{N1}} \sin 30° = 0$$

$$\sum F_y = 0 , \quad F_{\text{N1}} \cos 30° + F_{\text{N2}} \cos 45° - F = 0$$

由上两式求得各杆的轴力与荷载 F 应满足的关系为

$$F_{\text{N1}} = \frac{2F}{1 + \sqrt{3}} = 0.732F \quad (\text{拉力})$$

$$F_{\text{N2}} = \frac{\sqrt{2}F}{1 + \sqrt{3}} = 0.518F \quad (\text{拉力})$$

(2)计算各杆的许可轴力
由强度条件

$$\sigma = \frac{F_{\text{N}}}{A} \leqslant [\sigma]$$

得到许可轴力为

$$[F_{N1}] = A_1[\sigma] = 706.9 \times 10^{-6} \times 160 \times 10^{6} = 113.1 \text{ (kN)}$$

$$[F_{N2}] = A_2[\sigma] = 314 \times 10^{-6} \times 160 \times 10^{6} = 50.2 \text{ (kN)}$$

(3)计算各杆的许可荷载

$$[F_1] = \frac{[F_{N1}]}{0.732} = \frac{113.1}{0.732} = 154.5 \text{ (kN)}$$

$$[F_2] = \frac{[F_{N2}]}{0.518} = \frac{50.2}{0.518} = 96.9 \text{ (kN)}$$

要同时保证杆 AB 及杆 AC 的强度,应取 $[F_1]$ 与 $[F_2]$ 这两者中的小值,因而该结构的许可荷载 $[F] = 96.9 \text{ kN}$。

5.6 应力集中的概念

应力计算公式(5.1)只适用于等截面的直杆。对于横截面平缓地变化的拉(压)杆,按等截面直杆的应力计算公式进行计算,在工程计算中一般是允许的。但在工程实际中,由于结构或工艺上的要求,常常有沟槽、孔洞、螺纹、台阶等,使杆件的横截面在某些部位发生急剧的变化。理论和实验研究发现,在杆件截面突变的局部范围内,将出现应力急剧增大的现象。如图 5.24(a)所示,具有小圆孔的均匀拉伸板,在通过圆心的横截面上的应力分布就不再是均匀的[图 5.24(b)],在孔的附近处应力骤然增加,而离孔稍远处应力就迅速下降并趋于均匀。这种由杆件截面骤然变化(或几何外形局部不规则)而引起的局部应力骤增现象,称为应力集中。

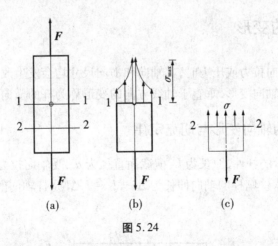

图 5.24

在杆件外形局部不规则处的最大局部应力 σ_{max},必须借助于弹性理论、计算力学或实验应力分析的方法求得。在工程实际中,应力集中的程度用最大局部应力 σ_{max} 与该截面上的名义应力 σ_{nom}(轴向拉压时即为截面上的平均应力)的比值来表示,即

$$K_{t\sigma} = \frac{\sigma_{max}}{\sigma_{nom}} \tag{5.9}$$

这一比值 $K_{t\sigma}$ 称为理论应力集中因数,其下标 σ 表示是正应力。

值得注意的是,应力集中并不是单纯由截面积的减小而引起的,杆件外形的骤然变化,是造成应力集中的主要原因。一般来讲,杆件外形的骤变越剧烈,应力集中的程度就越严重。应力集中是局部的应力骤增现象,如图5.24中具有小圆孔的均匀受拉平板,在孔边处的最大拉应力约为平均应力的3倍,而在距孔稍远的2-2截面上,应力趋于均匀分布,如图5.24(c)所示。而且应力集中处不仅最大应力急剧增长,其应力状态也与无应力集中时不同。

对于由塑性材料制成的构件,在静荷载作用下通常可以不考虑应力集中对其强度的影响。这是因为,一般来讲塑性材料存在屈服阶段,当局部的最大应力 σ_{max} 达到材料的屈服极限 σ_s 时,若继续增加荷载,则其应力不增加,应变可继续增大,而所增加的荷载由同一截面的未屈服部分承担,直至整个横截面上各点应力都达到屈服极限时,杆件才因屈服而丧失正常的工作能力。

对于由脆性材料或者塑性差的材料(比如高强度钢)制成的杆件,在静荷载作用下,局部的最大应力就有可能引起材料的开裂,因而应按局部的最大应力来进行强度计算。但是,脆性材料中的铸铁由于其内部组织很不均匀,本身就存在气孔、杂质等引起应力集中的因素,因此外形骤变所引起的应力集中的影响反而很不明显,就可以不考虑应力集中的影响。但是在动荷载作用下,不论是由塑性材料还是脆性材料制成的杆件,都应考虑应力集中的影响。有关动荷载下考虑应力集中影响的问题,可参看有关书籍。

5.7 拉压杆的变形

当杆件受到轴向拉力或压力时,其轴向和横向尺寸均会发生改变。杆件沿轴线方向的变形称为杆的轴向变形,垂直于轴线方向的变形称为杆的横向变形。

5.7.1 拉压杆的轴向变形与胡克定律

如图5.25所示的杆件,原长为 l,横截面直径为 d,受轴向拉力 F 的作用后,杆长变为 l_1,直径变为 d_1。则杆的轴向伸长为 $\Delta l = l_1 - l$,Δl 是杆轴向的总变形量,称为杆的轴向绝对变形。

图 5.25

　　实验表明：当杆内的应力不超过比例极限 σ_{p} 时，杆的轴向伸长 Δl 与拉力 F、杆长 l 成正比，与杆的横截面面积 A 成反比，即

$$\Delta l \propto \frac{Fl}{A}$$

引进比例系数 E，则有

$$\Delta l = \frac{Fl}{EA}$$

由于 $F = F_{\mathrm{N}}$，上式可改写为

$$\Delta l = \frac{F_{\mathrm{N}} l}{EA} \tag{5.10}$$

　　这一关系式称为胡克定律。式中的比例系数 E 称为材料拉伸（或压缩）时的弹性模量。当 F_{N}，l 和 A 不变时，E 值越大，杆的变形越小；E 值越小，杆的变形越大。所以 E 是衡量材料抵抗弹性变形能力的一个指标，其值随材料而异，并由试验测定，几种常见材料的 E 值见表 5.1。弹性模量 E 的单位是 Pa，工程上常用的单位有 MPa 和 GPa。式(5.10)同样适用于压杆，F_{N} 与 Δl 正负号相对应，当轴力 F_{N} 是拉力，值为正值时，求得的绝对变形 Δl 是伸长也为正；当 F_{N} 是压力，值为负值时，杆缩短，Δl 也为负值。

　　由式(5.10)可知，对于长度相等且受力相同的杆，EA 值越大，杆的轴向变形 Δl 越小。EA 表示杆件抵抗拉压变形的能力，称为杆的拉伸（压缩）刚度，简称拉压刚度。

　　应注意式(5.10)只适用材料在线弹性范围内，且 F_{N}，E 和 A 在 l 长度范围内均为常数的情况。当以上参数沿杆轴线分段变化时，则应分段计算各段的变形，然后求代数和得到总变形，即

$$\Delta l = \sum_{i=1}^{n} \frac{F_{\mathrm{N}i} l_i}{E_i A_i}$$

　　当 F_{N} 和 A 沿杆轴线连续变化时，可先计算 $\mathrm{d}x$ 微段的变形而后积分，式(5.10)化为

$$\Delta l = \int_0^l \frac{F_{\mathrm{N}}(x)\,\mathrm{d}x}{EA(x)}$$

　　绝对变形 Δl 的大小与杆的长度 l 有关，为了消除杆长的影响，以便于比较相同外力作用下杆的变形程度，将式(5.10)改写成

$$\frac{\Delta l}{l} = \frac{1}{E} \cdot \frac{F_{\mathrm{N}}}{A}$$

式中，$\dfrac{\Delta l}{l}$ 为杆内任一点处的轴向线应变 ε，它是相对变形，表示轴向变形的程度；$\dfrac{F_{\mathrm{N}}}{A}$ 为杆横截面上的正应力 σ。于是得到胡克定律的另一种表达形式

$$\varepsilon = \frac{\sigma}{E} \quad \text{或} \quad \sigma = E\varepsilon \tag{5.11}$$

因此胡克定律又可以表述为:在比例极限内,正应力与线应变成正比。实际上,应力–应变图中初始直线(图5.14中的直线Oa)的斜率,就等于弹性模量E的值。

显然,上式中轴向线应变ε与横截面上正应力σ的正负号也是相对应的,即拉应力引起轴向伸长线应变。式(5.11)是经过改写后的胡克定律,它不仅适用于拉(压)杆,而且还可以更普遍地用于所有的单向应力状态,故通常称为单向应力状态下的胡克定律。

5.7.2 拉压杆的横向变形与泊松比

拉杆在轴向变形的同时将有横向变形。在图5.25中,设变形前杆件的横截面直径为d,变形后直径减小为d_1,则横向变形为

$$\Delta d = d_1 - d$$

在均匀变形情况下,拉杆的横向线应变为

$$\varepsilon' = \frac{\Delta d}{d} \tag{5.12}$$

实验表明:轴向拉伸时,杆沿轴向伸长,其横向尺寸减小;轴向压缩时,杆沿轴向缩短,其横向尺寸增大。即横向线应变ε'与轴向线应变ε恒为异号。实验还表明:当拉(压)杆内的应力不超过材料的比例极限时,横向线应变ε'与轴向线应变ε的绝对值之比为一常数,此比值称为横向变形因数或泊松比,常用υ来表示,即

$$\upsilon = \left| \frac{\varepsilon'}{\varepsilon} \right| \tag{5.13}$$

υ是量纲为1的量,其数值随材料而异,并通过实验测定的。

由于υ为反映材料横向变形能力的材料弹性常数,为正值,而横向线应变ε'与轴向线应变ε恒为异号,所以

$$\varepsilon' = -\upsilon\varepsilon \tag{5.14}$$

将式(5.11)代入式(5.14),得

$$\varepsilon' = -\upsilon\frac{\sigma}{E} \tag{5.15}$$

上式说明,一点处的横向线应变与该点处的轴向正应力也成正比,但正负号相反。

弹性模量E和泊松比υ都是材料的弹性常数,表5.1给出了一些常用材料的E和υ的约值。

表 5.1　常用材料的弹性模量及泊松比的约值

材料名称	牌号	E/GPa	υ
低碳钢	Q235	$200 \sim 210$	$0.24 \sim 0.28$
中碳钢	45	205	
低合金钢	16Mn	200	$0.25 \sim 0.30$
灰口铸铁		$60 \sim 162$	$0.23 \sim 0.27$
铝合金	LY12	71	0.33
花岗岩		48	$0.16 \sim 0.34$
石灰岩		41	$0.16 \sim 0.34$
混凝土		$15.2 \sim 36$	$0.16 \sim 0.18$
木材(顺纹)		$9 \sim 12$	

【例 5.9】　一矩形截面杆,长 1 m,截面尺寸为 50 mm×100 mm。当杆受到 100 kN 的轴向拉力时,由试验方法测得杆伸长 0.1 mm,截面的长边缩短0.003 mm,试求该杆材料的弹性模量 E 和泊松比 υ 。

解　利用式(5.10)可求得弹性模量为

$$E = \frac{F_N l}{(\Delta l)A}$$

$$= \frac{100 \times 10^3 \times 1}{0.1 \times 10^{-3} \times 50 \times 100 \times 10^{-6}}$$

$$= 2.0 \times 10^{11}(\text{N/m}^2) = 200\,(\text{GPa})$$

由式(5.13)求得泊松比为

$$\upsilon = \left| \frac{\varepsilon'}{\varepsilon} \right| = \frac{0.003/100}{0.1/1000} = 0.3$$

【例 5.10】　图 5.26 所示变截面杆,已知材料的弹性模量 $E = 120$ GPa,BD 段横截面积 $A_1 = 2$ cm^2,DA 段横截面积 $A_2 = 4$ cm^2,BD 段、DC 段及 CA 段长度均为 50 cm,$F_1 = 5$ kN,$F_2 = 10$ kN 。求 B 点的位移。

解　首先分别求得 BD,DC,CA 三段的轴力 F_{N1},F_{N2},F_{N3} 为

$$F_{N1} = -5 \text{ kN}, \quad F_{N2} = -5 \text{ kN}, \quad F_{N3} = 5 \text{ kN}$$

$$\Delta l_{BD} = \Delta l_1 = \frac{F_{N1}l_1}{EA_1} = \frac{-5 \times 10^3 \times 50 \times 10^{-2}}{120 \times 10^9 \times 2 \times 10^{-4}} = -1.04 \times 10^{-4}(\text{m})$$

$$\Delta l_{DC} = \Delta l_2 = \frac{F_{N2}l_2}{EA_2} = \frac{-5 \times 10^3 \times 50 \times 10^{-2}}{120 \times 10^9 \times 4 \times 10^{-4}} = -5.2 \times 10^{-5}(\text{m})$$

$$\Delta l_{CA} = \Delta l_3 = \frac{F_{N3}l_3}{EA_3} = \frac{5 \times 10^3 \times 50 \times 10^{-2}}{120 \times 10^9 \times 4 \times 10^{-4}} = 5.2 \times 10^{-5}(\text{m})$$

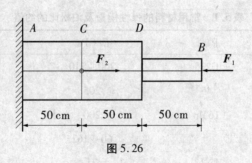

图 5.26

$$\Delta l_{AB} = \Delta l_1 + \Delta l_2 + \Delta l_3 = -1.04 \times 10^{-4}(\text{m})$$

因为 $\Delta_A = 0$，则

$$\Delta_B = \Delta l_{AB} = -1.04 \times 10^{-4}(\text{m})$$

Δl_{AB} 的负号说明此杆缩短，即 B 点位移向左。

【例 5.11】 图 5.27 所示结构中 1 杆是直径为 32 mm 的圆杆，2 杆为两根 5 号槽钢。材料均为 Q235 钢，$E = 210$ GPa。已知 $F = 60$ kN，试计算 B 点的位移。

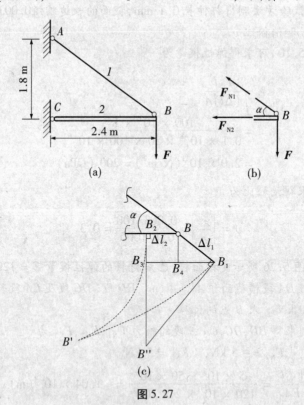

图 5.27

解 (1)计算各杆的轴力

假设各杆均受拉，以 B 节点为研究对象，作受力图如图 5.27(b)所示，由图示几何

关系容易求得 $\sin\alpha = 0.6, \cos\alpha = 0.8$。由

$$\sum F_y = 0, \quad F_{N1}\sin\alpha - F = 0,$$

得

$$F_{N1} = \frac{F}{\sin\alpha} = \frac{F}{0.6} = 1.67F$$

由

$$\sum F_x = 0, \quad -F_{N1}\cos\alpha - F_{N2} = 0$$

得

$$F_{N2} = -F_{N1}\cos\alpha = -0.8 \times 1.67F = -1.33F$$

(2)计算各杆的变形

$$\Delta l_1 = \frac{F_{N1}l_1}{EA_1} = \frac{1.67 \times 60 \times 10^3 \times 3.0}{210 \times 10^9 \times \frac{\pi}{4} \times (32 \times 10^{-3})^2} = 1.78 \times 10^{-3}(\text{m}) = 1.78 \ (\text{mm})$$

$$\Delta l_2 = \frac{F_{N2}l_2}{EA_2} = \frac{-1.33 \times 60 \times 10^3 \times 2.4}{210 \times 10^9 \times 2 \times 6.93 \times 10^{-4}} = -6.6 \times 10^{-4}(\text{m}) = -0.66 \ (\text{mm})$$

(3)计算 B 点的位移

已知 Δl_1 为拉伸变形，Δl_2 为压缩变形。为了求 B 点位移，假想地将结构在节点 B 拆开[图5.27(c)]，AB 伸长 Δl_1 后变为 AB_1，CB 杆缩短 Δl_2 后变为 CB_2。显然，变形后两杆仍应铰接在一起，即应满足变形的几何相容条件。分别以 A 点和 C 点为圆心，以变形后的长度 $\overline{AB_1}$ 和 $\overline{CB_2}$ 为半径作圆弧，它们的交点 B' 即为结构变形后 B 点的新位置，$\overline{BB'}$ 即为 B 点的位移。因为是小变形，弧线 B_1B' 和 B_2B' 很短，因而可近似地用其切线代替。于是，分别过 B_1、B_2 作 1 杆和 2 杆的垂线，两垂线交于 B''，B'' 可近似地视为节点的新位置，$\overline{BB''}$ 即为 B 点的位移。这种以切线代替圆弧的方法叫做切线代弧法。

$$|B_2B_3| = |BB_1|\sin\alpha = \Delta l_1\sin\alpha = 1.78 \times 0.6 = 1.07 \ (\text{mm})$$

$$|B_4B_1| = |BB_1|\cos\alpha = \Delta l_1\cos\alpha = 1.78 \times 0.8 = 1.42 \ (\text{mm})$$

$$|B_3B_1| = |B_3B_4| + |B_4B_1| = |\Delta l_2| + |B_4B_1|$$
$$= 0.66 + 1.42 = 2.08 \ (\text{mm})$$

$$|B_3B''| = |B_3B_1|\cot\alpha = 2.08 \times \frac{4}{3} = 2.77 \ (\text{mm})$$

$$|B_2B''| = |B_2B_3| + |B_3B''| = 1.07 + 2.77 = 3.84 \ (\text{mm})$$

$$\Delta_B = |BB''| = \sqrt{|B_2B''|^2 + |B_2B|^2}$$
$$= \sqrt{3.84^2 + 0.66^2} = 3.90 \ (\text{mm})$$

所以，B 点的位移为 3.90 mm。

【例 5.12】 如图 5.28 所示,横梁 $ABCD$ 为刚体。横截面积为 76.36 mm² 的钢索绕过无摩擦的滑轮。已知钢索的弹性模量 $E = 177$ GPa,$F = 20$ kN,试求钢索内的应力和 C 点的垂直位移。

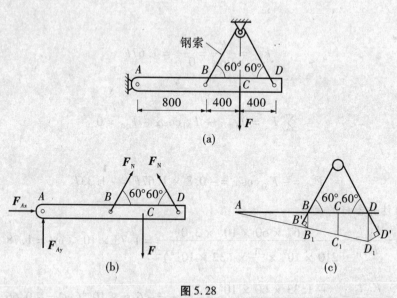

图 5.28

解 (1)求钢索内的应力

以横梁 $ABCD$ 为研究对象,受力如图 5.28(b)所示,由平衡方程

$$\sum M_A = 0, \quad F_N \sin 60° \times 0.8 + F_N \sin 60° \times 1.6 - F \times 1.2 = 0$$

得

$$F_N = \frac{F}{\sqrt{3}} = \frac{20}{\sqrt{3}} = 11.55 \ (\text{kN})$$

钢索的应力为

$$\sigma = \frac{F_N}{A} = \frac{11.55 \times 10^3}{76.36 \times 10^{-6}} = 1.51 \times 10^8 (\text{Pa}) = 151 \ (\text{MPa})$$

(2)求 C 点的垂直位移 Δ_C

作结构的变形位移图,如图 5.28(c)所示。因 $ABCD$ 为刚体,故发生位移后,刚体 $ABCD$ 绕点 A 转过了一微小角度,可得到过点 A 的斜直线,小变形条件下可以用"切线代弧法"画变形图。过点 B 作 $ABCD$ 的垂线与斜直线交于 B_1,过 B_1 作钢索的垂线得到垂足 B',则 $BB' = \Delta l_1$,同样的方法得到 D' 点,$DD' = \Delta l_2$。而钢索总的伸长为 $\Delta l = \Delta l_1 + \Delta l_2$,原长 $l = 2 \times 400/\cos 60° = 1\ 600 \ (\text{mm}) = 1.6 \ (\text{m})$,由胡克定律,得:

$$\Delta l = \frac{F_N l}{EA} = \frac{11.55 \times 10^3 \times 1.6}{177 \times 10^9 \times 76.36 \times 10^{-6}} = 1.367 \times 10^{-3} (\text{m}) = 1.367 \ (\text{mm})$$

由图 5.28(c),得 C 点的垂直位移 Δ_C 为

$$\Delta_C = \overline{CC_1} = \frac{1}{2}(\overline{BB_1} + \overline{DD_1}) = \frac{1}{2}\left(\frac{\Delta l_1}{\sin 60°} + \frac{\Delta l_2}{\sin 60°}\right)$$

$$= \frac{\Delta l_1 + \Delta l_2}{2\sin 60°} = \frac{\Delta l}{2\sin 60°} = \frac{1.367}{\sqrt{3}} = 0.789 \text{ (mm)}$$

5.8　简单的拉压超静定问题

在前面所讨论的问题中,约束反力与轴力均可通过静力平衡方程确定,这类问题称为静定问题。在实际工程中,有时为减小构件内的应力或变形,往往采用更多的构件或支座。这时仅由静力平衡方程不能解出全部未知力(内力或约束反力),这类问题称为超静定问题。

在超静定问题中,都存在多于维持平衡所必需的支座或杆件,习惯上称其为多余约束。这种"多余"只是对保证结构的平衡及几何不变性而言的,但对于提高结构的强度及刚度是必需的。由于多余约束的存在,未知力(内力或约束反力)的数目必然多于独立平衡方程的数目。未知力数超过独立平衡方程数的数目,称为超静定次数。与多余约束相应的支反力或内力,称为多余未知力。因此,超静定次数就等于多余约束或多余未知力的数目。

由于"多余"约束的存在,使结构由静定变为超静定,因此仅由静力平衡方程不能求解。为了确定超静定问题的未知力,必须寻求补充方程。因此在求解超静定问题时,除了根据静力平衡条件列出平衡方程以外,还必须根据变形协调的几何关系(或称为变形协调条件),并借助弹性范围内力与变形之间的物理关系,建立补充方程。将静力平衡方程与补充方程联立求解,即可求出全部未知力。可见,在求解超静定问题时需要综合考虑静力平衡条件、物理关系和几何关系,这是分析超静定问题的基本方法。

在求解由于支座多于维持平衡所必需的数目而形成的超静定结构时,可设想将某一处的支座当作"多余"约束予以解除,并在该处施加与所解除的约束相对应的支反力,从而得到一个作用有荷载和多余未知力的静定结构,称为原超静定结构的基本静定系或相当系统。为了使基本静定系等同于原超静定结构,基本静定系在多余未知力作用处相应的位移应满足原超静定结构的约束条件,即变形协调条件。将力与位移之间的物理关系代入变形协调方程,即可解得多余未知力。求得多余未知力以后,基本静定系就等同于原超静定结构,其余的约束反力以及构件的内力、应力或变形(位移),均可按基本静定系进行计算。

下面通过例题来说明拉压超静定问题的解法。

【例 5.13】　如图 5.29(a) 所示的等直杆,杆的拉压刚度为 EA,杆的长度为 $4a$,试求杆端的约束反力。

解　杆 AB 为轴向拉压杆,故两端的约束反力也均沿轴线方向,未知力为 2 个,独立平衡方程为 1 个,属于一次超静定问题,所以需要建立一个补充方程。

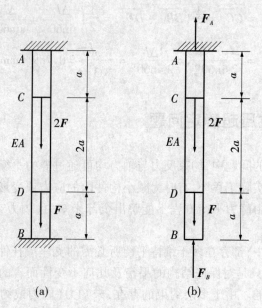

(a)   (b)

图 5.29

如果选取固定端 B 为多余约束并予以解除,代以相应的约束反力 F_B,即得相应的基本静定系如图 5.29(b)所示。

静力平衡方程为

$$F_A + F_B - F - 2F = 0 \tag{1}$$

为了建立补充方程,需要先分析变形协调的几何关系。在荷载与约束力的作用下,AC 段、CD 段和 DB 段均发生轴向变形,但由于两端是固定的,杆的总变形应等于零。

变形协调方程为

$$\Delta l_{AB} = \Delta l_{AC} + \Delta l_{CD} + \Delta l_{DB} = 0 \tag{2}$$

再根据胡克定律,根据式(5.10),各段的轴力与变形之间的物理关系为

$$\Delta l_{AC} = \frac{F_{NAC} l_{AC}}{EA} = \frac{(3F - F_B) \times a}{EA}$$

$$\Delta l_{CD} = \frac{F_{NCD} l_{CD}}{EA} = \frac{(F - F_B) \times 2a}{EA}$$

$$\Delta l_{DB} = \frac{F_{NDB} l_{DB}}{EA} = \frac{(-F_B) \times a}{EA} \tag{3}$$

将式(3)代入式(2),得补充方程为

$$\frac{(3F - F_B) \times a}{EA} + \frac{(F - F_B) \times 2a}{EA} + \frac{(-F_B) \times a}{EA} = 0 \tag{4}$$

110

由式(4)可解得 B 端的约束反力为

$$F_B = \frac{5}{4}F$$

将其代入式(1)得

$$F_A = \frac{7}{4}F$$

F_A 和 F_B 均为正值,说明方向假设正确,方向如图 5.29(b)所示。

【例 5.14】 如图 5.30(a)所示,刚性杆 AB 左端用铰链固定于 A 点,并由两根长度相等、横截面面积相同的钢杆 CD(1 杆)和 EF(2 杆)拉住,使该刚性杆处于水平位置。若已知 $F = 50\ \text{kN}$,两根钢杆的横截面面积 $A = 1\ 000\ \text{mm}^2$,试求 1 杆和 2 杆的轴力和应力。

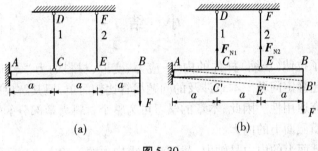

(a)　　　　　　　　(b)

图 5.30

解 假设 F_{N1}、F_{N2} 均为拉力,则静力平衡方程为

$$\sum M_A = 0, \quad F_{N1} \times a + F_{N2} \times 2a - F \times 3a = 0 \qquad (1)$$

结构受拉力 F 作用后,由于 AB 杆为刚性杆,只能绕 A 点由 AB 位置转到 AB',在小变形情况下,1、2 两杆产生的伸长变形 $\Delta l_1 = \overline{CC'}$,$\Delta l_2 = \overline{EE'}$,它们仍垂直于 AB,所以变形协调的几何关系为

$$\frac{\Delta l_2}{\Delta l_1} = \frac{2a}{a}$$

即

$$\Delta l_2 = 2\Delta l_1 \qquad (2)$$

力与变形之间的物理关系为

$$\Delta l_1 = \frac{F_{N1} l}{EA}, \quad \Delta l_2 = \frac{F_{N2} l}{EA} \qquad (3)$$

将式(3)代入式(2),得补充方程为

$$\frac{F_{N2}l}{EA} = 2\frac{F_{N1}l}{EA} \tag{4}$$

式(1)和式(4)联立,可解得钢杆 CD 和 EF 两杆的轴力分别为

$$F_{N1} = 30 \text{ kN}, \qquad F_{N2} = 60 \text{ kN}$$

所得结果为正,说明原先假定两杆均为拉杆是正确的。

由此,可得钢杆 CD 和 EF 两杆的应力分别为

$$\sigma_1 = \frac{F_{N1}}{A} = \frac{30 \times 10^3}{1000 \times 10^{-6}} = 30 \ (\text{MPa})$$

$$\sigma_2 = \frac{F_{N2}}{A} = \frac{60 \times 10^3}{1000 \times 10^{-6}} = 60 \ (\text{MPa})$$

小 结

本章介绍了拉伸(压缩)杆件的内力、应力、变形、材料的力学性质和强度计算以及简单的拉压超静定问题。本章涉及的问题尽管比较简单,但其解决问题的基本思路和基本方法具有通用性。因此,本章的学习可为整个材料力学部分的学习打好基础。

1. 拉压杆横截面上的内力

拉压杆横截面上的内力是轴力,截面法是求内力的一般方法。在需要求轴力的截面处,假想用一截面将杆件截为两部分,留取其中任一部分作为脱离体,并把弃去部分对保留部分的作用代之以作用在截面上的轴力,建立保留部分的平衡方程,并根据平衡方程确定未知轴力的大小和方向。规定拉力为正,压力为负。拉力背离截面,压力指向截面。

2. 拉压杆横截面上的正应力

$$\sigma = \frac{F_N}{A} \tag{5.1}$$

横截面上的正应力是均匀分布的,该公式既适用于拉伸,也适用于压缩,正应力的符号与轴力符号一致,即拉为正,压为负。

3. 拉压杆的变形及胡克定律

$$\Delta l = \frac{F_N l}{EA} \tag{5.10}$$

$$\sigma = E\varepsilon \tag{5.11}$$

$$\varepsilon' = -\upsilon\varepsilon \tag{5.14}$$

以上公式表明了材料在线弹性范围内,内力与变形、应力与应变以及轴向线应变与横向线应变之间的关系,计算杆的轴向变形时应注意式(5.10)只适用材料在线弹

普通高等教育力学"十二五"规划教材

性范围内,且轴力 F_N、弹性模量 E 和横截面面积 A 在长度 l 范围内均为常数的情况。当以上参数沿杆轴线分段变化时,应分段计算各段的变形,然后求代数和得到总变形,即

$$\Delta l = \sum_{i=1}^{n} \frac{F_{Ni} l_i}{E_i A_i}$$

当 F_N 和 A 沿杆轴线连续变化时,可先计算 dx 微段的变形而后积分,式(5.10)化为

$$\Delta l = \int_0^l \frac{F_N(x) \, dx}{EA(x)}$$

4. 拉压杆的强度条件

要保证拉压杆具有足够的强度而不至于破坏,就必须使杆内的最大工作应力不超过材料的许用应力,即

$$\sigma_{max} = \left(\frac{F_N}{A} \right)_{max} \leqslant [\sigma] \tag{5.7}$$

上式为轴向拉压杆的强度条件。对于等截面直杆, σ_{max} 一定位于轴力最大的截面上,则其拉伸(压缩)强度条件为

$$\sigma_{max} = \frac{F_{N,max}}{A} \leqslant [\sigma] \tag{5.8}$$

根据上述强度条件,可以解决以下三类强度问题:

(1)校核强度。当杆的横截面面积 A、材料的许用应力 $[\sigma]$ 及所受荷载已知时,根据式(5.7)可以校核杆的最大工作应力是否满足强度条件的要求。

(2)设计截面。当杆所受荷载以及材料的许用应力 $[\sigma]$ 已知时,根据强度条件可以确定该杆所需横截面面积。比如对于等直的拉压杆,其所需横截面面积为

$$A \geqslant \frac{F_{N,max}}{[\sigma]}$$

(3)设计荷载。当杆的横截面面积 A 以及材料的许用应力 $[\sigma]$ 已知时,根据强度条件可以确定该杆所能容许的最大轴力,从而可以计算出其所容许承受的最大荷载。此时式(5.8)可以改写为

$$F_{N,max} \leqslant A[\sigma]$$

最后还应指出,如果最大工作应力 σ_{max} 超过了许用应力 $[\sigma]$,但只要超过的部分(即 σ_{max} 与 $[\sigma]$ 之差)不大,不超过许用应力的5%,在工程计算中仍然是允许的。

5. 两类典型材料在拉伸和压缩时的力学性质是最基本的力学性质,需通过试验来测定。低碳钢是工程中应用最广泛的材料之一,它在拉伸试验中反映出来的力学性质又是最全面、最典型的。要掌握好低碳钢拉伸时的应力-应变图,要领会以下参量的含义。

（1）强度指标：

比例极限 σ_p——应力与应变成正比的最高应力值。

弹性极限 σ_e——只产生弹性变形的最高应力值。

屈服极限 σ_s——应力变化不大，应变显著增加时的最低应力值。

强度极限 σ_b——材料在断裂前所承受的名义应力的最大值。

（2）弹性指标：

弹性模量 $E = \dfrac{\sigma}{\varepsilon}$。

（3）塑性指标：

延伸率 $\delta = \dfrac{l_1 - l}{l} \times 100\%$

截面收缩率 $\psi = \dfrac{A - A_1}{A} \times 100\%$

（4）冷作硬化：材料经过预拉至强化阶段，卸载后，再受拉力时，呈现比例极限提高、塑性降低的现象。

6. 在超静定问题中，由于有"多余约束"存在，仅由静力平衡方程不能求解所有的未知力，必须综合考虑几何、物理和静力学三个方面的关系。寻找变形协调的几何关系从而建立补充方程是求解超静定问题的关键。

思考题

5.1 如何用截面法计算轴力？如何画轴力图？在计算杆件轴力时，力的可移性定理是否仍可用？应注意什么？

5.2 杆件如下图所示，试问三个截面上的轴力大小之间有什么关系？

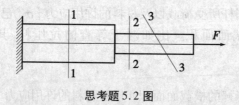

思考题 5.2 图

5.3 拉压杆横截面上的正应力公式是如何建立的？为什么要作假设？该公式的适用条件是什么？

5.4 拉压杆斜截面上的应力公式是如何建立的？为什么斜截面上各点处的全应力一定平行于轴线？最大正应力与最大切应力各位于何截面？其值是什么？

5.5 低碳钢在拉伸过程中表现为几个阶段？各有什么特点？

5.6 两根不同材料的等截面直杆，承受相同的轴向拉力，它们的横截面和长度都相等。试问：横截面上的轴力是否相同？横截面上的应力是否相同？绝对变形是否相同？相对变形是否相同？为什么？

5.7 什么是塑性材料与脆性材料？如何衡量材料的塑性？塑性材料与脆性材料

的力学性能有什么不同?

5.8 钢的弹性模量 $E = 200$ GPa ,铝的弹性模量 $E = 71$ GPa 。试比较:在应力相同的情况下,哪种材料的应变大? 在相同应变的情况下,哪种材料的应力大?

5.9 拉伸时塑性材料呈杯状断口,脆性材料沿横截面断裂,压缩时脆性材料沿与轴线呈45°的方向断裂,试用斜截面上应力分析的方法说明断裂现象的原因。

5.10 什么是许用应力? 什么是安全因数? 安全因数的确定需要考虑哪些因素?

5.11 胡克定律是如何建立的? 有几种表示形式? 该定律的适用条件是什么?

5.12 什么是弹性模量? 什么是泊松比? 能否说"杆件轴向拉伸时的横向线应变与轴向线应变之比值恒为常数"?

5.13 一根钢筋试样,弹性模量 $E = 210$ GPa ,比例极限 $\sigma_p = 210$ MPa ;在轴向拉力 F 作用下,纵向线应变 $\varepsilon = 0.001$ 。试求钢筋横截面上的正应力。如果加大拉力 F ,使试样的线应变增大到 $\varepsilon = 0.01$,试问此时钢筋横截面上的正应力能否由胡克定律确定? 为什么?

5.14 若轴向拉伸等直杆选用同种材料,三种不同的截面形状:圆形、正方形、空心圆。比较三种截面的用料情况如何?

5.15 一平板两端受均布荷载 q 作用,若变形前在板面划上两条平行线段 AB 和 CD ,则变形后 AB 和 CD 的位置关系如何? α 角将如何变化?

思考题 5.15 图

5.16 如下图所示,杆 1 的材料为钢,杆 2 的材料为铝,两杆的横截面面积相等。在力 F 作用下,节点 A 的位移方向是什么?

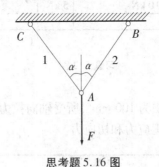

思考题 5.16 图

5.17 如下图所示,单向均匀拉伸的板条,若受力前在其表面画上两个正方形 a 和 b ,则受力后正方形 a 、b 分别变为什么形状?

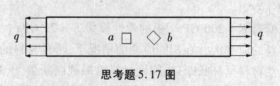

思考题 5.17 图

习题

5.1 试求图示各杆指定截面上的轴力,并作轴力图。

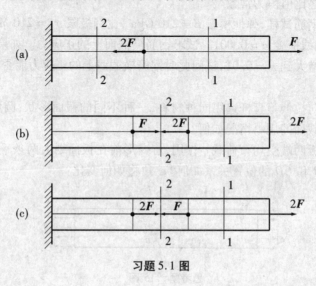

习题 5.1 图

5.2 图示等直杆横截面积为 $200\ \text{mm}^2$,求指定横截面上的正应力。

习题 5.2 图

5.3 图示等直杆横截面积为 $100\ \text{mm}^2$,所受轴向拉力 $F = 10\ \text{kN}$,求 $\alpha = 0°, 30°, 45°, 60°, 90°$ 时各斜截面上的正应力和切应力。

习题 5.3 图

5.4 试求下列各杆的最大正应力。

普通高等教育力学"十二五"规划教材

（1）图（a）为开槽拉杆，两端受力 $F = 14$ kN，$b = 20$ mm，$b_0 = 10$ mm，$\delta = 4$ mm。

（2）图（b）为阶梯形杆，AB 段横截面积为 80 mm^2，BC 段横截面积为 20 mm^2，CD 段横截面积为 120 mm^2。

（3）图（c）为阶梯形杆，AB 段横截面积为 40 mm^2，BC 段横截面积为 30 mm^2，材料的容重 $\gamma = 78$ kN/m^3。

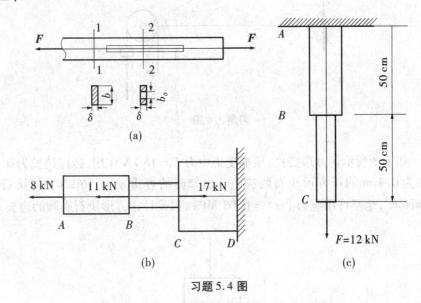

(a)

(b)　　　　　　(c)

习题 5.4 图

5.5　如图所示，用绳索吊起钢筋混凝土管子，管子重 $Q = 20$ kN，绳索直径 $d = 40$ mm，$[\sigma] = 10$ MPa，试校核绳索的强度。

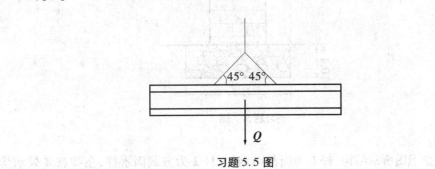

习题 5.5 图

5.6　简易起重设备如下图所示，已知斜杆 AB 用两根不等边角钢 63 mm×40 mm× 4 mm 组成，若材料的许用应力 $[\sigma] = 170$ MPa，问当这个起重设备起吊重 $Q = 30$ kN 的重物时，斜杆 AB 是否满足强度条件。

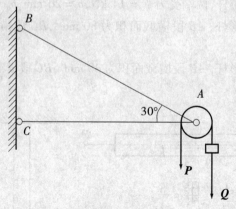

习题 5.6 图

5.7 如下图所示正方形砖柱,顶端受集中力 $F = 16$ kN 作用,砖柱边长为 0.4 m,砌筑在高为 0.4 m 的正方形块石底脚上。已知砖的容重 $\gamma_1 = 16$ kN/m³,块石容重 $\gamma_2 = 20$ kN/m³,地基许用应力 $[\sigma] = 0.08$ MPa,试设计正方形块石底脚的边长 a。

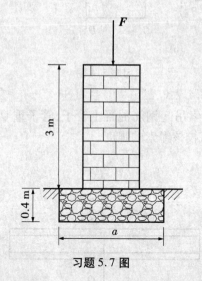

习题 5.7 图

5.8 如下图所示结构,杆 1 为圆截面钢杆,杆 2 为方截面木杆,在节点 A 处承受铅垂方向的荷载 F 作用。已知荷载 $F = 50$ kN,钢的许用应力 $[\sigma_s] = 160$ MPa,木的许用应力 $[\sigma_w] = 10$ MPa。试确定钢杆的直径 d 与木杆截面的边长 a。

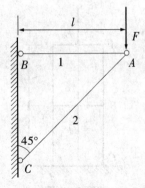

习题 5.8 图

5.9　杆系受力如下图所示,钢杆 *AB* 和 *BC* 的横截面均为 60 mm ×20 mm 的矩形, 材料的许用应力 $[\sigma]$ = 140 MPa ,求杆系的许用荷载。

5.10　一木柱受力如下图所示。柱的横截面为边长 200 mm 的正方形,材料可认 为符合胡克定律,其弹性模量 E = 10 GPa ,如果不计柱的自重,试求:

(1)作轴力图。

(2)各段柱横截面上的应力。

(3)各段柱的纵向线应变。

(4)柱的总变形。

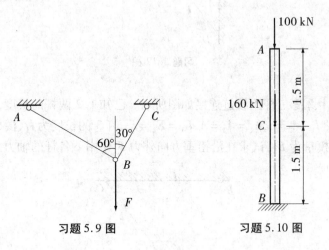

习题 5.9 图　　　　　　　　**习题 5.10 图**

5.11　如下图所示等直杆 *ABC* ,材料的容重为 γ ,弹性模量为 E ,横截面积为 A , 求杆 *B* 截面的位移 Δ_B 。

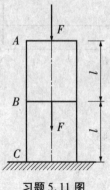

习题 5.11 图

5.12 如下图所示杆系结构,已知 BC 杆为圆截面,直径 $d = 20$ mm,BC 杆长为 1.2 m,BD 杆为 8 号槽钢,$[\sigma] = 160$ MPa,$E = 200$ GPa,$F = 60$ kN,求 B 点的位移。

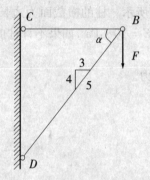

习题 5.12 图

5.13 设 1、2、3 三杆用铰链连接如图所示。已知 1、2 两杆的长度,横截面面积及材料均相同,即 $l_1 = l_2 = l$,$A_1 = A_2 = A$,$E_1 = E_2 = E$;杆 3 的长度为 l_3,横截面面积为 A_3,其材料的弹性模量为 E_3,试求在沿铅垂方向外力 F 作用下各杆的轴力。

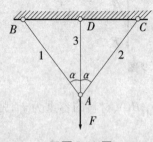

习题 5.13 图

5.14 图示超静定杆中 AB 段与 BC 段弹性模量分别为 E_1 和 E_2,l 及横截面面积 A 均已知,求 AB 段和 BC 段的轴力 F_{N1} 和 F_{N2}。

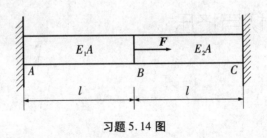

习题 5.14 图

第6章 剪切与挤压

6.1 概述

工程上常用的铆钉、销钉和螺栓等起连接作用的部件,统称为连接件。工程结构在服役过程中,连接件两侧面经常受到一对大小相等、方向相反且作用线相距很近的力作用。在这样的力作用下,连接件就会沿平行于这两个外力且位于这两个外力作用线之间的截面发生相对错动而产生剪切破坏(图6.1),这是连接件破坏的主要形式之一。与此同时,连接件与所连接的构件因相互接触而产生挤压,当这种挤压力过大时,在接触面的局部范围内将产生塑性变形,甚至被压溃,这种破坏称为挤压破坏(图6.2),这是连接件破坏的又一主要形式。当然,连接件还有其他的破坏形式。

在工程实际中,通常按照连接件破坏的可能性,采用既能反映受力的基本特征,又能简化计算的假设,计算其名义应力,然后根据直接试验的结果,确定其许用应力,进行强度计算。这种简化计算的方法,称为工程实用计算法。下面介绍剪切与挤压的实用计算法。

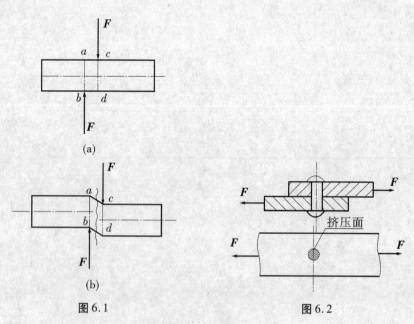

(a)

(b)

图6.1

挤压面

图6.2

6.2 剪切与挤压的实用计算法

6.2.1 剪切的实用计算法

现以铆钉受剪为例介绍剪切的实用计算法。设两块钢板用铆钉连接后承受拉力 F 的作用[图 6.3(a)],显然,铆钉的两侧面上分别受到大小相等、方向相反、作用线相距很近的两组分布外力系的作用[图 6.3(b)],此分布力的合力等于作用在板上的力 F。用一假想截面沿剪切面 m-m 将铆钉截为上、下两部分,暴露出剪切面上的内力 F_S [图 6.4(a)],即为剪力。取其中一部分为分离体,由平衡方程

$$\sum F_x = 0, \quad F - F_S = 0 \tag{6.1}$$

得

$$F_S = F$$

在剪切实用计算法中,假设剪切面上的切应力均匀分布[图 6.4(b)],于是,剪切面上的名义切应力为

$$\tau = \frac{F_S}{A_S} \tag{6.2}$$

式中,F_S 为剪切面上的剪力,A_S 为剪切面的面积。

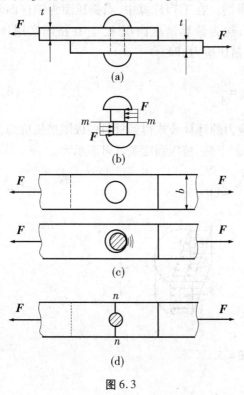

图 6.3

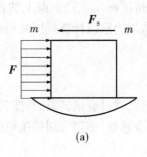

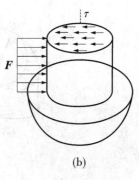

图 6.4

然后,通过直接试验,得到剪切破坏时材料的极限切应力 τ_u,再除以安全系数,即得材料的许用应力 $[\tau]$。于是,剪切强度条件可表示为

$$\tau = \frac{F_S}{A_S} \leqslant [\tau] \tag{6.3}$$

虽然按名义切应力公式(6.2)求得的切应力值并不反应剪切面上切应力的精确理论值,它只是剪切面上的平均切应力,但大量实践结果表明,剪切实用计算法能满足工程实际的要求。

工程中常用材料的许用切应力,可以从有关的设计手册中查得。一般情况下,材料的许用切应力 $[\tau]$ 与许用正应力 $[\sigma]$ 之间有以下近似关系:

对塑性材料　$[\tau] = (0.6 \sim 0.8)[\sigma]$

对脆性材料　$[\tau] = (0.8 \sim 1.0)[\sigma]$

剪切强度条件可解决三类问题:校核强度、设计截面尺寸和确定许可荷载。

6.2.2 挤压的实用计算法

如图6.3(c)所示的铆钉连接中,在铆钉与连接板相互接触的表面上,将发生彼此之间的局部承压现象,称为挤压。挤压面上所受的压力称为挤压力,记作 F_{bs}。因挤压而产生的应力称为挤压应力。铆钉与铆钉孔壁之间的接触面为圆柱形曲面,挤压应力 σ_{bs} 的分布如图6.5(a)所示,其最大值发生在 A 点,在直径两端 B、C 处等于零。要精确计算这样分布的挤压应力是比较困难的。在工程计算中,当挤压面为圆柱面时,取实际挤压面在直径平面上的投影面积,作为计算挤压面积 A_{bs}。在挤压实用计算中,用挤压力除以计算挤压面积得到名义挤压应力,即

$$\sigma_{bs} = \frac{F_{bs}}{A_{bs}} \tag{6.4}$$

然后,通过直接试验,并按名义挤压应力的计算公式得到材料的极限挤压应力,再除以安全系数,即得许用挤压应力 $[\sigma_{bs}]$。于是,挤压强度条件可表示为

$$\sigma_{bs} = \frac{F_{bs}}{A_{bs}} \leqslant [\sigma_{bs}] \tag{6.5}$$

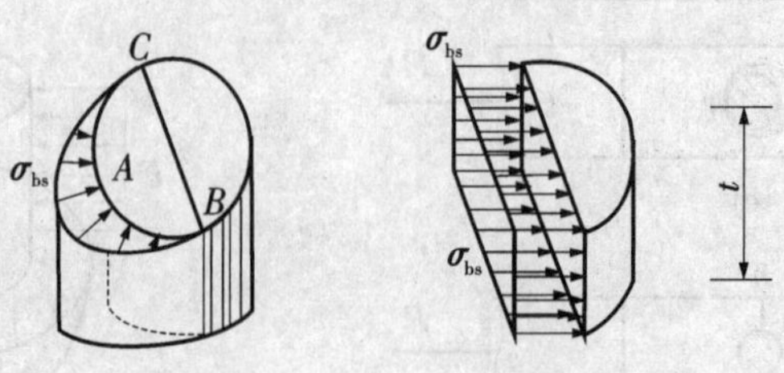

图6.5

试验表明,钢连接件的许用挤压应力 $[\sigma_{bs}]$ 与许用正应力 $[\sigma]$ 之间有如下关系

$$[\sigma_{bs}] = (1.7 \sim 2.0)[\sigma]$$

应当注意,挤压应力是在连接件与被连接件之间相互作用的,因此,当两者材料不同时,应校核其中许用挤压应力较低的材料的挤压强度。另外,当连接件与被连接件的接触面为平面时,计算挤压面积 A_{bs} 即为实际挤压面的面积。

挤压强度条件也可解决三类问题:校核强度、设计截面尺寸和确定许可荷载。

6.3 剪切与挤压的实用计算法实例

上节介绍了剪切与挤压的实用计算法,给出了剪切与挤压实用的强度条件表达式,本节将利用实用计算法进行一些连接件的设计与校核。

【例 6.1】 两块钢板用三个直径相同的铆钉连接,如图 6.6(a)所示。已知钢板宽度 $b = 100$ mm,厚度 $t = 10$ mm,铆钉直径 $d = 20$ mm,铆钉许用切应力 $[\tau] = 100$ MPa,许用挤压应力 $[\sigma_{bs}] = 300$ MPa,钢板许用拉应力 $[\sigma] = 160$ MPa。试求许可荷载 F。

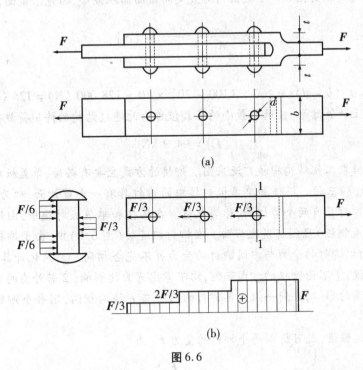

图 6.6

解 (1)按剪切强度条件求 F

由于各铆钉的材料和直径均相同,且外力作用线通过铆钉组受剪面的形心,所以可以假定各铆钉所受剪力相同。因此,铆钉及连接板的受力情况如图 6.6(b)所示。

每个铆钉所受的剪力为

$$F_S = \frac{F}{3}$$

根据剪切强度条件式(6.3)可得

$$F \leqslant 3[\tau]\frac{\pi d^2}{4} = 3 \times 100 \times \frac{3.14 \times 20^2}{4} = 94\ 200\ (\text{N}) = 94.2\ (\text{kN})$$

(2)按挤压强度条件求 F

由上述分析可知,每个铆钉承受的挤压力为

$$F_{bs} = \frac{F}{3}$$

根据挤压强度条件式(6.5)可得

$$F \leqslant 3[\sigma_{bs}]A_{bs} = 3[\sigma_{bs}]dt = 3 \times 300 \times 20 \times 10 = 180\ 000\ (\text{N}) = 180\ (\text{kN})$$

(3)按连接板抗拉强度求 **F**

由于上下板的厚度及受力是相同的,所以分析其一即可。如图 6.6(b)所示为上板的受力情况及轴力图。1-1 截面内力最大而截面面积最小,为危险截面,则有

$$\sigma = \frac{F_{N1-1}}{A_{1-1}} = \frac{F}{A_{1-1}} \leqslant [\sigma]$$

由此可得

$$F \leqslant [\sigma](b-d)t = 160 \times (100 - 20) \times 10 = 128\ 000\ (\text{N}) = 128\ (\text{kN})$$

根据以上计算结果,应选取最小的荷载值作为此连接结构的许用荷载。故取

$$[F] = 94.2\ \text{kN}$$

铆钉连接在工程结构中被广泛采用。铆接的方式主要有搭接、单盖板对接和双盖板对接(图 6.7)三种。搭接和单盖板对接中的铆钉具有一个剪切面,称为单剪;双盖板对接中的铆钉具有两个剪切面,称为双剪。在搭接和单盖板对接中,由铆钉的受力可见,铆钉(或钢板)显然将发生弯曲。在铆钉组连接(图 6.8)中,由于铆钉和钢板的弹性变形,两端铆钉的受力与中间铆钉的受力并不完全相同。为简化计算,在铆钉组的计算中假设:①不论铆接的方式如何,均不考虑弯曲的影响;②若外力的作用线通过铆钉组受剪面的形心,且同一组内各铆钉的材料与直径均相同,则每个铆钉的受力也相同。

按照上述假设,就可得到每个铆钉的受力 F_1 为

$$F_1 = \frac{F}{n}$$

式中,n 为铆钉组中的铆钉个数。

求得每个铆钉的受力 F_1 后,即可按式(6.3)和式(6.5)分别核算其剪切强度和挤压强度。被连接件由于铆钉孔的削弱,其拉伸强度应以最弱截面(轴力较大,而截面

积较小处)为依据,但不考虑应力集中的影响。

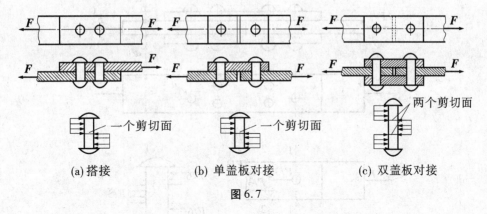

(a) 搭接　　　　　　　　(b) 单盖板对接　　　　　　　(c) 双盖板对接

图 6.7

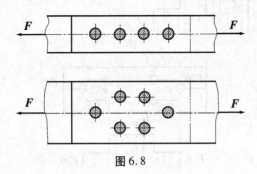

图 6.8

【例 6.2】　两块钢板用铆钉对接,如图 6.9(a)所示。已知主板厚度 $t_1 = 15$ mm ,盖板厚度 $t_2 = 10$ mm ,主板和盖板的宽度 $b = 150$ mm ,铆钉直径 $d = 25$ mm 。铆钉的许用切应力 $[\tau] = 100$ MPa ,许用挤压应力 $[\sigma_{bs}] = 300$ MPa ,钢板许用拉应力 $[\sigma] = 160$ MPa 。试对此铆接进行校核。

解　(1)校核铆钉的剪切强度

此结构为对接接头。铆钉和主板、盖板的受力情况如图 6.9(b)、(c)所示。每个铆钉有两个剪切面,每个铆钉的剪切面所承受的剪力为

$$F_S = \frac{F}{2n} = \frac{F}{6}$$

根据剪切强度条件式(6.3)可得

$$\tau = \frac{F_S}{A_S} = \frac{F/6}{\frac{\pi}{4}d^2} = \frac{300 \times 10^3}{6 \times \frac{\pi}{4} \times 25^2} = 101.9 \ (\text{MPa}) > [\tau] = 100(\text{MPa})$$

超过许用切应力 1.9% ,这在工程上是允许的,故安全。

(2)校核铆钉的挤压强度

由于每个铆钉有两个剪切面,铆钉有三段受挤压,上、下盖板厚度相同,所受挤压

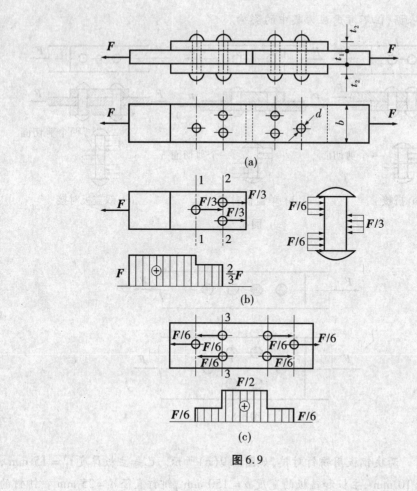

图6.9

力也相同。而主板厚度为盖板的 1.5 倍,所受挤压力却为盖板的 2 倍,故应该校核中段挤压强度。根据挤压强度条件式(6.5)可得

$$\sigma_{bs} = \frac{F_{bs}}{A_{bs}} = \frac{F/3}{dt_1} = \frac{300 \times 10^3}{3 \times 25 \times 15} = 266.67 \text{ (MPa)} < [\sigma_{bs}] = 300(\text{MPa})$$

剪切、挤压强度校核结果表明,铆钉安全。

(3)校核连接板的强度

为了校核连接板的强度,分别画出一块主板和一块盖板的受力图及轴力图,如图 6.9(b)、(c)所示。

主板在 1-1 截面所受轴力 $F_{N1-1} = F$,为危险截面,即有

$$\sigma_{1-1} = \frac{F_{N1-1}}{A_{1-1}} = \frac{F}{(b-d)t_1} = \frac{300 \times 10^3}{(150 - 25) \times 15} = 160 \text{ (MPa)} = [\sigma]$$

主板在 2-2 截面所受轴力 $F_{N2-2} = \frac{2}{3}F$,但横截面也较 1-1 截面为小,所以也应校核,有

$$\sigma_{2-2} = \frac{F_{N2-2}}{A_{2-2}} = \frac{2F/3}{(b-2d)t_1} = \frac{2 \times 300 \times 10^3}{3 \times (150 - 2 \times 25) \times 15}$$

$$= 133.33(\text{MPa}) < [\sigma]$$

盖板在 3-3 截面受轴力 $F_{N3-3} = \dfrac{F}{2}$，横截面被两个铆钉孔削弱，应该校核，有

$$\sigma_{3-3} = \frac{F_{N3-3}}{A_{3-3}} = \frac{F/2}{(b-2d)t_2} = \frac{300 \times 10^3}{2 \times (150 - 2 \times 25) \times 10} = 150(\text{MPa}) < [\sigma]$$

结果表明，连接板安全。

【例6.3】 如图6.10(a)所示，电瓶车挂钩由插销连接。插销材料为 φ20 钢，$[\tau] = 30$ MPa，$[\sigma_{bs}] = 100$ MPa，直径 $d = 20$ mm。挂钩及被连接板件的厚度分别为 $t = 8$ mm和 $1.5t = 12$ mm。牵引力 $F = 15$ kN。试校核插销的剪切强度和挤压强度。

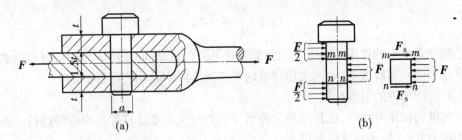

图6.10

解 (1)校核插销的剪切强度

插销受力如图6.10(b)所示，根据受力情况，插销中段相对于上、下两段沿 $m-m$ 和 $n-n$ 两个面向左错动，是双剪。由平衡方程容易求出

$$F_S = \frac{F}{2}$$

插销横截面上的剪应力为

$$\tau = \frac{F_S}{A_S} = \frac{15 \times 10^3}{2 \times \frac{\pi}{4} \times 20^2} = 23.9 \ (\text{MPa}) < [\tau] = 30 \ (\text{MPa})$$

故插销满足剪切强度要求。

(2)校核插销的挤压强度

从图6.10(b)中可以看出，插销的上段和下段受到来自左方的挤压力 F 作用，中段受到来自右方的挤压力 F 作用。中段的直径面面积为 $1.5dt$，小于上段和下段的直径面面积之和 $2dt$。故应校核中段的挤压强度。

$$\sigma_{bs} = \frac{F_{bs}}{A_{bs}} = \frac{15 \times 10^3}{1.5 \times 20 \times 8} = 62.5 \ (\text{MPa}) < [\sigma_{bs}] = 100 \ (\text{MPa})$$

故插销的挤压强度满足要求。

小　结

构件在受剪切时,常伴随有挤压现象。解决这类问题的关键是正确地确定剪切面与挤压面。剪切面是构件将要发生相对错动的面,挤压面是相互接触压紧的面。

1. 剪切实用计算法所作的主要假设

(1)假设剪切面上的切应力均匀分布,由此得出剪切强度条件为

$$\tau = \frac{F_S}{A} \leqslant [\tau]$$

(2)假设挤压面上的挤压应力均匀分布,由此得出挤压强度条件为

$$\sigma_{bs} = \frac{F}{A_{bs}} \leqslant [\sigma_{bs}]$$

强度条件中的许用应力也是在相似条件下进行试验,同样按应力均匀分布的假设计算出来的。实践表明,上述实用计算法在工程实际中是切实可行的。

2. 剪切构件的强度计算

与轴向拉压时相同,也是按外力分析、内力分析、强度计算等几个步骤进行。在外力和内力分析时,还需要注意以下几点:

(1)首先必须取出剪切构件,明确研究对象,绘出其上的全部外力,确定外力大小,在此基础上才能正确地辨明剪切面和挤压面。

(2)正确地确定剪切面的位置及其上的剪力。剪切面在两相邻外力作用线之间,与外力平行。

(3)正确地确定挤压面的位置及其上的挤压力。挤压面即为外力的作用面,与外力垂直。挤压面为半圆弧面时,可将结构的直径截面视为挤压面。

做到以上几点,剪切构件的强度计算也就不难解决了。

3. 题目类型

(1)强度计算:剪切强度计算,挤压强度计算。

(2)利用剪切破坏:利用剪切破坏,保护主要构件,还可用于冲孔等工艺。

思考题

6.1　切应力 τ 与正应力 σ 有何区别?

6.2　指出图中构件的剪切面和挤压面。

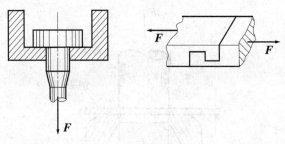

思考题6.2图

6.3 挤压面与计算挤压面是否相同？试举例说明。

6.4 如图所示，铜板与钢柱均受压力作用，试指出何处应考虑压缩强度？何处应考虑挤压强度？应对哪个构件进行挤压强度计算？为什么？

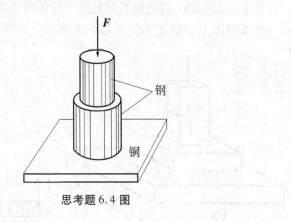

思考题6.4图

6.5 在材料力学中，为什么说连接构件的计算是一种"实用计算"？其中引入了哪些假设？这些假设的根据是什么？

6.6 在工程设计中，对于铆钉、销钉等圆柱形连接件的挤压强度问题，可以采用"直径截面"，而不是用直接受挤压的半圆柱面来计算挤压应力，为什么？

6.7 挤压与压缩有什么区别？为什么挤压许用应力大于压缩许用应力？

6.8 连接件上的剪切面、挤压面与外力方向有什么关系？

6.9 构件连接部位应满足哪几个方面的强度条件？如何分析连接件的强度？

习题

6.1 如图所示冲床的冲头，在力 F 作用下冲剪钢板，设钢板厚 $t = 10$ mm，板材料的剪切强度极限 $\tau_b = 360$ MPa，当需冲剪一个直径 $d = 20$ mm 的圆孔时，试计算所需的冲力 F 等于多少？

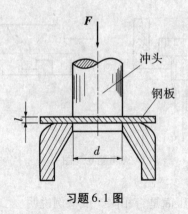

习题 6.1 图

6.2 如图所示,一正方形截面的混凝土柱浇筑在混凝土基础上。基础分两层,每层厚为 t。已知 $F = 200$ kN,假定地基对混凝土板的反力均匀分布,混凝土的许用剪切应力 $[\tau] = 1.5$ MPa。试计算为使基础不被剪坏所需的厚度 t。

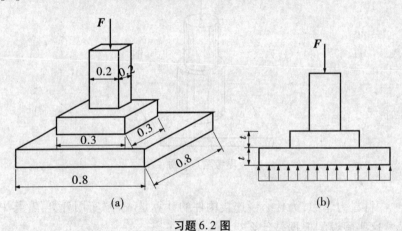

(a)   (b)

习题 6.2 图

6.3 试校核如图所示的拉杆头部的剪切强度和挤压强度。已知图中尺寸 $D = 32$ mm,$d = 20$ mm,$h = 12$ mm,杆的许用切应力 $[\tau] = 100$ MPa,许用挤压应力为 $[\sigma_{bs}] = 240$ MPa。

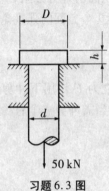

50 kN

习题 6.3 图

6.4 水轮发电机组的卡环尺寸如图所示。已知轴向荷载 $F = 1450$ kN，卡环材料的许用切应力 $[\tau] = 80$ MPa，许用挤压应力为 $[\sigma_{bs}] = 150$ MPa。试校核该卡环的强度。

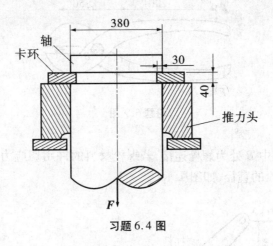

习题 6.4 图

6.5 两直径 $d = 100$ mm 的圆轴，有凸缘和螺栓连接，共有 8 个螺栓布置在 $D_0 = 200$ mm 的圆周上，如下图所示。已知轴在扭转时的最大切应力为 70 MPa，螺栓的许用切应力 $[\tau] = 60$ MPa。试求螺栓所需的直径 d_1。

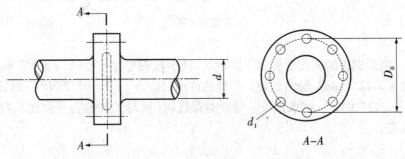

习题 6.5 图

6.6 矩形截面的木拉杆的榫接头如图所示。已知轴向拉力 $F = 20$ kN，截面宽度 $b = 250$ mm，木材的顺纹许用挤压应力为 $[\sigma_{bs}] = 10$ MPa，顺纹许用挤压切应力 $[\tau] = 1$ MPa。试求接头处所需的尺寸 l 和 a。

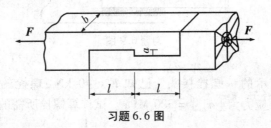

习题 6.6 图

6.7 如下图所示,用夹剪剪断直径为 3 mm 的铁丝。若铁丝的剪切极限应力约为 100 MPa,试问需要多大的力 F?若销钉 B 的直径为 8 mm,试求销钉内的切应力。

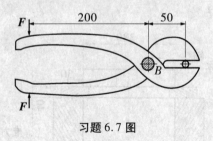

习题 6.7 图

6.8 杠杆机构中 B 处为螺栓连接,若螺栓材料的许用切应力 $[\tau]$ = 98 MPa,试按剪切强度确定螺栓的直径,如图所示。

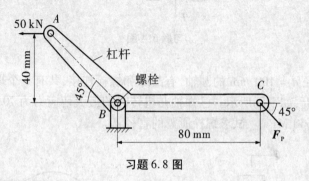

习题 6.8 图

6.9 两块钢板的搭接焊缝如下图所示,两钢板的厚度 t 相同,t = 2.7 mm,左端钢板宽度 b = 12.7 mm,轴向加载。焊缝的许用切应力 $[\tau]$ = 93.2 MPa,钢板的许用应力 $[\sigma]$ = 137 MPa。试求钢板与焊缝等强度时(同时失效称为等强度),每边所需的焊缝长度。

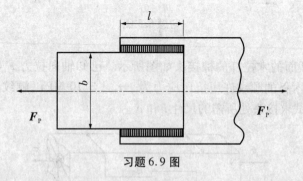

习题 6.9 图

6.10 如图所示的一螺栓接头。已知 F = 40 kN,螺栓的许用切应力 $[\tau]$ = 130 MPa,许用挤压应力为 $[\sigma_{bs}]$ = 300 MPa。试计算螺栓所需的直径。

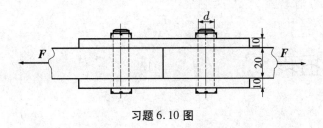

习题 6.10 图

6.11　拉力 $F = 80$ kN 的螺栓连接如图所示。已知 $b = 80$ mm，$t = 10$ mm，$d = 22$ mm，螺栓的许用切应力 $[\tau] = 130$ MPa，钢板的许用挤压应力为 $[\sigma_{bs}] = 300$ MPa。许用拉应力 $[\sigma] = 170$ MPa。试校核接头强度。

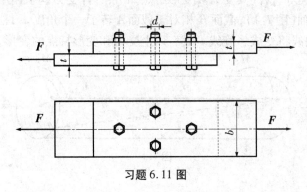

习题 6.11 图

第7章 扭转

7.1 扭转的概念及实例

工程中有一类等直杆,其受力和变形特点如下:杆件受力偶系作用,这些力偶的作用面都垂直于杆轴(图7.1),截面 B 相对于截面 A 转了一个角度 φ,称之为扭转角;同时,杆表面的纵向线将变成螺旋线。具有以上受力和变形特点的变形,称为扭转变形。

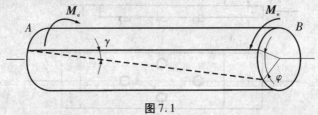

图7.1

工程中发生扭转变形的杆件很多,如汽车方向盘的操纵杆(图7.2),当驾驶员转动方向盘时,把力偶矩 $M_e = Fd$ 作用在操纵杆的 B 端,在杆的 A 端则受到转向器的转向相反的阻抗力偶的作用,于是操纵杆发生扭转。单纯发生扭转的杆件不多,但以扭转为其主要变形之一的则不少,如钻探机的钻杆(图7.3)、机器中的传动轴(图7.4)、房屋的雨篷梁(图7.5)等,都存在不同程度的扭转变形。工程中把以扭转为主要变形的直杆称为轴。

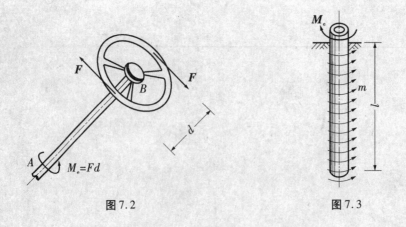

图7.2

图7.3

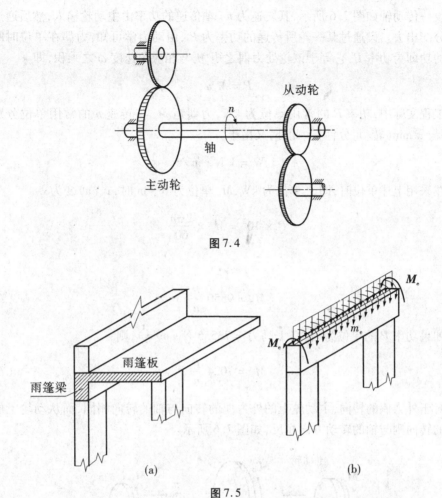

图 7.4

图 7.5

  本章只讨论薄壁圆管及实心圆截面杆扭转时的应力和变形计算,这是由于等直圆杆的物理性质和横截面的几何形状具有对称性,在发生扭转变形时,可以用材料力学的方法来求解。对于非圆截面杆,例如矩形截面杆的受扭问题,因需用到弹性力学的研究方法,故不多论述。

7.2 扭矩和扭矩图

7.2.1 外力偶矩的计算

  传动轴为机械设备中的重要构件,其功能为通过轴的转动传递动力。对于传动轴等转动构件,往往只知道它所传递的功率和转速。因此,需根据所传递的功率和转速,求出使轴发生扭转的外力偶矩。

设一传动轴如图 7.6 所示,其转速为 n ,轴传递的功率由主动轮输入,然后通过从动轮分配出去。设通过某一轮所传递的功率为 P ,由动力学可知,力偶在单位时间内所做的功即为功率 P,它等于该轮处力偶之矩 M_e 与相应角速度 ω 之乘积,即

$$P = M_e \omega \tag{a}$$

工程实际中,功率 P 的常用单位为 kW,力偶矩 M_e 与转速 n 的常用单位分别为 N·m 与 r/min(转/每分钟)。此外,又由于

$$1\ \mathrm{W} = 1\ \mathrm{N \cdot m/s}$$

于是在采用上述单位时,即 P 单位为 kW,M_e 单位为 N·m 时,式(a)变为

$$P \times 10^3 = M_e \times \frac{2\pi n}{60}$$

由此得

$$M_e = 9550\ \frac{P}{n} \tag{7.1}$$

如果功率 P 的单位为马力(1 马力 = 735.5 N·m/s),则

$$M_e = 7024\ \frac{P}{n} \tag{7.2}$$

对于外力偶的转向,主动轮上的外力偶的转向与轴的转向相同,而从动轮上的外力偶的转向则与轴的转动方向相反,如图 7.6 所示。

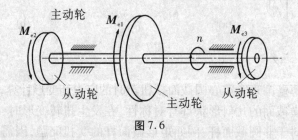

图 7.6

7.2.2　扭矩及扭矩图

要研究受扭杆件的应力和变形,首先要计算内力。

设有一圆轴 AB [图 7.7(a)],受外力偶矩 M_e 作用。由截面法可知,圆轴任一横截面 $m-m$ 上的内力系必形成为一力偶[图 7.7(b)],该内力偶矩称为扭矩,并用 T 来表示。为使从两段杆所求得的同一截面上的扭矩在正负号上一致,可将扭矩按右手螺旋法则用力偶矢来表示,并规定当力偶矢指向截面的外法线时扭矩为正,反之为负。据此,图 7.7(b)和图 7.7(c)中同一横截面上的扭矩均为正。

普通高等教育力学"十二五"规划教材

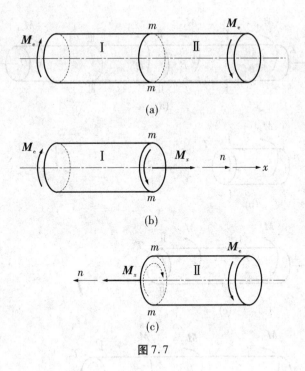

图 7.7

作用在传动轴上的外力偶往往有多个,因此,不同轴段上的扭矩也各不相同,可用截面法来计算轴横截面上的扭矩。

如图 7.8(a)所示,轴 AD 受外力偶矩 M_{e1}、M_{e2}、M_{e3}、M_{e4} 的作用。设 $M_{e3} = M_{e1} + M_{e2} + M_{e4}$,求截面 Ⅰ-Ⅰ、Ⅱ-Ⅱ、Ⅲ-Ⅲ上的内力。

(1)假想用一个垂直于杆轴的平面沿 Ⅰ-Ⅰ 截面截开,任取一段为隔离体[图 7.8(b)]。由平衡方程

$$\sum M_x = 0 , \quad T_1 - M_{e1} = 0$$

得
$$T_1 = M_{e1}$$

(2)沿 Ⅱ-Ⅱ 截面处截开,取左段为隔离体[图 7.8(c)],由平衡方程

$$\sum M_x = 0 , \quad T_2 - M_{e1} - M_{e2} = 0$$

得
$$T_2 = M_{e1} + M_{e2}$$

(3)沿 Ⅲ-Ⅲ 截面处截开,仍取左段为隔离体[图 7.8(d)],由平衡方程

$$\sum M_x = 0 , \quad T_3 - M_{e1} - M_{e2} + M_{e3} = 0$$

得
$$T_3 = M_{e1} + M_{e2} - M_{e3}$$

将 $M_{e3} = M_{e1} + M_{e2} + M_{e4}$ 代入上式,得

$$T_3 = - M_{e4}$$

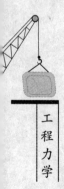

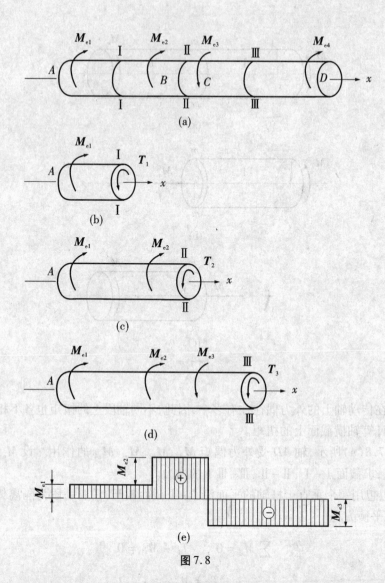

图 7.8

为了表明沿杆轴线各横截面上的扭矩的变化情况,从而确定最大扭矩及其所在截面的位置,常需画出扭矩随截面位置变化的函数图像,这种图称为扭矩图[图 7.8 (e)],可仿照轴力图的作法绘制。

【例 7.1】 传动轴如图 7.9(a)所示,其转速 $n = 200$ r/min,功率由 A 轮输入,B、C、D 三轮输出。若不计轴承摩擦所耗的功率,已知 $P_1 = 500$ kW,$P_2 = 150$ kW,$P_3 = 150$ kW 及 $P_4 = 200$ kW,试作轴的扭矩图。

解 (1)计算外力偶矩。各轮作用于轴上的外力偶矩分别为

$$M_1 = \left(9550 \times \frac{500}{200}\right) \text{N} \cdot \text{m} = 23.88 \times 10^3 \text{ N} \cdot \text{m} = 23.88 \text{ kN} \cdot \text{m}$$

$$M_2 = M_3 = \left(9550 \times \frac{150}{200}\right) \text{N} \cdot \text{m} = 7.16 \times 10^3 \text{ N} \cdot \text{m} = 7.16 \text{ kN} \cdot \text{m}$$

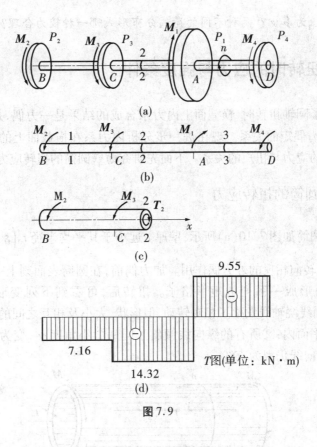

图 7.9

$$M_4 = 9550 \times \frac{200}{200} = 9.55 \times 10^3 (\mathrm{N \cdot m}) = 9.55 \ (\mathrm{kN \cdot m})$$

（2）由轴的计算简图 [图 7.9（b）]，计算各段轴的扭矩。先计算 CA 段内任一横截面 2-2 上的扭矩。沿截面 2-2 将轴截开，并研究左边一段的平衡，由图 7.9（c）可知

$$\sum M_x = 0, \quad T_2 + M_2 + M_3 = 0$$

得

$$T_2 = -M_2 - M_3 = -14.32 \ \mathrm{kN \cdot m}$$

同理，在 BC 段内

$$T_1 = -M_2 = -7.16 \ \mathrm{kN \cdot m}$$

在 AD 段内

$$T_3 = M_4 = 9.55 \ \mathrm{kN \cdot m}$$

（3）根据以上数据，作扭矩图 [图 7.9（d）]。由扭矩图可知，$T_{\max}$ 发生在 CA 段内，其值为 14.32 kN·m。

扭矩图表明：①当所取截面从左向右无限趋近截面 C 时，其扭矩为 T_1，一旦越过截面 C，则为 T_2，扭矩在外力偶作用处发生突变，突变的大小和方向与外力偶矩相同；②外力偶之间的各截面（如 CA 段），扭矩相同。

根据上述规律，可直接按外力偶矩画扭矩图。作图时，自左向右，遇到正视图中箭头向上的外力偶时，向上画，反之向下画。无外力偶处作轴的平行线。

请读者思考，若将 A 轮与 B 轮位置对调，试分析扭矩图是否有变化，如何变化？最

大扭矩 T_{max} 的值为多少？两种不同的荷载分布形式哪一种较为合理？

7.3 圆轴扭转时的应力与强度条件

上节阐明了圆轴扭转时，横截面上内力系合成的结果是一力偶，并建立了其力偶矩（扭矩）与外力偶矩的关系。现在进一步分析内力系在横截面上的分布情况，以便建立横截面上的应力与扭矩的关系。下面先研究薄壁圆筒的扭转应力。

7.3.1 薄壁圆筒的扭转应力

设一薄壁圆筒如图 7.10(a) 所示，壁厚 t 远小于其平均半径 $r_0\left(\delta \leqslant \dfrac{r_0}{10}\right)$，两端受一对大小相等、转向相反的外力偶作用。加力偶前，在圆筒表面刻上一系列的纵向线和圆周线，从而形成一系列的矩形格子。扭转后，可看到下列变形情况 [图 7.10(b)]：①各圆周线绕轴线发生了相对转动，但形状、大小及相互之间的距离均无变化，且仍在原来的平面内；②所有的纵向线倾斜了同一微小角度 γ，变为平行的螺旋线。在小变形时，纵向线仍视为直线。

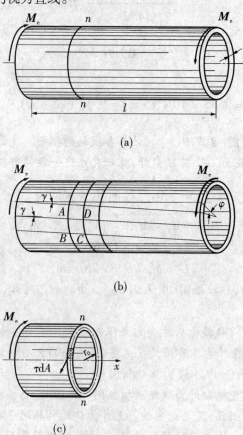

图 7.10

普通高等教育力学"十二五"规划教材

由(1)可知,扭转变形时,横截面的大小、形状及轴向间距不变,说明圆筒纵向与横向均无变形,线应变 ε 为零,由胡克定律 $\sigma = E\varepsilon$,可得横截面上正应力 σ 为零。由(2)可知,扭转变形时,相邻横截面间相对转动,截面上各点相对错动,发生剪切变形,故横截面上有切应力,其方向沿各点相对错动的方向,即与半径垂直。

圆筒表面上每个格子的直角也都改变了相同的角度 γ,这种直角的改变量 γ 称为切应变。这个切应变和横截面上沿圆周切线方向的切应力是相对应的。由于相邻两圆周线间每个格子的直角改变量相等,并根据材料均匀连续的假设,可以推知沿圆周各点处切应力的方向与圆周相切,且其数值相等。至于切应力沿壁厚方向的变化规律,由于壁厚 t 远小于其平均半径 r_0,故可近似地认为沿壁厚方向各点处切应力的数值无变化。

根据上述分析可得,薄壁圆筒扭转时横截面上各点处的切应力 τ 值均相等,其方向与圆周相切,如图 7.10(c)所示。于是,由横截面上内力与应力间的静力关系,得

$$\int_A \tau \mathrm{d}A \cdot r = T$$

由于 τ 为常数,且对于薄壁圆筒,r 可用其平均半径 r_0 代替,而积分 $\int_A \mathrm{d}A = A = 2\pi r_0 \delta$ 为圆筒横截面面积,将其代入上式,得

$$\tau = \frac{T}{2\pi r_0^2 \delta} = \frac{T}{2A_0 \delta} \tag{7.3}$$

这里 $A_0 = \pi r_0^2$。由图 7.10(b)所示的几何关系,可得薄壁圆筒表面上的切应变 γ 和相距为 l 的两端面间的相对扭转角 φ 之间的关系式

$$\gamma = \varphi r / l \tag{7.4}$$

式中,r 为薄壁圆筒的外半径。

通过薄壁圆筒的扭转试验可以发现,当外力偶矩在某一范围内时,相对扭转角 φ 与扭矩 T 成正比,如图 7.11(a)所示。利用式(7.3)和式(7.4),即得 τ 与 γ 间的线性关系[图 7.11(b)]为

$$\tau = G\gamma \tag{7.5}$$

上式称为材料的剪切胡克定律,式中的比例常数 G 称为材料的剪切模量,其量纲与弹性模量 E 的量纲相同。钢材的剪切模量约为 80 GPa。

应该注意,剪切胡克定律只有在切应力不超过材料的剪切比例极限 τ_p 时才适用。

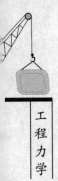

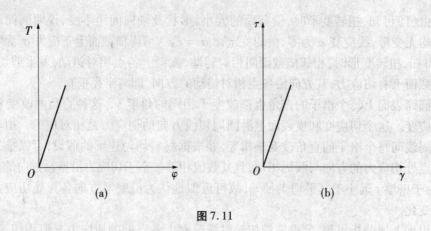

图 7.11

7.3.2　圆截面轴扭转时横截面上的应力

为了分析圆截面轴的扭转应力,首先观察其变形(图 7.12)。

取一等截面圆轴,并在其表面等间距地画上一系列的纵向线和圆周线,从而形成一系列的矩形格子。然后在轴两端施加一对大小相等、转向相反的外力偶。可观察到下列变形情况(如图 7.12):各圆周线绕轴线发生了相对旋转,但形状、大小及相互之间的距离均无变化,所有的纵向线倾斜了同一微小角度 γ 。

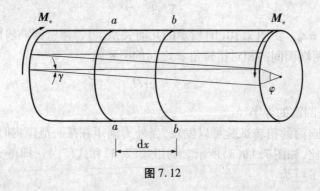

图 7.12

根据上述现象,对轴内变形可作如下假设:变形后,横截面仍保持平面,其形状、大小与横截面间的距离均不改变,而且,半径仍为直线。简言之,圆轴扭转时,各横截面如同刚性圆片,仅绕轴线作相对旋转。此假设称为圆轴扭转时的平面假设。

由此可得如下推论:横截面上只有切应力而无正应力;横截面上任一点处的切应力均沿其相对错动的方向,即与半径垂直。

下面将从几何、物理与静力学三个方面来研究切应力的大小、分布规律及计算。

7.3.2.1　几何方面

为了确定横截面上各点处的应力,从圆杆内截取长为 $\mathrm{d}x$ 的微段(如图 7.13)进行分析。根据变形现象,右截面相对于左截面转了一个微扭转角 $\mathrm{d}\varphi$,因此其上的任意

半径 O_2D 也转动了同一角度 $d\varphi$。由于截面转动,杆表面上的纵向线 AD 倾斜了一个角度 γ。由切应变的定义可知,γ 就是横截面周边上任一点 A 处的切应变。同时,经过半径 O_2D 上任意点 G 的纵向线 EG 在杆变形后也倾斜了一个角度 γ_ρ,即为横截面半径上任一点 E 处的切应变。设 G 点至横截面圆心点的距离为 ρ,由如图7.13(a)所示的几何关系可得

$$\gamma_\rho \approx \tan\gamma_\rho = \frac{\overline{GG'}}{\overline{EG}} = \frac{\rho d\varphi}{dx}$$

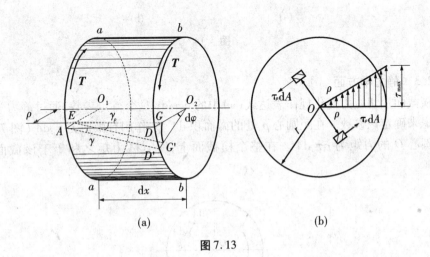

图 7.13

式中,$d\varphi/dx$ 为扭转角沿杆长的变化率,对于给定的横截面,该值是个常量。此式表明,切应变 γ_ρ 与 ρ 成正比,即沿半径按直线规律变化。

7.3.2.2　物理方面

由剪切胡克定律可知,在剪切比例极限范围内,切应力与切应变成正比,所以,横截面上距圆心距离为 ρ 处的切应力为

$$\tau_\rho = G\gamma_\rho = G\rho \frac{d\varphi}{dx} \tag{a}$$

由式(a)可知,在同一半径 ρ 的圆周上各点处的切应力 τ_ρ 值均相等。实心圆截面杆扭转切应力沿任一半径的变化情况如图7.14(a)所示。由于平面假设同样适用于空心圆截面杆,因此空心圆截面杆扭转切应力沿任一半径的变化情况如图7.14(b)所示。

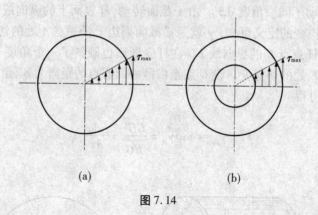

(a)   (b)

图 7.14

7.3.2.3　静力学方面

横截面上切应力变化规律表达式（a）中的 $\mathrm{d}\varphi/\mathrm{d}x$ 是个待定参数，通过静力学方面的考虑来确定该参数。在距圆心 ρ 处的微面积 $\mathrm{d}A$ 上，作用有微剪力 $\tau_\rho\mathrm{d}A$（图 7.15），它对圆心 O 的力矩为 $\rho\tau_\rho\mathrm{d}A$。在整个横截面上，所有微力矩之和等于该截面的扭矩，即

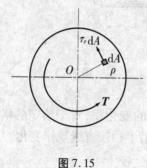

图 7.15

$$\int_A \rho\tau_\rho\mathrm{d}A = T \tag{b}$$

将式（a）代入式（b），经整理后即得

$$G\frac{\mathrm{d}\varphi}{\mathrm{d}x}\int_A \rho^2\mathrm{d}A = T$$

上式中的积分 $\int_A \rho^2\mathrm{d}A$，即为横截面的极惯性矩 I_P，则有

$$\frac{\mathrm{d}\varphi}{\mathrm{d}x} = \frac{T}{GI_\mathrm{P}} \tag{7.6}$$

式（7.6）为圆轴扭转变形的基本公式，将其代入式（a），即得

$$\tau_\rho = \frac{T}{I_\mathrm{P}}\rho \tag{7.7}$$

146

此即圆轴扭转时横截面上任一点处切应力的计算公式。

由式(7.7)可知,当 ρ 等于最大值 $d/2$ 时,即在横截面周边上的各点处,切应力将达到最大,其值为

$$\tau_{\max} = \frac{T}{I_P} \cdot \frac{d}{2}$$

在上式中,极惯性矩与半径都为横截面的几何量,令

$$W_P = \frac{I_P}{d/2}$$

那么

$$\tau_{\max} = \frac{T}{W_P} \tag{7.8}$$

式中,W_P 称为扭转截面系数,其单位为 m^3。圆截面的扭转截面系数为

$$W_P = \frac{I_P}{d/2} = \frac{\pi d^3}{16}$$

空心圆截面的扭转截面系数为

$$W_P = \frac{I_P}{D/2} = \frac{\pi(D^4 - d^4)}{16D} = \frac{\pi D^3}{16}(1 - \alpha^4)$$

这里,$\alpha = d/D$,d 和 D 分别为空心截面的内外直径。

应该指出,式(7.6)与式(7.7)仅适用于圆截面轴,而且,横截面上的最大切应力不得超过材料的剪切比例极限。

另外,由横截面上切应力的分布规律可知,越是靠近杆轴处切应力越小,故该处材料强度没有得到充分利用。如果将这部分材料挖下来放到周边处,就可以较充分地发挥材料的作用,达到经济的效果。从这方面看,空心圆截面杆比实心圆截面杆合理。

7.3.3 斜截面上的应力

前面研究了等直圆杆扭转时横截面上的应力。为了全面了解杆内任一点的所有截面上的应力情况,下面研究任意斜截面上的应力,从而找出最大应力及其作用面的方位,给强度计算提供依据。

在圆杆的表面处任取一单元体,如图 7.16(a)所示。图中左右两侧面为杆的横截面,上下两侧面为径向截面,前后两侧面为圆柱面。在其前后两侧面上无任何应力,故可将其改为用平面图表示[图 7.16(b)]。由于单元体处于平衡状态,故由平衡条件 $\sum F_y = 0$ 可知,单元体在左右两侧面上的内力元素 $\tau_x \mathrm{d}y\mathrm{d}z$ 为大小相等、指向相反的一对力,并组成一个力偶,其矩为 $(\tau_x \mathrm{d}y\mathrm{d}z)\mathrm{d}x$。为了满足平衡条件 $\sum F_x = 0$,在单元体的上下两平面上将有大小相等、指向相反的一对内力元素 $\tau_y \mathrm{d}x\mathrm{d}z$,并组成其矩为

普通高等教育力学"十二五"规划教材

（$\tau_y$dxdz）dy 的力偶。再有另一个平衡条件 $\sum M_z = 0$ 可得，（$\tau_x$dydz）dx =
（$\tau_y$dxdz）dy，故

$$\tau_x = \tau_y \tag{7.9}$$

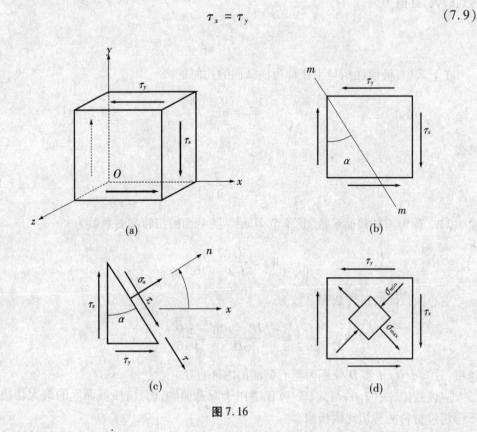

图 7.16

式（7.9）表明，两相互垂直平面上的切应力 τ_x 和 τ_y 数值相等，且均指向（或背离）这两平面的交线，称为切应力互等定理。该定理具有普遍意义，在同时有正应力的情况下同样成立。单元体在其两对互相垂直的平面上只有切应力而无正应力的这种应力状态，称为纯剪切应力状态，如图 7.16(b) 所示。为方便起见，称左右两面为 x 面（法线为 x 的截面），上下两面为 y 面（法线为 y 的截面）。

现在分析与 x 面成任意角 α 的斜截面 $m-m$ 上的应力。取截面左部分为隔离体，设斜截面上的正应力为 σ_α，切应力 τ_α，斜截面的面积为 dA，如图 7.16(c) 所示。

隔离体在 τ_x，τ_y 及 σ_α，τ_α 的共同作用下处于平衡。选取斜截面的外法线 n 及切线 τ 为投影轴，写出平衡方程

$$\sum F_n = 0, \quad \sigma_\alpha \mathrm{d}A + \tau_x \mathrm{d}A\cos\alpha \cdot \sin\alpha + \tau_y \mathrm{d}A\sin\alpha \cdot \cos\alpha = 0$$

和

$$\sum F_t = 0, \quad \tau_\alpha \mathrm{d}A - \tau_x \mathrm{d}A\cos\alpha \cdot \cos\alpha + \tau_y \mathrm{d}A\sin\alpha \cdot \sin\alpha = 0$$

普通高等教育力学"十二五"规划教材

利用切应力互等定理公式,经整理得

$$\sigma_\alpha = - \tau_x \sin 2\alpha \tag{7.10}$$

和

$$\tau_\alpha = \tau_x \cos 2\alpha \tag{7.11}$$

由式(7.11)可知,当 $\alpha = 0°$ 和 $\alpha = 90°$ 时,切应力绝对值最大,均等于 τ_x。而由(7.10)式可知,在 $\alpha = \pm 45°$(α 角由 x 轴起算,逆时针转向截面外法线 n 时为正)的两斜截面上正应力达到极值,分别为

$$\sigma_{-45°} = \sigma_{\max} = + \tau_x$$

和

$$\sigma_{45°} = \sigma_{\min} = - \tau_x$$

即该两截面上的正应力,一为拉应力,另一为压应力,其绝对值均为 τ_x,且最大、最小正应力的作用面与最大切应力的作用面之间互成 45°,如图 7.16(d)所示。

上述分析结果,在圆周扭转破坏现象中亦可得到证实。对于剪切强度低于拉伸强度的材料(如低碳钢),是从杆的最外层沿横截面发生剪切破坏的,如图 7.17(a)所示,而对于拉伸强度低于剪切强度的材料(如铸铁),是从杆的最外层沿与杆轴线成 45° 倾角的斜截面拉断的,如图 7.17(b)所示。再如木材材质,它的顺纹抗剪强度最低,所以当受扭而破坏时,是沿纵向截面破坏的。

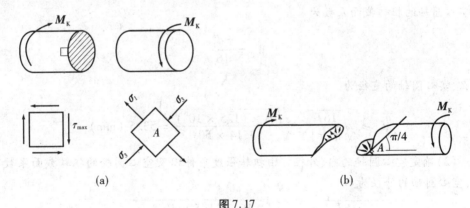

图 7.17

7.3.4 强度条件

为确保圆杆在扭转时不被破坏,其横截面上的最大工作切应力 $\tau_{\max}$ 不得超过材料的许用切应力 $[\tau]$,即要求

$$\tau_{\max} \leqslant [\tau] \tag{7.12}$$

此即圆杆扭转强度条件。对于等直圆杆,其最大工作应力存在于最大扭矩所在横

截面(危险截面)的周边上任一点处,这些点即为危险点。于是,上述强度条件可表示为

$$\tau_{max} = \frac{T_{max}}{W_P} \leqslant [\tau] \tag{7.13}$$

利用此强度条件可进行强度校核、选择截面或计算许可荷载。

理论与实验研究均表明,材料纯剪切时的许用应力 $[\tau]$ 与许用拉应力 $[\sigma]$ 之间存在下述关系:

对于塑性材料　　$[\tau] = (0.5 \sim 0.577)[\sigma]$

对于脆性材料　　$[\tau] = (0.8 \sim 1.0)[\sigma]$

因此,也可以利用拉伸时的许用应力 $[\sigma]$ 来估计扭转许用应力。对于工程中轴一类的构件,由于轴除扭转外,往往还有弯曲变形,而且轴的应力常随时间而改变,故所用的 $[\tau]$ 值更低一些。

【例7.2】　某传动轴,轴内的最大扭矩 $T = 1.5 \ kN \cdot m$,若许用切应力 $[\tau] = 50 \ MPa$,试按下列两种方案确定轴的横截面尺寸,并比较其质量。

(1)实心圆截面轴的直径 d_1。

(2)空心圆截面轴,其内、外径之比 $d/D = 0.9$。

解　(1)确定实心圆轴的直径。由强度条件式(7.13)得

$$W_P \geqslant \frac{T_{max}}{[\tau]}$$

而实心圆轴的扭转截面系数为

$$W_P = \frac{\pi d_1^3}{16}$$

那么,实心圆轴的直径为

$$d_1 \geqslant \sqrt[3]{\frac{16T}{\pi[\tau]}} = \sqrt[3]{\frac{16 \times (1.5 \times 10^6)}{3.14 \times 50}} = 53.5 \ (mm)$$

(2)确定空心圆轴的内、外径。由扭转强度条件以及空心圆轴的扭转截面系数可知,空心圆轴的外径为

$$D \geqslant \sqrt[3]{\frac{16T}{\pi(1 - \alpha^4)[\tau]}} = \sqrt[3]{\frac{16 \times (1.5 \times 10^6)}{3.14 \times (1 - 0.9^4) \times 50}} = 76.3 \ (mm)$$

而其内径为

$$d = 0.9D = 0.9 \times 76.3 = 68.7 \ (mm)$$

(3)质量比较。上述空心与实心圆轴的长度与材料均相同,所以,二者的质量之比 β 等于其横截面之比,即

$$\beta = \frac{\pi(D^2 - d^2)}{4} \times \frac{4}{\pi d_1^2} = \frac{76.3^2 - 68.7^2}{53.5^2} = 0.385$$

150

上述数据充分说明,空心轴远比实心轴轻。

【例7.3】　阶梯形圆轴如图 7.18(a)所示,AB 段直径 $d_1 = 100 \text{ mm}$,BC 段直径 $d_2 = 80 \text{ mm}$。扭转力偶矩 $M_A = 14 \text{ kN} \cdot \text{m}$,$M_B = 22 \text{ kN} \cdot \text{m}$,$M_C = 8 \text{ kN} \cdot \text{m}$。已知材料的许用切应力 $[\tau] = 85 \text{ MPa}$,试校核该轴的强度。

解　(1)作扭矩图。用截面法求得 AB、BC 段的扭矩,扭矩图如图 7.18(b)所示。
(2)强度校核。由于两段轴的直径不同,因此需分别校核两段轴的强度。

AB 段

$$\tau_{1,\max} = \frac{T_1}{W_{P1}} = \frac{14 \times 10^6}{\dfrac{\pi}{16} \times 100^3} = 71.34 \ (\text{MPa}) < [\tau]$$

BC 段

$$\tau_{2,\max} = \frac{T_2}{W_{P2}} = \frac{8 \times 10^6}{\dfrac{\pi}{16} \times (80)^3} = 79.62 \ (\text{MPa}) < [\tau]$$

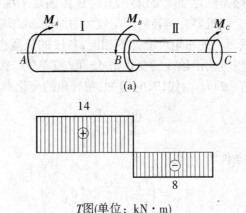

(a)

T图(单位：kN·m)

(b)

图 7.18

因此,该轴满足强度要求。

7.4　圆轴扭转时的变形与刚度条件

7.4.1　扭转变形公式

如前所述,轴的扭转变形是用两横截面绕轴线的相对扭转角 φ 表示的。
由式(7.6)可知,微段 $\mathrm{d}x$ 的扭转角变形为

$$\mathrm{d}\varphi = \frac{T}{GI_P}\mathrm{d}x$$

因此,相距 l 的两横截面间的扭转角为

$$\varphi = \int_l \mathrm{d}\varphi = \int_l \frac{T}{GI_\mathrm{P}}\mathrm{d}x$$

由此可见,对于长为 l、扭矩 T 为常数的等截面圆轴,由上式得两端横截面间的扭转角为

$$\varphi = \frac{Tl}{GI_\mathrm{P}} \tag{7.14}$$

φ 的单位为 rad。式(7.14)表明,扭转角 φ 与扭矩 T、轴长 l 成正比,与 GI_P 成反比。GI_P 称为圆轴的扭转刚度。

7.4.2 圆轴扭转刚度条件

等直圆轴扭转时,除需满足强度要求外,有时还需满足刚度要求。例如机器的传动轴如扭转角过大,将会使机器在运转时产生较大的振动,或影响机床的加工精度等。圆轴在扭转时各段横截面上的扭矩可能并不相同,各段的长度也不相同。因此,在工程实际中,通常是限制扭转角沿轴线的变化率 $\mathrm{d}\varphi/\mathrm{d}x$ 或单位长度内的扭转角,使其不超过某一规定的许用值 $[\theta]$。由式(7.6)可知,扭转角的变化率为

$$\theta = \frac{\mathrm{d}\varphi}{\mathrm{d}x} = \frac{T}{GI_\mathrm{P}}$$

所以,圆轴扭转的刚度条件为

$$\theta_{\max} = \left(\frac{T}{GI_\mathrm{P}}\right)_{\max} \leqslant [\theta] \tag{7.15a}$$

对于等截面圆轴,则要求

$$\frac{T_{\max}}{GI_\mathrm{P}} \leqslant [\theta] \tag{7.15b}$$

在上式中,$[\theta]$ 为单位长度许用扭转角,单位和单位长度扭转角的单位一样,均为 rad/m(弧度/米),但 $[\theta]$ 在工程中常用的单位是 (°)/m(度/米),须将其单位换算,于是可得

$$\frac{T_{\max}}{GI_\mathrm{P}} \times \frac{180}{\pi} \leqslant [\theta] \tag{7.15 c}$$

对于一般的传动轴,$[\theta]$ 为 $(0.5 \sim 2)$ (°)/m。对于精密机器的轴,$[\theta]$ 常取 $(0.15 \sim 0.3)$ (°)/m。具体数值可在有关设计手册中查出。

【例7.4】 一汽车传动轴简图如图 7.19(a)所示,转动时输入的力偶矩 $M_\mathrm{e} = 9.56$ kN·m,轴的内外直径之比 $\alpha = 1/2$。钢的许用切应力 $[\tau] = 40$ MPa,切变模量 $G = 80$ GPa,许可单位长度扭转角 $[\theta] = 0.3$(°)/m。试按强度条件和刚度条件选择轴的直径。

普通高等教育力学"十二五"规划教材

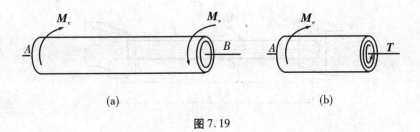

图 7.19

解 (1)求扭矩 T。用截面法截取左段为隔离体[图 7.19(b)],根据平衡条件得

$$T = M_e = 9.56 \ (\text{kN} \cdot \text{m})$$

(2)根据强度条件确定轴的外径。

由

$$W_P = \frac{\pi D^3}{16}(1 - \alpha^4) = \frac{\pi D^3}{16}\left[1 - \left(\frac{1}{2}\right)^4\right] = \frac{\pi D^3}{16} \times \frac{15}{16}$$

和

$$\frac{T_{max}}{W_P} \leqslant [\tau]$$

得

$$D \geqslant \sqrt[3]{\frac{16T}{\pi(1 - \alpha^4)[\tau]}} = \sqrt[3]{\frac{16 \times (9.56 \times 10^3) \times 16}{15\pi(40 \times 10^6)}}$$

$$= 109 \times 10^{-3}(\text{m}) = 109 \ (\text{mm})$$

(3)根据刚度条件确定轴的外径。

由

$$I_P = \frac{\pi D^4}{32}(1 - \alpha^4) = \frac{\pi D^4}{16}\left[1 - \left(\frac{1}{2}\right)^4\right] = \frac{\pi D^4}{32} \times \frac{15}{16}$$

和

$$\frac{T_{max}}{GI_P} \times \frac{180}{\pi} \leqslant [\theta]$$

得

$$D \geqslant \sqrt[4]{\frac{T}{G \times \frac{\pi}{32}(1 - \alpha^4)} \times \frac{180}{\pi} \times \frac{1}{[\theta]}}$$

$$= \sqrt[4]{\frac{32 \times (9.56 \times 10^3) \times 16}{(80 \times 10^9 \text{Pa})\pi \times 15} \times \frac{180}{\pi} \times \frac{1}{0.3}}$$

$$= 125.5 \times 10^{-3}(\text{m}) = 125.5 \ (\text{mm})$$

所以,空心圆轴的外径不能小于 125.5 mm,内径不能大于 62.75 mm。

7.5 扭转超静定问题

如图 7.20(a)所示的圆截面杆 AB,两端固定,在 C 处受力偶矩 M_e 作用,求两固定端的支座反力偶矩 M_A 和 M_B。这和拉压超静定问题一样,需综合考虑静力、几何、物理三个方面。

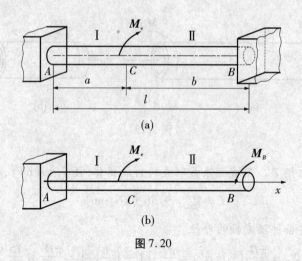

图 7.20

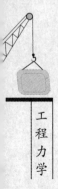

对此问题,只能写出一个静力平衡方程 $\sum M_x = 0$,而未知的支座反力偶矩是两个,故为一次超静定问题。设想固定端 B 为多余约束,解除后加上相应的多余未知力偶矩 M_B,得基本静定系,如图 7.20(b)所示。M_e 单独作用时在 B 端引起扭转角 φ_{BM},多余未知力偶矩 M_B 单独作用时在 B 端引起扭转角 φ_{BB}。由于 B 原来是固定端,所以其扭转角应等于零,于是有变形条件

$$\varphi_B = \varphi_{BM} + \varphi_{BB} = 0 \tag{a}$$

设杆的扭转刚度为 GI_P,则有物理条件

$$\left.\begin{array}{l} \varphi_{BM} = -\dfrac{M_e a}{GI_P} \\[3mm] \varphi_{BB} = \dfrac{M_B l}{GI_P} \end{array}\right\} \tag{b}$$

将式(b)代入式(a),即得补充方程

$$\frac{M_B l}{GI_P} = \frac{M_e a}{GI_P}$$

由此解得

$$M_B = \frac{M_e a}{l}$$

求得多余反力偶矩 M_B 后,固定端 A 的支反力偶就不难由平衡方程求得。

【例 7.5】 一长为 l 的组合杆,由不同材料的实心圆截面杆和空心圆截面杆套在一起而组成,如图 7.21(a)所示,内、外两杆均在线弹性范围内工作,其扭转刚度分别为 $G_a I_{Pa}$ 和 $G_b I_{Pb}$。组合杆的两端面各自固接于刚性板上,并在刚性板处作用有一对扭转力偶矩 M_e,试求分别作用在内、外杆上的扭转力偶矩。

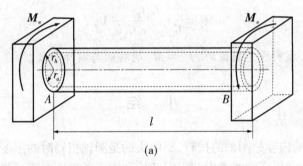

(a)

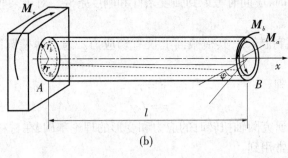

(b)

图 7.21

解 对于此杆,只能写出一个静力平衡方程 $\sum M_x = 0$,而未知量却有两个,如图 7.21(b)所示,故为一次超静定问题,须建立一个补充方程。

由于原杆两端各自固接于刚性板上,所以内、外两杆的扭转变形相同。因此有

$$\varphi_{Ba} = \varphi_{Bb} \tag{a}$$

式中,φ_{Ba} 和 φ_{Bb} 分别表示内、外两杆的 B 端相对于 A 端的相对扭转角,在图7.21(b)中都用 φ 表示。由

$$\left. \begin{aligned} \varphi_{Ba} &= \frac{M_a l}{G_a I_{Pa}} \\ \varphi_{Bb} &= \frac{M_b l}{G_b I_{Pb}} \end{aligned} \right\} \tag{b}$$

将式(b)代入式(a),经简化后得

$$M_a = \frac{G_a I_{Pa}}{G_b I_{Pb}} M_b \tag{c}$$

组合杆的平衡方程为

$$\sum M_x = 0, \quad M_a + M_b = M_e \tag{d}$$

联解(c)、(d)式,经整理后得

$$M_a = \frac{G_a I_{Pa}}{G_a I_{Pa} + G_b I_{Pb}} M_e$$

$$M_b = \frac{G_b I_{Pb}}{G_a I_{Pa} + G_b I_{Pb}} M_e$$

结果均为正,表明原先假设的 M_a 和 M_b 的转向与实际一致。

小 结

本章所研究的内容是圆轴的扭转,要解决的是圆轴扭转时的强度与刚度的问题。

设计圆轴截面时,应同时考虑到强度条件和刚度条件。对于某些传动轴。其刚度条件往往更为重要。

(1)圆轴或圆管扭转时,其横截面上仅有切应力。通过薄壁圆筒的分析和试验,得到:

切应力互等定理 $\qquad\qquad \tau = \tau'$

剪切胡克定律 $\qquad\qquad \tau = G\gamma$

这两个规律是研究圆轴扭转时的应力和变形的理论基础,在材料力学的理论分析和试验研究中也经常用到。

(2)圆轴扭转时,横截面上的切应力垂直于半径且沿半径方向呈线性关系;两横截面间将产生相对扭转角。计算的基本公式:

扭转切应力公式 $\qquad\qquad \tau_\rho = \dfrac{T}{I_p}\rho$

扭转变形公式 $\qquad\qquad \varphi = \dfrac{Tl}{GI_p}$

主要的应用公式:

强度条件 $\qquad\qquad \tau_{max} = \dfrac{T_{max}}{W_p} \leqslant [\tau]$

刚度条件 $\qquad\qquad \varphi = \dfrac{T_{max}}{GI_p} \times \dfrac{180}{\pi} \leqslant [\varphi]$

应用公式是在基本公式的基础上建立的,理解了两个基本公式之后,对强度条件和刚度条件也就易于掌握了。

(3)学习本章时应注意的问题是,上述的应力、变形公式及强度、刚度条件只适用于圆轴的扭转,对于非圆截面杆的扭转则不适用。

(4)解题的方法步骤:①计算外力偶矩;②计算内力——扭矩,并画出扭矩图;③进行强度、刚度计算。

(5)题目类型:①扭矩的计算,并画出扭矩图;②圆轴扭转的强度计算;③圆轴扭转的刚度计算;④圆轴扭转时的强度与刚度同时考虑。

思考题

7.1 如下图所示的单元体,已知其一个面上的切应力 τ,其他几个面上的切应力是否可以确定? 怎样确定?

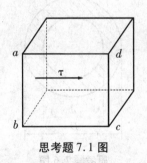

思考题 7.1 图

7.2 当单元上同时存在切应力和正应力时,切应力互等定理是否仍然成立? 为什么?

7.3 在切应力作用下单元体将发生怎样的变形? 剪切胡克定律说明什么? 它在什么条件下才成立?

7.4 薄壁圆筒纯扭时,如果在其横截面及径向截面上存在有正应力,试问取出的隔离体能否平衡?

7.5 如图所示的两个传动轴,试问哪一种轮的布置对提高轴的承载能力有利?

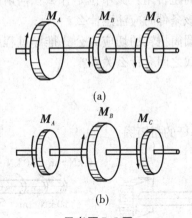

思考题 7.5 图

7.6 一空心圆轴的截面如下图所示,它的极惯性矩 I_P 和抗扭截面系数 W_P 是否可以按下式计算:为什么?

$$I_P = I_{P外} - I_{P内} = \frac{\pi D^4}{32} - \frac{\pi d^4}{32}$$

$$W_P = W_{P外} - W_{P内} = \frac{\pi D^3}{16} - \frac{\pi d^3}{16}$$

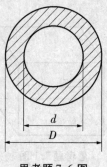

思考题7.6 图

7.7　在剪切实用计算中所采用的许用应力 $[\tau]$ 与扭转许用切应力 $[\tau]$ 是否相同？为什么？

7.8　直径 d 和长度 l 都相同,而材料不同的两根轴,在相同的扭矩作用下,它们的最大切应力 $\tau_{\max}$ 是否相同？扭转角 φ 是否相同？为什么？

7.9　从强度方面考虑,空心圆截面轴为什么比实心圆截面轴合理？空心圆截面轴的壁是否越薄越好？

7.10　如何计算圆轴的扭转角？其单位是什么？何谓抗扭刚度？圆轴抗扭刚度条件是如何建立的？应用该条件时应注意什么？

7.11　在圆轴和薄壁圆筒扭转的切应力公式推导过程中,所作的假设有何区别？两者所得的切应力计算公式之间有什么关系？

习题

7.1　试作如图所示各杆的扭矩图。

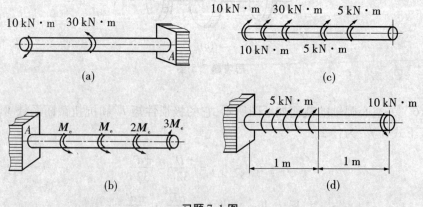

习题7.1 图

7.2　一传动轴作匀速转动,如图所示。转速 $n = 200$ r/min ,轴上装有五个轮子,主动轮 Ⅱ 输入的功率为 60 kW ,从动轮 Ⅰ、Ⅲ、Ⅳ、Ⅴ 依次输出功率分别为 18 kW、

12 kW、22 kW 和 8 kW 。试作轴的扭矩图,

7.3 一钻探机的功率为 10 kW,转速 $n = 180$ r/min。钻杆钻入土层的深度 $l = 4$ m,如图所示。如土壤对钻杆的阻力可看做是均匀分布的力偶,试求分布力偶的集度 m,并作钻杆的扭矩图,

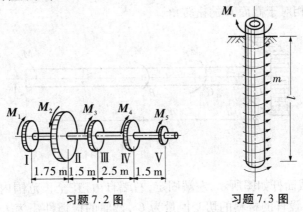

习题 7.2 图   习题 7.3 图

7.4 如下图所示,T 为圆杆横截面上的扭矩,试画出截面上与 T 对应的切应力分布图。

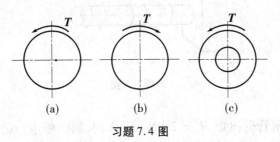

(a)   (b)   (c)

习题 7.4 图

7.5 如下图所示的圆截面轴,AB 与 BC 段的直径分别为 d_1 与 d_2,且 $d_1 = \dfrac{4}{3}d_2$。试求轴内的最大扭矩切应力。

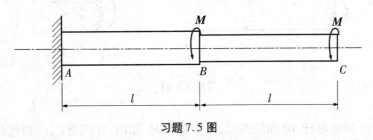

习题 7.5 图

7.6 空心钢轴的外径 $D = 100$ mm,内径 $d = 50$ mm。已知间距 $l = 2.7$ m 的两横截面的相对扭转角 $\varphi = 1.8°$,材料的切变模量 $G = 80$ GPa。试求:

(1)轴内的最大切应力。

（2）当轴以 $n = 80$ r/min 的速度旋转时,轴所传递的功率。

7.7 一等直圆杆如图所示,已知 $d = 40$ mm, $a = 400$ mm, $G = 80$ GPa, $\varphi_{DB} = 1°$。试求：

（1）最大切应力。

（2）截面 A 相对于截面 C 的扭转角。

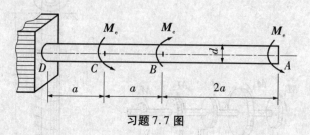

习题7.7 图

7.8 一圆截面杆如图所示,左端固定,右端自由,在全长范围内受均布力偶矩作用,其集度为 m,设杆的材料的切变模量为 G,截面的极惯性矩为 I_P,杆长为 l,试求自由端的扭转角 φ_B。

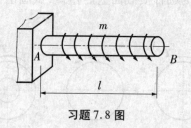

习题7.8 图

7.9 一薄壁钢管受扭矩 $M_e = 2$ kN·m 作用,如图所示。已知 $D = 60$ mm, $d = 50$ mm, $E = 210$ GPa。已测得管壁上相距 $l = 200$ mm 的 AB 两截面的相对扭转角 $\varphi_{AB} = 0.43°$,试求材料的泊松比。

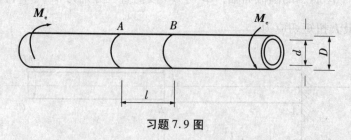

习题7.9 图

7.10 一圆锥形杆 AB 如图所示,受力偶矩 M_e 作用,杆长为 l,两端截面的直径分别为 d_1 和 d_2,且 $d_2 = 1.2d_1$,材料的切变模量为 G。试求：

（1）截面 A 相对 B 的扭转角 φ_{AB}。

（2）若按平均直径的等直杆计算扭转角,误差等于多少。

普通高等教育力学"十二五"规划教材

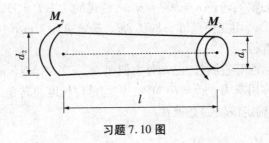

习题 7.10 图

7.11 直径 $d = 25$ mm 的钢圆杆,受 60 kN 的轴向拉力作用时,在标距为 200 mm 的长度内伸长了 0.113 mm。当其承受一对 $M_e = 0.2$ kN·m 扭转外力偶矩作用时,在标距为 200 mm 的长度内相对扭转了 0.732°的角度。试求钢材的弹性常数 E、G 和 μ。

7.12 实心圆轴与空心圆轴通过牙嵌离合器相连接,如下图所示。已知轴的转速 $n = 100$ r/min,传递功率 $P = 10$ kW,许用切应力 $[\tau] = 80$ MPa,$d_1/d_2 = 0.6$。试确定实心轴的直径 d,以及空心轴的内径 d_1 和外径 d_2。

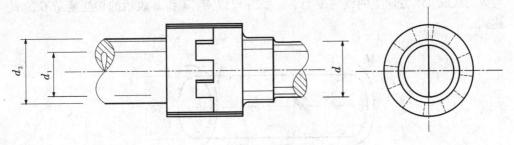

习题 7.12 图

7.13 如下图所示,圆轴 AB 与套管 CD 用刚性突缘 E 焊接成一体,并在截面 A 承受扭转外力偶矩 M 的作用。圆轴的直径 $d = 56$ mm,许用切应力 $[\tau_1] = 80$ MPa,套管的外径 $D = 80$ mm,壁厚 $t = 6$ mm,许用切应力 $[\tau_2] = 40$ MPa。试求扭转外力偶矩 M 的许用值。

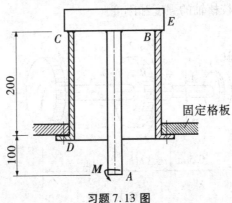

习题 7.13 图

7.14　已知实心轴的转速 $n = 300$ r/min，传递的功率 $P = 330$ kW，轴材料的许用切应力 $[\tau] = 60$ MPa，切变模量 $G = 80$ GPa。若要求在 2 m 长度的相对扭转角不超过 1°，试求该轴的直径。

7.15　如图所示的等直圆杆，已知外力偶矩 $M_A = 2.99$ kN·m，$M_B = 7.2$ kN·m，$M_C = 4.21$ kN·m，许用应力 $[\tau] = 70$ MPa，许可单位长度扭转角 $[\theta] = 1°/\text{m}$，切变模量 $G = 80$ GPa。试确定该轴的直径 d。

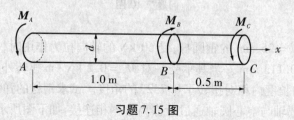

习题 7.15 图

7.16　一直径为 d 的实心圆杆如图所示，在承受扭转力偶矩 M_e 后，测得圆杆表面与纵向线成 45° 方向上的线应变为 ε。试导出以 M_e、d 和 ε 表示的切变模量 G 的表达式。

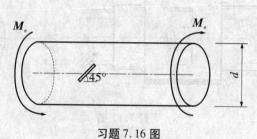

习题 7.16 图

7.17　阶梯形圆轴直径分别为 $d_1 = 40$ mm，$d_2 = 70$ mm，轴上装有三个带轮，如图所示，已知由轮 3 输入的功率 $P_3 = 30$ kW，轮 1 输出的功率为 $P_1 = 13$ kW，轴作匀速转动，转速 $n = 200$ r/min，材料的剪切许用切应力 $[\tau] = 60$ MPa，$G = 80$ GPa，许用扭转角 $[\theta] = 2(°)/\text{m}$。试校核轴的强度和刚度。

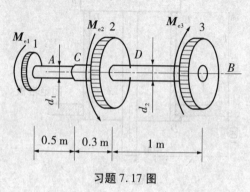

习题 7.17 图

　普通高等教育力学"十二五"规划教材

7.18 如图所示,传动轴的转速 $n = 500\ \text{r/min}$,主动轮 1 输入功率 $P_1 = 368\ \text{kW}$,从动轮 2 和 3 分别输出功率 $P_2 = 147\ \text{kW}$, $P_3 = 221\ \text{kW}$ 。已知 $[\tau] = 70\ \text{MPa}$, $G = 80\ \text{GPa}$, $[\theta] = 1(°)/\text{m}$ 。

(1)试确定 AB 段的直径 d_1 和 BC 段的直径 d_2 。

(2)若 AB 和 BC 两段选用同一直径,试确定直径 d 。

(3)主动轮和从动轮应如何安排才比较合理?

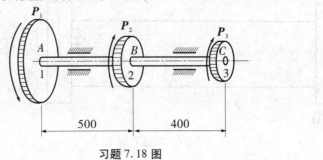

习题 7.18 图

7.19 试确定如图所示轴的直径。已知扭转力矩 $M_1 = 400\ \text{N} \cdot \text{m}$, $M_2 = 600\ \text{N} \cdot \text{m}$,许用切应力 $[\tau] = 40\ \text{MPa}$,单位长度的许用扭转角 $[\theta] = 0.25(°)/\text{m}$,切变模量 $G = 80\ \text{GPa}$ 。

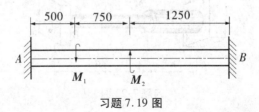

习题 7.19 图

7.20 如图所示的组合轴,由圆截面钢轴与铜圆管并借两端刚性平板连接成一体,该轴承受扭转力矩 $M = 100\ \text{N} \cdot \text{m}$ 作用,试校核其强度。设钢与铜的许用切应力 $[\tau_s] = 40\ \text{MPa}$, $[\tau_c] = 20\ \text{MPa}$,切变模量分别为 $G_s = 80\ \text{GPa}$, $G_c = 40\ \text{GPa}$ 。

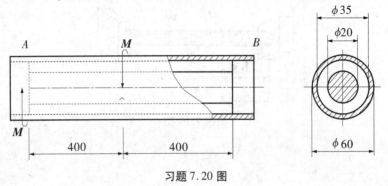

习题 7.20 图

7.21 如图所示的组合轴,由套管与芯轴并借两端刚性平板牢固地连接在一起。设作用在刚性平板上的扭转力矩为 $M = 2$ kN·m,套管与芯轴的切变模量为 $G_1 = 40$ GPa,$G_2 = 80$ GPa。试求套管与芯轴的扭矩及最大扭转切应力。

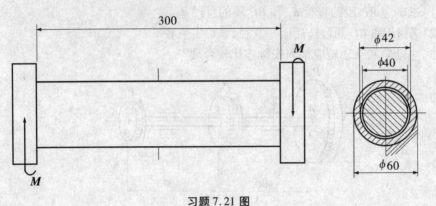

习题 7.21 图

7.22 一两端固定的阶梯状圆轴如下图所示,在截面突变处承受外力偶矩 M_e。若 $d_1 = 2d_2$,试求固定端的支反力偶矩 M_A 和 M_B,并作扭矩图。

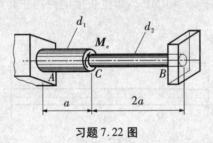

习题 7.22 图

7.23 一两端固定的钢圆轴如图所示,其直径 $d = 60$ mm。轴在截面 C 处承受一外力偶矩 $M_e = 3.8$ kN·m。已知钢的切变模量 $G = 80$ GPa。试求截面 C 两侧横截面上的最大切应力和截面 C 的扭转角。

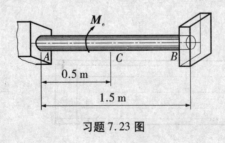

习题 7.23 图

第8章　弯曲内力

8.1　概述

8.1.1　弯曲的概念

在工程实际中,有一类直杆在其包含轴线的纵向平面内,承受垂直于杆轴线的横向外力或外力偶的作用,杆的轴线在变形后由直线成为曲线,这种变形称为弯曲变形。凡是以弯曲变形为主要变形的杆件,通称为梁。梁是工程实际中常用的一类构件。例如房屋建筑物中的大梁、梁式桥中的主梁(图8.1),均是以弯曲变形为主的构件。梁在机械和其他工程中也是被广泛采用的一种构件。

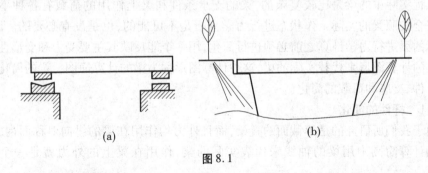

(a)　　　　　　　　　　　　　　　(b)

图 8.1

工程中常见的梁,如图8.2所示,其横截面至少具有一个对称轴,因而具有这种截面形状的梁也至少具有一个通过梁轴线的纵向对称平面。一般情况下,梁上所有的外力(或外力的合力)均作用在包含该对称轴的纵向平面内,梁变形后,其轴线必定在此对称平面内弯曲成一条平面曲线,这种弯曲称为对称弯曲。梁发生对称弯曲时,由于梁变形后的轴线所在的平面与外力所在的平面相重合,所以这种弯曲又称为平面弯曲。若梁不具有纵对称面,或梁虽有纵对称面但外力并不作用在纵对称面内,则这种弯曲称为非对称弯曲。对称弯曲是弯曲问题中最常见和最基本的情况,这里我们首先分析对称弯曲的情况。

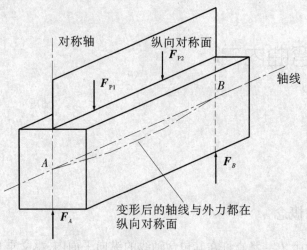

图 8.2

8.1.2 梁的计算简图

工程实际中的梁是比较复杂的,梁的支承条件和梁上作用的荷载有各种不同情况。完全按照梁的实际工作状态进行力学分析是不可能的,也是没有必要的。因此,对实际的梁进行力学计算之前必须进行简化,用一个能反映其主要受力和变形性能的简化了的计算图形来代替实际的梁,这种计算图形称为梁的计算简图。梁的简化主要包括杆件、支座和荷载的简化。

8.1.2.1 杆件的简化

由于我们所研究的是等截面的直梁,而且外力均作用在梁的纵向对称面内,因此在梁的计算简图中用梁的轴线来代表实际的梁,作用在梁上的外力就是一个平面力系。

8.1.2.2 支座的简化

梁的支座按其对梁在荷载作用平面的约束情况,可以简化为以下三种形式。

(1)活动铰支座 这种支座通常用如图 8.3(a)所示方式表示。它对梁的约束作用是只能阻止构件上的 A 端沿垂直于支承面的方向移动;因此,当不考虑支承平面的摩擦力时,其支座反力将通过铰 A 的中心并与支承平面垂直,可用 F_{RA} 表示。根据上述特点,这种支座在计算简图中可以用一根垂直于支承面的链杆来表示,如图 8.3(b)所示。凡符合或近似符合上述约束条件的支承装置,可简化为活动铰支座。

(2)固定铰支座 这种支座的构造如图 8.4(a)所示,常简称为铰支座,它容许构件在支承处绕铰 A 转动,但 A 点不能作水平和竖向移动。支座反力 F_{RA} 将通过铰 A 中心,但大小和方向都是未知的,通常可用沿两个确定方向的分反力,如水平反力 F_{xA} 和竖向反力 F_{yA} 来表示。这种支座的计算简图可用交于 A 点的两根支承链杆来表示,如图 8.4(b)、(c)所示。

普通高等教育力学"十二五"规划教材

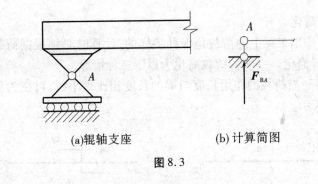

(a)辊轴支座　　　　　　　(b) 计算简图

图 8.3

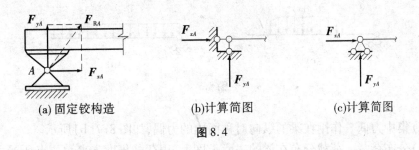

(a) 固定铰构造　　　(b)计算简图　　　(c)计算简图

图 8.4

（3）固定端支座　　固定端支座的表示形式如图 8.5(a)所示,当梁端插入墙体有一定深度,且与四周有相当好的密实性时,梁端被完全固定,可以视为固定端支座。这种支座不容许梁在支承处发生任何移动和转动,它的反力大小、方向和作用点位置都是未知的,通常用水平反力 F_{xA}、竖向反力 F_{yA} 和反力偶 M_A 来表示,计算简图如图 8.5(b)所示。

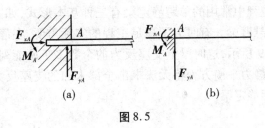

(a)　　　　　　　　　(b)

图 8.5

图 8.6(a)所示为悬挑阳台梁,其计算简图如图 8.6(b)所示。

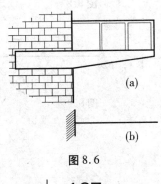

(a)

(b)

图 8.6

8.1.2.3　荷载的简化

工程实际中,作用于梁上的荷载是多种多样的,计算时必须根据荷载的作用性质以及作用方式进行简化。一般将荷载简化为以下三种情况。

(1)集中荷载　当荷载的作用长度与梁的长度相比很小时,可视为集中作用于一点,如图 8.7(a)所示。

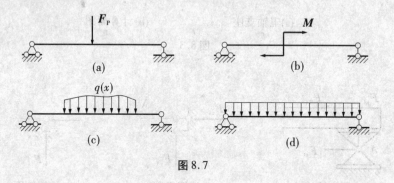

图 8.7

(2)集中力偶　作用在梁的纵向对称面内的力偶,如图 8.7(b)所示。

(3)分布荷载　荷载分布在梁的一段长度上,用荷载集度 q 表示一点所受力的大小,当 q 为常数时,则为均匀分布荷载,如图 8.7(c)、(d)所示。

8.1.3　梁的分类

由以上分析可知,如果梁具有一个固定端支座,或梁具有一个固定铰支座和一个活动铰支座,则梁上的三个支座反力均可由平面力系的三个独立的平衡方程求出。这种梁称为静定梁。工程中常用的单跨静定梁有三种基本形式,如图 8.8 所示,分别称为简支梁、伸臂梁和悬臂梁。有时为了满足工程的实际需要,在静定梁的基础再多设置一些支座,如图 8.9 所示,这时梁上支座反力的个数多于所能列出的独立静平衡方程的个数,此时仅用静力平衡方程将无法求出全部未知的支座反力,这种梁称为超静定梁。本章首先介绍静定梁。

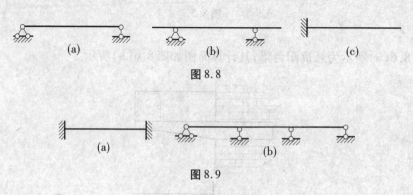

图 8.8

图 8.9

8.2 弯曲时的内力——剪力和弯矩

与其他基本变形一样,梁在外力作用下,横截面上也会有内力产生,为了进一步研究梁弯曲时的内力和变形,应首先确定梁在外力作用下任一横截面上的内力。当梁上所受的外力(包括荷载和反力)全部为已知时,利用截面法即可求出内力。

现以简支梁上受一集中力为例,对梁横截面上的内力进行分析。如图 8.10(a)所示,以点 A 为坐标轴 x 的原点,为了计算坐标 x 的任意横截面 $m-m$ 上的内力,首先根据受力图由静力平衡方程求出 A、B 两处的支座反力。由图 8.10 列平衡方程如下:

$$\sum M_A = 0, F_{yB}l - F_{P}a = 0$$

得 $F_{yB} = \dfrac{F_{P}a}{l}(\uparrow)$

$$\sum M_B = 0, F_{yA}l - F_{P}(l-a) = 0$$

得 $F_{yA} = \dfrac{F_{P}(l-a)}{l}(\uparrow)$

$$\sum F_x = 0$$

得 $F_{xA} = 0$

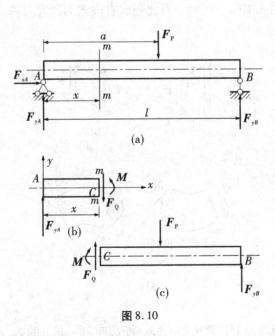

图 8.10

下面用截面法求横截面 $m-m$ 上的内力。假想用一截面沿横截面 $m-m$ 把梁截开为两段,任取一段分析,我们取左段梁进行分析,如图 8.10(b)所示,由于在左段梁的 A 端受到力 F_{yA} 的作用,为了满足左段梁的平衡条件,由静力平衡方程 $\sum F_y = 0$ 可知,在横截面 $m - m$ 上必有一与 $\boldsymbol{F}_{xA}$ 作用线平行但指向相反的内力。设此内力为 $\boldsymbol{F}_Q$,由静力平衡方程

$$\sum F_y = 0 , \quad F_{yA} - F_Q = 0 \quad 得 F_Q = F_{yA} = \frac{F_P(l - a)}{l}$$

力 $\boldsymbol{F}_Q$ 是横截面上的一个内力,沿横截面的切向方向,我们称此内力为剪力,它实际上是横截面上分布内力向横截面形心 C 简化所得的主矢量。由于左段梁上的外力 $\boldsymbol{F}_{yA}$ 和剪力 $\boldsymbol{F}_Q$ 组成一力偶,同样根据左段梁的平衡条件,由静力平衡方程 $\sum M_C = 0$ 可知,在横截面 $m - m$ 上必有一与其相平衡的内力偶。设此内力偶为 M,由静力平衡方程

$$\sum M_C = 0 , \quad M - F_{yA}x = 0 \quad 得 M = F_{yA}x = \frac{F_P(l - a)}{l}x$$

力偶 M 是横截面上的另一个内力,作用于梁的纵向对称面内,我们称此内力偶为弯矩,它实际上是横截面上分布力向横截面形心简化所得的主矩。

通过对左段梁进行内力分析可知,左段梁横截面 $m - m$ 上的剪力和弯矩,实际上是右段梁对左段梁的作用力,根据作用力和反作用力定律可知,右段梁在同一横截面 $m - m$ 上的剪力和弯矩数值上分别与左段梁横截面 $m - m$ 上的剪力和弯矩相等,但指向和转向相反,如图 8.10(c) 所示。因此若取右段梁为研究对象,利用同样的方法进行计算所得结果必然相同。

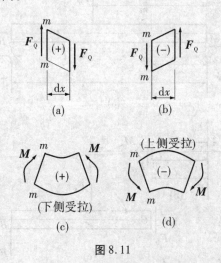

图 8.11

为了使左、右两段梁上计算所得的同一横截面 $m - m$ 上的剪力和弯矩在正负号上也相同,可根据梁的变形情况来规定剪力和弯矩的正负号。规定如下:在梁的横截面 $m - m$ 处取一微段 $\mathrm{d}x$,如图 8.11(a) 所示,当微段 $\mathrm{d}x$ 有左端向上而右端向下的相对错动时,此横截面 $m - m$ 上的剪力 $\boldsymbol{F}_Q$ 为正号,反之[图 8.11(b)]剪力为负号;弯矩 M 以使微段的弯曲呈凹形,或使微段的上部(纵向纤维)受压、下部(纵向纤维)受拉时,此

横截面 $m-m$ 上的弯矩为正号[图 8.11(c)],反之[图 8.11(d)]为负号。按此规定求横截面上的内力时,不论取梁的左段还是取梁的右段计算,所得内力的数值和正负号都是相同的。

【例 8.1】 悬臂梁如图 8.12(a)所示,受均布荷载和集中力作用。已知 q、$F_P = \frac{1}{2}ql$ 和 l。试求截面 1–1 和截面 2–2 上的剪力和弯矩。

解 当求悬臂梁横截面上的内力时,如果取包括自由端的截面一侧的梁来计算,则不必求支座反力。

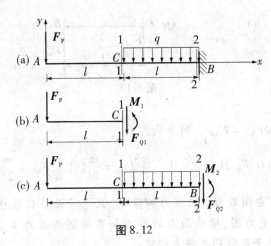

图 8.12

(1)为了计算横截面 1–1 上的剪力和弯矩,假想将梁沿横截面 1–1 截开,取左段梁为研究对象,画出受力图,横截面上的剪力和弯矩均设为正值,如图 8.12(b)所示。根据该段梁的平衡条件列平衡方程

$$\sum F_y = 0 \quad -F_P - F_{Q1} = 0 \quad 得 F_{Q1} = -F_P = -\frac{1}{2}ql$$

$$\sum M_C = 0 \quad F_Pl + M_1 = 0 \quad 得 M_1 = -F_Pl = -\frac{1}{2}ql^2$$

计算结果为负,说明假定的剪力指向和弯矩转向与实际相反,即均为负值。

(2)再假想将梁沿横截面 2–2 截开,取左段梁为研究对象,画出受力图,横截面上的剪力和弯矩仍均设为正值,如图 8.12(c)所示。根据该段梁的平衡条件列平衡方程

$$\sum F_y = 0, \quad -F_P - ql - F_{Q2} = 0 \quad 得 F_{Q2} = -\frac{3}{2}ql$$

$$\sum M_B = 0, \quad -F_P2l - \frac{1}{2}ql^2 - M_2 = 0 \quad 得 M_2 = -\frac{3}{2}ql^2$$

【例 8.2】 简支梁如图 8.13(a)所示,受集中力偶作用。已知 m 和 l。试求点 C 左、右两侧截面上的内力。

解 (1)首先求出支座反力。

如图 8.13(a)所示,根据平面力偶系的平衡条件,支座反力 F_{RA} 和 F_{RB} 组成一力偶

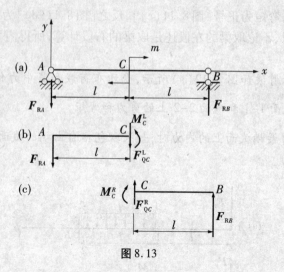

图8.13

与力偶 M 平衡,所以 $F_{RA} = F_{RB}$。列平衡方程

$$\sum m = 0, F_{RA}2l - m = 0 \quad 得 F_{RA} = \frac{m}{2l}(\downarrow), F_{RB} = \frac{m}{2l}(\uparrow)$$

(2)为了计算 C 左侧截面上的剪力和弯矩,假想将梁沿 C 左横截面截开,取左段梁为研究对象,画出受力图,横截面上的剪力和弯矩仍均设为正值,如图8.13(b)所示。根据该段梁的平衡条件列平衡方程可:

$$\sum F_y = 0, \ -F_{RA} - F_{QC}^{L} = 0 \ 得 \quad F_{QC}^{L} = -F_{RA} = -\frac{M}{2l}$$

$$\sum M_C = 0, F_{RA}l + M_C^{L} = 0 \ 得 \quad M_C^{L} = -\frac{M}{2}$$

(3)再假想将梁沿 C 右横截面截开,取右段梁为研究对象,画出受力图,横截面上的剪力和弯矩仍均设为正值,如图8.13(c)所示。根据该段梁的平衡条件列平衡方程

$$\sum F_y = 0, \ -F_{RB} - F_{QC}^{R} = 0 \quad 得 F_{QC}^{R} = -F_{RB} = -\frac{M}{2l}$$

$$\sum M_C = 0, F_{RB}l - M_C^{R} = 0 \quad 得 M_C^{R} = \frac{M}{2}$$

计算结果为负值的,说明假定的剪力指向和弯矩转向与实际相反;结果为正值的,说明假定的剪力的指向和弯矩的转向与实际相同。

通过以上例题可知,集中力偶作用点的左、右两侧横截面上的剪力无变化,而弯矩有变化,且变化量等于该截面处作用的集中力偶的值。

同学们可以考虑,在集中力作用点的左、右两侧横截面上的剪力和弯矩有什么变化?

总之,轴线为水平的梁横截面上的内力有剪力和弯矩,计算梁指定横截面上的内力时,基本方法是截面法。从上述例题的计算可以看出,用截面法计算梁某横截面上的剪力和弯矩时,一般不必把梁假想截开,可直接取横截面的任一侧,根据该侧梁段上的外力,利用平衡方程来求得该横截面上的剪力和弯矩,即:横截面上的剪力等于横截面任一侧所有外力沿截面切线方向投影的代数和,左侧梁上向上的外力或右侧梁上向下的外力将在横截面上引起正值剪力,反之将引起负值剪力。

横截面上的弯矩等于横截面任一侧所有外力对截面形心力矩的代数和,不论在横截面的左侧还是右侧向上的外力均将在横截面上引起正值弯矩,向下的外力将引起负值弯矩。载面左侧梁上顺时针转向的力偶和载面右侧梁上逆时针转向的力偶将在横截面上引起正值弯矩,反之将引起负值弯矩。

8.3 剪力方程、弯矩方程与剪力图、弯矩图

8.3.1 剪力方程和弯矩方程

通常在梁的不同横截面或不同梁段上,剪力与弯矩随横截面位置的变化而变化。若沿梁轴线取 x 轴,其坐标 x 代表横截面所处的位置,则梁各横截面上的剪力和弯矩可以表示为 x 的函数,即

$$F_Q = F_Q(x) \qquad M = M(x)$$

以上两式表示剪力和弯矩沿梁轴线各横截面位置的变化规律,这种关系式分别称为梁的剪力方程与弯矩方程。

8.3.2 剪力图和弯矩图

以横截面上的剪力(弯矩)为纵坐标,以截面沿梁轴线的位置为横坐标,根据剪力方程或弯矩方程描绘出的 F_Q、M 的变化情况的图形称为剪力图或弯矩图。

剪力图、弯矩图绘制方法:绘制剪力图时,将正值的剪力画在 x 轴的上侧,负值的剪力画在 x 轴的下侧。绘弯矩图时,将正值弯矩画在 x 轴的下侧,将负值弯矩画在 x 轴的上侧,即将弯矩画在梁的受拉侧。因此,在绘制弯矩图时可不用标出正负号,画在梁的受拉一侧即可。

应用剪力方程和弯矩方程绘制剪力图和弯矩图时,应先求出支座反力(对悬臂梁可以例外),再根据梁上作用的荷载以及支承情况将梁分段,并分段建立剪力方程和弯矩方程,然后,根据剪力方程和弯矩方程计算出各控制截面的剪力值和弯矩值,绘出剪力图和弯矩图。

注意:由于剪力图和弯矩图是梁强度设计和刚度设计的重要依据,因此,绘制梁的剪力图和弯矩图时,必须标明剪力图的正负号和弯矩图的受拉侧,以及各控制截面(包括内力的峰值所在的截面位置)的剪力和弯矩值,以使梁的内力及变形情况可以从其剪力和弯矩图中反映出来。

【例 8.3】 作图 8.14(a)所示悬臂梁 AB 的剪力图和弯矩图。

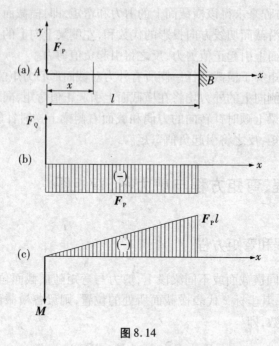

图 8.14

解 为了计算方便,将 x 坐标原点取在梁的左端,取距左端为 x 的任意横截面分析,并取该横截面左段梁为研究对象,写任意横截面上的剪力方程和弯矩方程:

$$F_Q(x) = -F_P \quad (0 < x < l)$$

$$M(x) = -F_P x \quad (0 < x < l)$$

由上述剪力方程可知,剪力图为在 $0 \leqslant x < l$ 范围内的一条在 x 轴下侧的水平线,剪力图如图 8.14(b)所示,即梁内各横截面上的剪力值都相等,$|F_Q|_{max} = F_P$。

弯矩图为在 $0 \leqslant x < l$ 范围内的一条在 x 轴上侧的斜直线,只需确定线上两点的值就可以得出弯矩图形。在 $x = 0$ 处 $M = 0$,在 $x = l$ 处 $M = -F_P l$,由此可绘制出弯矩图,如图 8.14(c)所示。由弯矩图可得 $|M|_{max} = F_P l$,且发生在梁的右端截面(固定端)$x = l$ 处,梁的上侧受拉。

【例 8.4】 一简支梁如图 8.15(a)所示,在点 C 处受一集中荷载 F_P 作用。试作梁的剪力图和弯矩图。

解 (1)首先由静力平衡方程求出支座反力。如图 8.15(a)所示,平衡方程如下:

$$\sum M_B = 0, F_{RA}l - F_P b = 0 \quad 得 \ F_{RA} = \frac{b}{l}F_P(\uparrow)$$

$$\sum M_A = 0, F_{RB}l - F_P a = 0 \quad 得 \ F_{RB} = \frac{a}{l}F_P(\uparrow)$$

(2)建立内力方程。由于在梁的 C 截面作用一集中荷载 F_P,在集中荷载作用点的两侧梁段上的剪力方程和弯矩方程均不相同,故梁的 AC 段和 CB 段其剪力方程和弯矩方程应为分段函数。由图 8.15(a)可知:

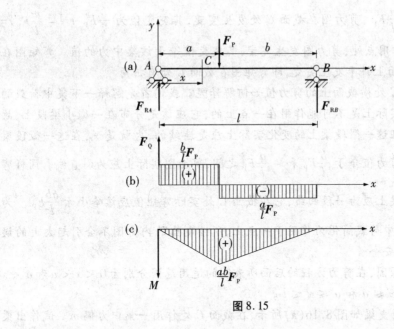

图 8.15

对于 AC 段梁　$F_Q(x) = F_{RA} = \dfrac{b}{l}F_P$　$(0 < x < a)$

$$M(x) = F_{RA}x = \frac{b}{l}F_P x \quad (0 \leqslant x \leqslant a)$$

对于 CB 段梁　$F_Q(x) = F_{RA} - F_P = \dfrac{b}{l}F_P - F_P = -\dfrac{a}{l}F_P$　$(a < x < l)$

$$M(x) = F_{RA}x - F_P(x - a) = \frac{b}{l}F_P x - F_P(x - a)$$

$$= \frac{a}{l}F_P(l - x) \quad (a \leqslant x \leqslant l)$$

(3)绘制内力图。由上述剪力方程可知:AC 梁段上剪力图为在 x 轴线上方的一条水平线,CB 梁段上剪力图为在 x 下方的一条水平线,绘出的剪力图如图 8.15(b)所示,当 $b > a$ 时,由图可知,AC 梁段任一横截面上的剪力值为全梁上的剪力最大值, $F_{Q\,max} = \dfrac{b}{l}F_P$。

由上述弯矩方程可知:AC 梁段和 CB 梁段上的弯矩图各为一斜率不同的斜直线,分别在 AC 梁段和 CB 梁段上找两个控制截面的弯矩值,即可绘制出梁的弯矩图,如图 8.15(c)所示。由图可知,在集中力作用点横截面上的弯矩值为最大,$M_{max} = \dfrac{ab}{l}F_P$,梁的下侧受拉。

由内力图又可以看出:在截面 C 稍左截面上,$F_Q(x) = \dfrac{b}{l}F_P$,而在截面 C 稍右截

面上，$F_Q(x) = -\dfrac{a}{l}F_P$，剪力图在截面 C 处发生突变，其突变值为 $\dfrac{b}{l}F_P + \left| -\dfrac{a}{l}F_P \right| = F_P$，即在集中力作用点处，剪力图发生突变，其突变值等于该集中力的值。弯矩图在截面 C 左右横截面上斜率发生突变，即弯矩图在截面 C 处有折角。

那么在截面 C 处横截面上的剪力值如何解释呢？我们首先解释一下集中荷载的概念。集中荷载实际上是不可能作用在一点上的，它应该是分布在一微小梁段上，故剪力图和弯矩图在这一微段梁上的变化实际上应是连续的，也就是说，在这一微段梁的各横截面上的剪力值介于 $\dfrac{b}{l}F_P$ 和 $-\dfrac{a}{l}F_P$ 之间，剪力图实际上应为斜直线。同样弯矩图在这一微段梁上应为一段曲线，它在截面 C 处实际弯矩值应该略小于 $\dfrac{ab}{l}F_P$。为了计算方便，把集中荷载简化为作用于一点上，所绘制出的内力图不会引起太大的误差，而且稍微偏于安全。

正因为上述原因，在剪力方程的后面所表明的适用范围分别为 $0 < x < a$ 和 $a < x < l$，而不是 $0 \leq x \leq a$ 和 $a \leq x \leq l$。

【例 8.5】 简支梁如图 8.16(a)所示，在截面 C 处作用一集中力偶 m。试作出梁的剪力图和弯矩图。

解 (1)由平衡方程求出支座反力。

如图 8.16(a)所示，根据平面力偶系的平衡条件，有

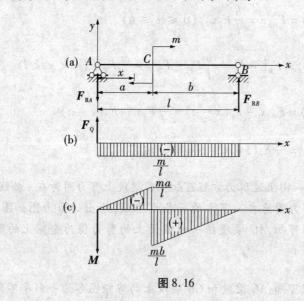

图 8.16

$$\sum m = 0, F_{RA}l - m = 0 \quad 得 \ F_{RA} = \frac{m}{l}(\downarrow), F_{RB} = \frac{m}{l}(\uparrow)$$

(2)建立内力方程。

由于梁上只作用一集中力偶，而没有横向集中力，因此全梁只有一个剪力方程，而 AC 梁段和 CB 梁段则有不同的弯矩方程。

剪力方程为

$$F_Q(x) = -F_{RA} = -\frac{m}{l} \quad (0 < x < l)$$

弯矩方程为

AC 段 $M(x) = -F_{RA}x = -\frac{m}{l}x \quad (0 \leq x < a)$

CB 段 $M(x) = -F_{RA}x + m = -\frac{m}{l}x + m \quad (a < x \leq l)$

(3)绘制内力图。

由剪力方程可知,梁各横截面上的剪力值均相等,都等于一常数 $-\frac{m}{l}$,因此剪力图为在 x 轴线下方的一条水平线,如图 8.16(b)所示,即在集中力偶作用点处,剪力图不发生变化。

由弯矩方程可知,两段的弯矩图分别为一条斜直线,如图 8.16(c)所示,由图可知,在集中力偶作用处左、右两侧截面上的弯矩值有突变,突变值为 $\left| -\frac{ma}{l} \right| + \frac{mb}{l} = m$,即在集中力偶作用点处,弯矩图发生突变,其突变值等于该集中力偶的值。正因为如此,弯矩方程的后面所表明的适用范围是 $0 \leq x < a$ 和 $a < x \leq l$,而不是 $0 \leq x \leq a$ 和 $a \leq x \leq l$。若 $b > a$,则梁内最大弯矩发生在集中力偶作用处的右横截面上,$M_{max} = \frac{mb}{l}$,梁的下侧受拉。

值得注意的是,在集中力偶作用处剪力图不变化,而弯矩图有突变。

【例 8.6】   如图 8.17 所示,一简支梁上作用均布荷载,荷载集度为 q。试作梁的剪力图和弯矩图。

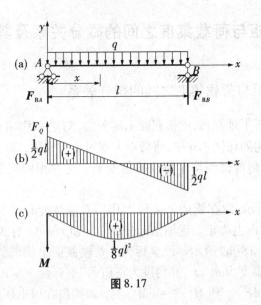

图 8.17

解 （1）求梁的支座反力。

由于固定铰支座 A 处在横向荷载作用下不产生水平方向的支座反力，所以荷载可以认为是对称于梁的中点，因此梁的两端支座反力也应对称于梁的中点，梁支座反力应相等，如图 8.17（a）所示，由 $\sum F_y = 0$ 可得

$$F_A = F_{RB} = \frac{1}{2}ql(\uparrow)$$

（2）建立内力方程。

如图 8.17（a）所示，取距原点为 x 的任意横截面，则梁的剪力方程和弯矩方程为

$$F_Q(x) = F_{RA} - qx = \frac{1}{2}ql - qx \quad (0 < x < l)$$

$$M(x) = F_{RA}x - qx \times \frac{x}{2} = \frac{ql}{2}x - \frac{q}{2}x^2 (0 \leqslant x \leqslant l)$$

（3）绘制内力图。

由剪力方程可知，剪力图应为一条斜率为负的斜直线，如图 8.17（b）所示，梁跨中横截面的剪力值为零，两端（支座处）横截面上的剪力值为最大，$|F_Q|_{max} = \frac{1}{2}ql$。

由弯矩方程可知，弯矩图应为一条二次抛物线，确定一条抛物线需要三个控制截面的弯矩值，即抛物线两端的弯矩值和抛物线的顶点处的弯矩值，如图 8.17（c）所示。梁的跨中截面为该抛物线的顶点处，该处弯矩值为全梁的最大值，$M_{max} = \frac{1}{8}ql^2$，梁的下侧受拉。

值得注意的是，在弯矩取得最大值的横截面上，剪力值为零。

8.4 剪力、弯矩与荷载集度之间的微分关系及其应用

8.4.1 剪力、弯矩与荷载集度之间的微分关系

从以上例题分析不难发现，梁横截面上的剪力、弯矩和作用在梁上的荷载之间存在着相依的关系。例如在例 8.6 中，将弯矩方程对 x 求导数，即可得到剪力方程；将剪力方程对 x 求导数，则可得到均布荷载的集度 q。这种相依关系在直梁中具有普遍意义。

如图 8.18（a）所示，设在梁的某一段上作用有连续变化的分布荷载，其集度 $q = q(x)$，且规定方向以向上为正。现用坐标分别为 x 和 $x + dx$ 的横截面，从该梁段中截取一微段 dx，如图 8.18（b）所示。设坐标为 x 处横截面上的剪力和弯矩为 $F_Q(x)$ 和 $M(x)$，该处的荷载集度为 $q(x)$，并均设为正值，则坐标为 $x + dx$ 处横截面上的剪力和弯矩应为 $F_{Q(x)} + dF_{Q(x)}$ 和 $M(x) + dM(x)$。该梁段在以上所受所有外力作用下应处于平衡状态，由于 dx 很微小，该微段上荷载集度认为沿 dx 长度无变化，于是，由微

段的平衡方程 $\sum F_y = 0$ 和 $\sum M_C = 0$(C 为截面 $x + dx$ 的形心),得

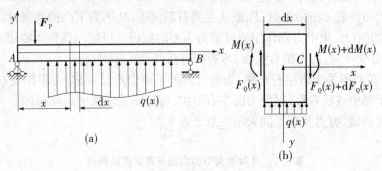

图 8.18

$$F_Q(x) + q(x)dx - [F_Q(x) + dF_Q(x)] = 0$$

$$M(x) + dM(x) - q(x) \cdot \frac{(dx)^2}{2} - F_Q(x)dx - M(x) = 0$$

略去二阶微量得

$$\frac{dF_Q(x)}{dx} = q(x) \tag{8.1}$$

$$\frac{dM(x)}{dx} = F_Q(x) \tag{8.2}$$

由(8.1)、(8.2)两式可得

$$\frac{d^2 M(x)}{dx^2} = q(x) \tag{8.3}$$

式(8.1)、式(8.2)、式(8.3)为荷载、剪力与弯矩间的微分关系。

由以上关系,我们分析出:①剪力图上某一点处的切线斜率等于该点处荷载集度大小;②弯矩图上某点处的切线斜率等于该点处的剪力大小。应用这些关系,可检验所作 F_Q 图或 M 图的正确性,或直接作梁的剪力图和弯矩图。

根据上述荷载、剪力和弯矩之间的微分关系式,并结合有关剪力图、弯矩图以及坐标系的规定,可以归纳得出荷载图与剪力图、弯矩图三者之间的关系如下:

(1)在无荷载作用的梁段上($q = 0$),剪力图为一与 x 轴平行的直线,弯矩图为斜直线。当 F_Q 为正号时,M 图从左到右斜向下,反之亦然。

(2)在集中力作用处,剪力图有突变,且从左到右突变的方向与外力指向一致,突变值等于该集中力的值。而弯矩值在该处无变化,但弯矩图在该处的斜率有突变,因此弯矩图在此有尖角。

(3)在集中力偶作用处,剪力图无变化,但弯矩图在该处有突变。当集中力偶为顺时针时,弯矩图从左到右在该处向下突变,其突变值等于该集中力偶的值;反之亦

然。(当剪力图为一与 x 轴线重合的直线时,M 图为一水平线。)

(4)在有均布荷载(q=常量)作用的梁段上,剪力图为一斜直线,弯矩图为二次抛物线。当均布荷载 q 指向下时,F_Q 图从左到右斜向下,M 图为下凸抛物线;反之亦然。

(5)在集中力、集中力偶作用处或剪力为零的截面上可能出现弯矩峰值。

(6)q 突变反向,剪力图有尖点,弯矩图有凸凹性反转拐点。

(7)若荷载图关于梁左右对称,则剪力图关于梁中点反对称,弯矩图左右对称;若荷载图关于梁中点反对称,则剪力图左右对称,弯矩图关于梁中点反对称。

将上述荷载、剪力及弯矩间关系汇总于表8.1。

表8.1　几种载荷下剪力图与弯矩图的特征

一段梁上的外力情况	向下的均布载荷 q	无载荷	集中力 F_P C	集中力偶 M_e C
剪力图上的特征	向下方倾斜的直线 $\ominus$ $\oplus$	水平直线,一般为 $\oplus$ $\ominus$	在 C 处有突变 C F_P	在 C 处无变化 C
弯矩图上的特征	下凸的二次抛物线 C	一般为斜直线 或	在 C 处有尖角 或	在 C 处有突变 C M_e
最大弯矩所在截面的可能位置	在 $F_Q = 0$ 的截面		在剪力突变的截面	在靠近 C 点的某一侧的截面

【例8.7】　一伸臂梁如图8.19(a)所示,试作出梁的剪力图和弯矩图。

解　(1)求支反力。

如图8.19(a)所示,根据梁的平衡条件,列平衡方程 $\sum M_B = 0$ 和 $\sum M_A = 0$,得

$$F_{Ay} = 7.2 \text{ kN}, \quad F_{By} = 3.8 \text{ kN}$$

其方向如图8.19(a)所示。

(2)作剪力图。

根据梁的支座及荷载情况,将梁分成 CA、AD 和 DB 三段。

1)分段判断剪力图的大致形状,利用截面法计算控制截面的剪力值。

CA 段:梁上无荷载,剪力图为一水平直线,其控制截面的剪力为

$$F_{QC右} = F_{QA左} = -3 \text{ kN}$$

AD 段:梁上有向下的均匀分布荷载,剪力图应为一条从左至右向下斜的直线,控制截面上的剪力分别为

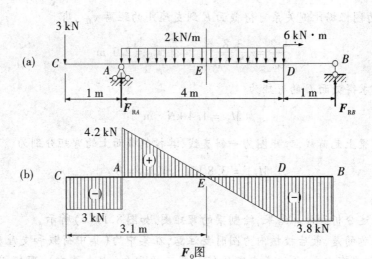

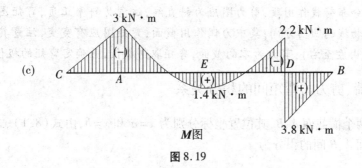

图 8.19

$$F_{QA右} = 4.2 \ \text{kN}, \quad F_{QD左} = -3.8 \ \text{kN}$$

DB 段:梁上无荷载,剪力图为一水平直线,其控制截面上的剪力为

$$F_{QD右} = F_{QB左} = -3.8 \ \text{kN}$$

2)作图。

根据上述分析和计算结果,绘制梁的剪力图,如图 8.19(b)所示。由图可见,在 AD 段内截面 E 上剪力为零,在该截面弯矩会有极值产生。

(3)作弯矩图。

同样绘制弯矩图也需要将梁分成 CA、AD 和 DB 三段。

1)分段判断弯矩图的大致形状,利用截面法计算控制截面上的弯矩值。

CA 段:梁上无荷载,弯矩图为一斜直线,其控制截面上的弯矩分别为

$$M_C = 0, \quad M_{A左} = -3 \ \text{kN} \cdot \text{m}$$

AD 段:梁上有向下的均布荷载,弯矩图为下凸的抛物线,且在截面 E 有弯矩峰值,控制截面上的弯矩分别为

$$M_{A右} = -3 \ \text{kN} \cdot \text{m}, \quad M_{D左} = -2.2 \ \text{kN} \cdot \text{m}$$

另外,由剪力图根据比例关系可得截面 E 到支座 A 的距离 x_{AE},即

$$\frac{4.2}{x_{AE}} = \frac{3.8}{4 - x_{AE}} \qquad 得 \ x_{AE} = 2.1 \ \text{m}$$

故由截面法求得截面 E 的弯矩为

$$M_E = 1.4 \ \text{kN} \cdot \text{m}$$

DB 段:梁上无荷载,弯矩图为一斜直线,其控制截面上的弯矩分别为

$$M_{D右} = 3.8 \ \text{kN} \cdot \text{m}, M_B = 0$$

2)作图。

根据上述分析和计算结果,绘制梁的弯矩图,如图 8.19(c)所示。

值得注意的是,最后校核内力图时要注意,在集中力(集中荷载和支座反力)作用截面,剪力图应有突变,并注意突变的值和突变的方向(由左至右),弯矩图在此处应有折角;均匀分布荷载作用段,剪力图应为斜直线,注意其斜率正负,弯矩图为二次抛物线,注意抛物线的凹凸方向;集中力偶作用截面,弯矩图应有突变,注意其突变值和突变的方向(由左至右);剪力为零的截面,弯矩取得极值,并确定弯矩的极值。

8.4.2 载荷、剪力与弯矩间的积分关系

设梁上两个横截面 A、B,其位置坐标分别为 $x = a$ 和 $x = b$,由式(8.1)、式(8.2)可得两个横截面 A、B 间的积分为

$$\int_a^b \mathrm{d}F_Q(x) = \int_a^b q(x)\,\mathrm{d}x$$

$$\int_a^b \mathrm{d}M = \int_a^b F_Q(x)\,\mathrm{d}x$$

上式可写为

$$F_{QB} - F_{QA} = A_{(q)AB} \tag{8.4}$$

$$M_B - M_A = A_{(F_Q)AB} \tag{8.5}$$

式中,F_{QB}、F_{QA} 和 M_B、M_A 分别代表横截面 B、A 上的剪力和弯矩,$A_{(q)AB} = \int_a^b q(x)\,\mathrm{d}x$ 代表两横截面 A、B 间分布荷载图的面积,$A_{(F_Q)AB} = \int_a^b F_Q(x)\,\mathrm{d}x$ 代表两横截面 A、B 间剪力图的面积。

式(8.4)、式(8.5)称为荷载、剪力与弯矩间的积分关系。

根据上述积分关系,由截面法可得下列结论:

(1)梁上任意 A、B 两横截面的剪力值之差,等于两横截面间的横向外力的代数和,即

$$F_{QB} - F_{QA} = \sum \pm F_i \tag{8.6}$$

式中，F_i代表 A、B 两横截面间的横向外力（包括分布荷载的合力、集中力、支反力），当外力 F_i 指向上时取正号，反之取负号。

（2）梁上任意 A、B 两横截面的弯矩值之差，等于两横截面间的外力偶矩与剪力图面积的代数和，即

$$M_B - M_A = \sum \pm M_{ei} \pm \sum A_{(F_Q)i} \tag{8.7}$$

式中，M_{ei}代表左、右两横截面间的外力偶矩，当力偶矩 M_{ei} 顺时针时取正号，反之取负号；$A_{(F_Q)i}$ 则代表 A、B 两横截面间任一段的剪力图的面积，且当剪力为正时，其面积取正号，反之取负号。

由以上分析可知，利用式（8.1）、式（8.2）和表 8.1 所示特征，可以定性地判断剪力图和弯矩图的图形，再利用起始横截面上的剪力、弯矩值和两积分关系式（8.6）、（8.7），即可快速而准确地计算控制截面及指定截面（如剪力的峰值或弯矩的峰值截面）上的剪力和弯矩值，从而绘制出全梁的剪力图和弯矩图。

8.5　用叠加原理作弯矩图

叠加原理：当所求参数（内力、应力或位移）与梁上的荷载为线性关系时，梁在几种荷载共同作用下所引起的某一参数，等于各荷载单独作用时所引起的参数值的叠加。

若材料服从胡克定律，且梁在荷载作用下所发生的变形一般认为是很微小的，其跨长的改变可以忽略不计，所以我们在求梁的支座反力和内力时均可按原始尺寸进行计算，所得结果均与梁上作用的荷载成线性关系。因此，在这种情况下，当梁上同时受几种荷载作用时，某一横截面上的弯矩就等于梁在各种荷载单独作用同一横截面上的弯矩值的代数和。作弯矩图时，采用分段叠加法，使绘制工作简化。

如图 8.20（a）所示的简支梁，作用有两种荷载：跨间荷载 q 和端部力偶 M_A、M_B。当端部力偶单独作用时，弯矩图（M' 图）为直线图形，如图 8.20（b）所示。当跨间荷载 q 单独作用时，弯矩图（M'' 图）为二次抛物线图形，如图 8.20（c）所示。如果在 M' 图的基础上再叠加图 M''，即得到总弯矩图（M 图），如图 8.20（d）所示。

应当指出，这里所说的弯矩图叠加，是指竖坐标的叠加，而不是指图形的简单拼合。图 8.20（d）所示三个纵坐标 M'、M'' 与 M 之间的叠加关系为

$$M'(x) + M''(x) = M(x)$$

注意，图 8.20（d）中的竖坐标 M''，如同 M、M' 一样，也是垂直于杆轴 AB，而不是垂直于图中的虚线 $A'B'$。

利用内力图的特性和弯矩图叠加法，可将梁弯矩图的一般作法归纳如下：

（1）选定外力的不连续点（如集中力、集中力偶的作用点，分布力的起点和终点等）为控制截面，求出控制截面的弯矩值。

（2）分段画弯矩图。当控制截面之间无荷载时，该段弯矩图是直线图形。当控制

截面之间有荷载时,用叠加法作该段的弯矩图。

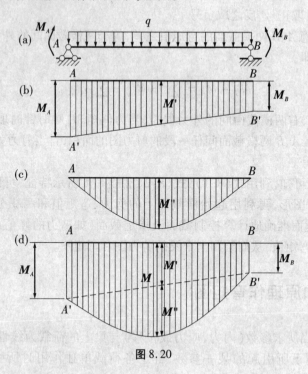

图 8.20

【例 8.8】 试作如图 8.21(a)所示简支梁的内力图。

解 (1)求支座反力。

取梁为研究对象,列平衡方程:由

$$\sum M_B = 0, \quad 8 + 4 \times 8 + 4 \times 6 + \frac{1}{2} \times 2 \times 4^2 - F_{RA} \times 10 = 0$$

得 $F_{RA} = 8 \ (kN)(\uparrow)$

由

$$\sum M_A = 0, \quad 4 \times 2 + 4 \times 4 + 2 \times 4 \times 8 - 8 - F_{RB} \times 10 = 0$$

得 $F_{RB} = 8 \ (kN)(\uparrow)$

(2)作剪力图。

选择 A、C、D、E、B 为控制截面,用截面法求得各剪力值。

$$F_{QA} = 8 \ (kN)$$
$$F_{QC}^R = 8 - 4 = 4 \ (kN)$$
$$F_{QD}^R = 8 - 4 - 4 = 0$$
$$F_{QE} = 0$$
$$F_{QB} = -8 \ (kN)$$

用直线连接各段两端控制截面剪力纵坐标,绘出剪力图,如图 8.21(b)所示。

(3)作弯矩图。

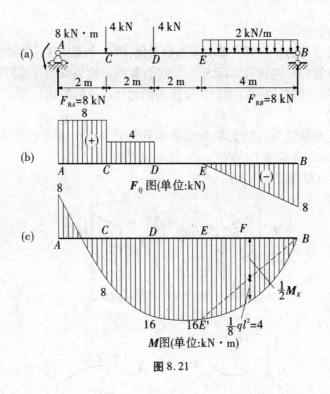

图 8.21

选择 A、C、D、E、B 作为控制截面,用截面法求得各横截面弯矩值。

$$M_A = -8 \ (\text{kN} \cdot \text{m})$$

$$M_C = 8 \times 2 - 8 = 8 \ (\text{kN} \cdot \text{m})$$

$$M_D = 8 \times 4 - 4 \times 2 - 8 = 16 \ (\text{kN} \cdot \text{m})$$

$$M_E = 8 \times 6 - 4 \times 4 - 4 \times 2 - 8 = 16 \ (\text{kN} \cdot \text{m})$$

$$M_B = 0$$

用直线连接各段两端控制截面的弯矩纵标,因为 EB 段有均匀分布荷载,以 $E'B$ 为基线,如图 8.21(c)中虚线,叠加以 EB 为跨度的简支梁在均匀分布荷载作用下的弯矩图,最大弯矩 M_{max} 发生在剪力为零处,$M_{max} = 16 \ \text{kN} \cdot \text{m}$,该段中点 F 处的弯矩值为

$$M_F = \frac{M_E}{2} + \frac{1}{8}ql^2 = \frac{1}{2} \times 16 + \frac{1}{8} \times 2 \times 4^2 = 12 \ (\text{kN} \cdot \text{m})$$

绘出梁的弯矩图如图 8.21(c)所示。

小 结

1. 平面弯曲的概念

构件特征:等截面直杆。

受力特征:梁上所有的外力(或外力的合力)均作用在包含该对称轴的纵向平面内。

变形特征:梁变形后,其轴线必定在此对称平面内弯曲成一条平面曲线。

2. 梁的计算简图

对实际的梁进行力学计算之前必须进行简化,用一个能反映其主要受力和变形性能的简化了的计算图形来代替实际的梁,这种计算图形称为梁的计算简图。

计算简图的简化包括杆件的简化、支座的简化和荷载的简化。

3. 梁的分类

工程中静定单跨梁分为简支梁、伸臂梁和悬臂梁。

4. 平面弯曲时,横截面上的内力——剪力和弯矩

(1)内力正负号规定如下图所示。

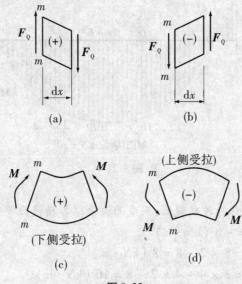

图 8.22

(2)用截面法计算指定横截面上的内力。

横截面上的剪力 F_Q 等于横截面任一侧所有外力沿截面切线方向投影的代数和,左侧梁上向上的外力或右侧梁上向下的外力将在横截面上引起正值剪力,反之将引起负值剪力。

横截面上的弯矩 M 等于横截面任一侧所有外力对截面形心力矩的的代数和,不论在横截面的左侧还是右侧,向上的外力均将在横截面上引起正值弯矩,向下的外力将引起负值弯矩。左侧梁上顺时针方向的力偶和右侧梁上逆时针方向的力偶将在横截面上引起正值弯矩,反之将引起负值弯矩。

(3)剪力方程和弯矩方程。

剪力方程和弯矩方程表示各横截面上的剪力和弯矩随截面位置 x 而变化的函数关系。

$$F_Q = F_Q(x) , M = M(x)$$

(4)剪力图和弯矩图。

表示各横截面上剪力 F_Q、弯矩 M 沿梁轴线位置变化规律的图形分别称为剪力图和弯矩图。

普通高等教育力学"十二五"规划教材

剪力图、弯矩图绘制方法:绘制剪力图时,将正值的剪力画在 x 轴的上侧,负值的剪力画在 x 轴的下侧。绘弯矩图时,将正值弯矩画在 x 轴的下侧,将负值弯矩画在 x 轴的上侧,即将弯矩画在梁的受拉侧。

5.剪力、弯矩与荷载集度之间的微分关系

(1)剪力、弯矩与荷载集度之间的微分关系

$$\frac{\mathrm{d}F_Q(x)}{\mathrm{d}x} = q(x) \qquad \frac{\mathrm{d}M(x)}{\mathrm{d}x} = F_Q(x) \qquad \frac{\mathrm{d}^2 M(x)}{\mathrm{d}x^2} = q(x)$$

(2)剪力、弯矩与荷载集度之间的积分关系

$$F_{QB} - F_{QA} = \int_a^b q(x)\,\mathrm{d}x = A_{(q)\,AB}$$

$$M_B - M_A = \int_a^b F_Q(x)\,\mathrm{d}x = A_{(F_Q)\,AB}$$

6.叠加法画弯矩图

(1)选定外力的不连续点(如集中力、集中力偶的作用点,分布力的起点和终点等)为控制截面,求出控制截面的弯矩值。

(2)分段画弯矩图。当控制截面之间无荷载时,该段弯矩图是直线图形。当控制截面之间有荷载时,用叠加法作该段的弯矩图。

剪力图和弯矩图的特征如表8.1所示。

思考题

8.1　梁在什么情况下发生平面弯曲?

8.2　剪力和弯矩方程是如何分段的?

8.3　荷载集度、剪力和弯矩三者之间的微分关系式的应用条件是什么?

8.4　利用剪力图面积求某横截面的弯矩值时,如果梁上有集中力偶作用,计算时应注意哪些问题? 例如例题8.8中,利用 D 截面以左剪力图面积求横截面 D 上的弯矩 M_D 时,如下计算对吗? 为什么与例题8.8种的结果 $M_D = 16\ \mathrm{kN \cdot m}$ 不同?

$$M_D = A_{(F_Q)左} = 8 \times 2 + 4 \times 2 = 24\ (\mathrm{kN \cdot m})$$

8.5　用叠加法画弯矩图,其应用条件是什么?

8.6　梁的剪力图如下图所示,试作弯矩图和荷载图。已知梁上没有作用集中力偶。

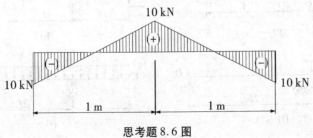

思考题8.6图

习题

8.1 试求图示各梁中指定横截面上的剪力和弯矩。

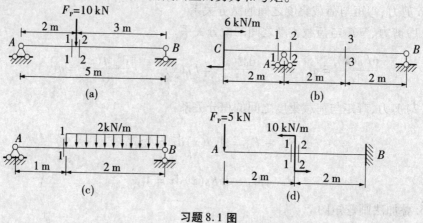

习题 8.1 图

8.2 试写出下列各梁的剪力方程和弯矩方程,并绘制梁的剪力图和弯矩图。

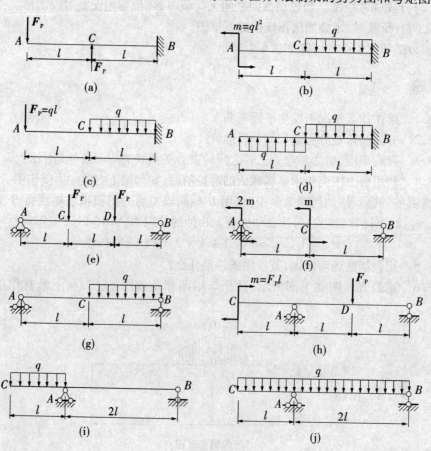

习题 8.2 图

普通高等教育力学 "十二五" 规划教材

8.3 试利用荷载集度、剪力和弯矩之间的微分关系绘制习题 8.2 各梁的剪力图和弯矩图。

8.4 试利用荷载集度、剪力和弯矩之间的微分关系绘制下列各梁的剪力图和弯矩图。

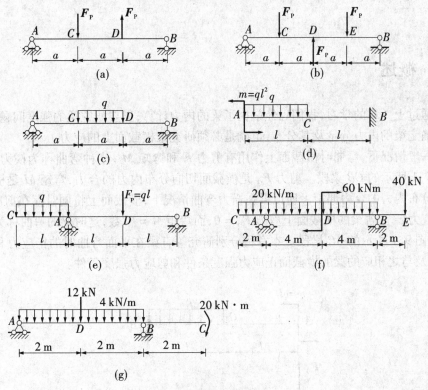

习题 8.4 图

8.5 试用叠加法作图示各梁的弯矩图。

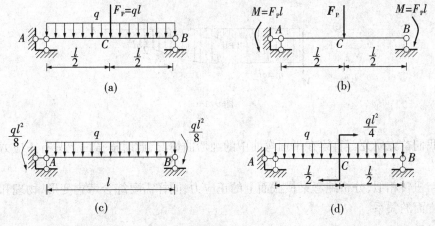

习题 8.5 图

第9章 弯曲应力

9.1 概述

通过上一章的学习,我们已经掌握了梁的内力计算,但要研究梁的强度问题,还必须要确定梁的内力分量及其分布,也就是必须研究梁横截面上的应力。

一般情况下,弯曲时横截面上作用有剪力 F 和弯矩 M,这种弯曲称为横力弯曲,如图9.1所示的 CB 梁段。剪力 F_Q 是横截面切向分布内力的合力,弯矩 M 是横截面法向分布内力的合力偶矩。所以梁在横力弯曲情况下,横截面上将同时存在剪应力 τ 和正应力 σ。若梁的横截面上剪力 $F_Q = 0$,而弯矩 $M =$ 常数,这时梁的弯曲称为纯弯曲,如图9.1所示的 AC 梁段。本章将分别研究等直梁在平面弯曲时的正应力和剪应力,以及与之相应的梁的横截面正应力强度条件和剪应力强度条件。

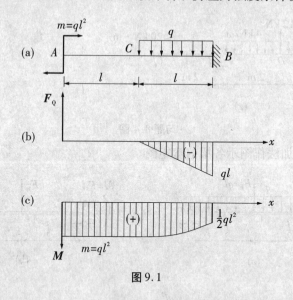

图9.1

我们首先研究等直梁在平面弯曲中的纯弯曲情况,此时横截面上只有正应力而无剪应力。

与扭转相似,分析纯弯梁横截面上的正应力,同样需要综合考虑变形、物理和静力学三方面的关系。

9.2　平面弯曲时梁横截面上的正应力

考察等截面直梁。加载前在梁表面上画上与轴线垂直的横线和与轴线平行的纵线,如图9.2(a)所示。然后在梁的两端纵向对称面内施加一对力偶,使梁发生弯曲变形,如图9.2(b)所示。可以发现梁表面变形具有如下特征:横线(如 m-m 和 n-n)仍是直线,只是发生相对转动,但仍与变形后的纵线(如 a-a、b-b)正交;纵线(如 a-a 和 b-b)均弯曲成曲线,且梁的一侧伸长,另一侧缩短。

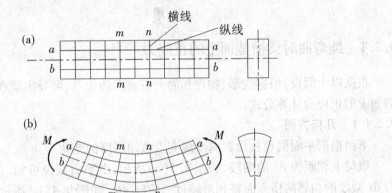

图9.2

根据上述梁表面变形的特征,可以作出以下假设:梁变形后,其横截面仍保持平面,并垂直于变形后梁的轴线,只是绕着梁上某一轴转过一个角度。与扭转时相同,这一假设也称**平面假设**。

根据上述假设,梁弯曲后,其纵向层一部分产生伸长变形,另一部分则产生缩短变形,因此,二者交界处必存在既不伸长也不缩短的一层,这一层称为中性层,如图9.3所示,中性层与横截面的交线为截面的中性轴。梁在弯曲时,相邻横截面就是绕中性轴作相对转动的,由于我们研究的是平面弯曲,梁具有一个纵向对称面,外力也作用在此对称面内,故梁变形后的形状也必对该平面对称,因此,中性轴与横截面的对称轴成正交。将梁的轴线取为 x 轴,横截面的对称轴取为 y 轴,规定指向下为正,则中性轴可取为 z 轴,如图9.3所示。关于中性轴的位置还不能确定。

横截面上位于中性轴两侧的各点分别承受拉应力或压应力,中性轴上各点的应力为零。

此外,根据纵向变形和横向变形之间的关系,弯曲后中性层一侧的纵向层伸长,而横向层(高和宽方向)缩短,另一侧的纵向层缩短而横向层伸长。由于梁的高度和宽度方向的尺寸都比梁的长度小,因此可以假设横向变形都是自由的,则各纵向层在高度和宽度方向均无正应力作用,即假设梁的各纵向层互不挤压。

综上所述,梁在纯弯曲变形时,所有横截面仍均保持平面,只是绕各自中性轴转过一角度,梁的纵截面上无正应力作用。

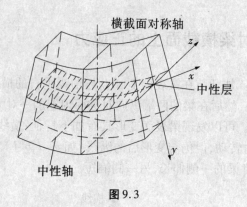

图 9.3

9.2.1 纯弯曲时梁横截面上的正应力

根据以上假设,根据变形、物理和静力三方面的关系,可导出梁在纯弯曲情况下横截面上的正应力计算公式。

9.2.1.1 几何方面

下面根据平面假设找出纵向线应变沿截面高度的变化规律。

取梁上相距为 dx 的微段,如图 9.4(a)所示,由平面假设可知,在梁变形时,相距为 dx 微段的相邻两横截面将相对转过一角度 $d\theta$,如图 9.4(b)所示。其中 x 轴沿梁的轴线,y 轴与横截面的对称轴重合,z 轴为中性轴,中性层的曲率半径为 ρ,则距中性轴为 y 处的纵向层 $a-b$ 弯曲后的长度为 $(\rho + y)d\theta$,变形前 $a-b$ 的长度应等于在中性层处纵向线的长度,即 dx,在小变形的条件下,有 $dx = \rho d\theta$,也即 $\dfrac{1}{\rho} = \dfrac{d\theta}{dx}$,因此,其纵向线应变为

$$\varepsilon = \frac{(\rho + y)d\theta - dx}{dx} = \frac{(\rho + y)d\theta - \rho d\theta}{\rho d\theta} = \frac{y}{\rho} \tag{a}$$

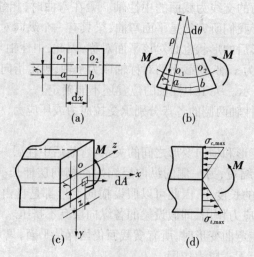

图 9.4

式（a）表明纯弯曲时梁横截面上任一点的纵向线应变沿截面高度的分布规律。在一定的 M 作用下，中性层的曲率半径 ρ 为常数，所以横截面上某点处的线应变 ε 与该点到中性层的距离 y 成正比，中性层上各点线应变均等于零，距中性最远的上、下边缘处各点的线应变分别为最大拉应变和最大压应变。

9.2.1.2 物理方面

设各纵向层之间互不挤压，再根据以上分析，梁横截面上各点只受正应力作用，所以在纯弯曲情况下，梁各点处于单向应力状态，当材料在弹性范围内，且拉伸和压缩弹性模量相等时，应力和应变之间符合胡克定律，可得物理关系：

$$\sigma = E\varepsilon$$

将式（a）代入上式有

$$\sigma = \frac{E}{\rho} \cdot y \tag{b}$$

考虑到拉伸和压缩弹性模量相等，则对于某指定横截面，式中 E、ρ 均为常数。

上式表明：在弹性范围内，纯弯曲梁横截面上任一点处的正应力与该点到中性轴的垂直距离 y 成正比。即横截面上的正应力沿着截面高度呈线性分布，如图9.4（d）所示。中性轴上各点正应力均等于零，距中性轴最远的上、下边缘处各点的正应力分别承受最大拉应力和最大压应力，横截面上同一高度上各点的正应力相等。

9.2.1.3 静力学方面

式（b）还不能直接用于计算应力，因为中性层的曲率半径 ρ 以及中性轴的位置尚未确定，所以这里要利用静力学关系来解决。

梁在纯弯曲时，横截面上只有正应力 σ，从梁上任一横截面处截开，在横截面上任取一微小面积 $\mathrm{d}A$，如图9.4（c）所示，横截面上各点处的法向微内力 $\sigma\mathrm{d}A$ 组成一空间平行力系，而且，由于在纯弯情况下，梁横截面上只有弯矩 $M_z = M$，而轴力 F_N 和 M_y 皆为零。故按静力学关系，三个内力分量分别为

$$F_N = \int_A \sigma \mathrm{d}A = 0 \tag{c}$$

$$M_y = \int_A z\sigma \mathrm{d}A = 0 \tag{d}$$

$$M_z = \int_A y\sigma \mathrm{d}A = M \tag{e}$$

下面分别对以上三式作进一步分析。

（1）将式（b）代入式（c），有

$$F_N = \int_A \frac{E}{\rho} y\mathrm{d}A = \frac{E}{\rho}\int_A y\mathrm{d}A = \frac{E}{\rho}S_z = 0$$

其中

$$S_z = \int_A y \, \mathrm{d}A$$

S_z 称之为截面对 z 轴的静矩。因为 $\dfrac{E}{\rho} \neq 0$，故有 $S_z = y_C A = 0$，即 $y_C = 0$。这表明中性轴 z 通过截面形心。于是，由此唯一地确定了中性轴的位置，即：中性轴不但与横截面上的对称轴 y 轴垂直，而且一定通过横截面的形心。

（2）将式（b）代入式（d），有

$$M_y = \int_A \frac{E}{\rho} yz \, \mathrm{d}A = \frac{E}{\rho} \int_A yz \, \mathrm{d}A = \frac{E}{\rho} I_{yz} = 0$$

其中

$$I_{yz} = \int_A yz \, \mathrm{d}A$$

I_{yz} 称之为截面对 y、z 轴的惯性积。使 $I_{yz} = 0$ 的一对互相垂直的轴称为主轴。由于 y 轴为横截面的对称轴，对称轴必为主轴，而 z 轴又通过横截面形心，所以 y、z 轴为形心主轴。

（3）将式（b）代入式（e），有

$$M_z = \int_A \frac{E}{\rho} y^2 \, \mathrm{d}A = \frac{E}{\rho} \int_A y^2 \, \mathrm{d}A = \frac{E}{\rho} I_z = M$$

其中

$$I_z = \int_A y^2 \, \mathrm{d}A$$

称之为截面对中性轴 z 轴的惯性矩。

由此可得中性层的曲率为：

$$\frac{1}{\rho} = \frac{M}{EI_z} \tag{9.1}$$

式（9.1）表明了梁弯曲时弯矩对其变形的影响，即：梁弯曲的曲率与弯矩成正比，而与 EI_z 成反比，梁的 EI_z 越大，曲率 $\dfrac{1}{\rho}$ 越小，故将 EI_z 称为截面的抗弯刚度，它表示梁抵抗弯曲变形的能力。

将式（9.1）代入式（b），得到纯弯情况下的正应力计算公式

$$\sigma = \frac{My}{I_z} \tag{9.2}$$

上式中正应力 σ 的正负号与弯矩 M 及点的坐标 y 的正负号有关。实际计算中，可根据截面上弯矩 M 的方向，直接判断中性轴的哪一侧产生拉应力，哪一侧产生压应力，而不必计较 M 和 y 的正负。

式（9.2）表明，横截面上任一点处的弯曲正应力与该截面的弯矩成正比，与截面

对中性轴的惯性矩成反比;与点到中性轴的距离成正比,即沿截面高度线性分布,而中性轴上各点处的弯曲正应力为零。

由以上分析可见,以上结果必须综合考虑几何、物理和静力学三个方面的问题。值得注意的是,在纯弯曲情况下推导上述公式时我们所作的几个假设:①平面假设;②材料在弹性范围内工作;③各纵向层之间互不挤压;④材料的拉伸和压缩弹性模量相等。这也是这些公式的应用条件。

为了方便起见,以上公式推导过程中把梁的横截面画成了矩形,但在推导过程中并没有涉及矩形的几何性质,因此,只要梁有一纵向对称面,且荷载作用于这个平面内,公式就适用。

9.2.2　纯弯曲时梁横截面上的最大正应力

下面讨论横截面上的最大正应力。由式(9.2)可知,在横截面上离中性轴最远的各点,正应力值最大。

(1)当中性轴 z 为横截面的对称轴时,最大拉应力与最大压应力的绝对值相等。

$$\sigma_{\max} = \frac{My_{\max}}{I_z}$$

引入

$$W_z = \frac{I_z}{y_{\max}}$$

则

$$\sigma_{\max} = \frac{M}{W_z} \tag{9.3}$$

其中, $W_z = \dfrac{I_z}{y_{\max}}$ 是一个只与截面形状和尺寸有关的几何量,称为抗弯截面系数,常用单位为 m^3 或 mm^3 。

对于矩形截面($b \times h$),抗弯截面系数为

$$W_z = \frac{I_z}{y_{\max}} = \frac{\frac{1}{12}bh^3}{\frac{h}{2}} = \frac{bh^2}{6}$$

对于圆形截面(直径为 d),抗弯截面系数为

$$W_z = \frac{I_z}{y_{\max}} = \frac{\frac{\pi d^4}{64}}{\frac{d}{2}} = \frac{\pi d^3}{32}$$

对于空心圆形截面(内、外径分别为 d 、 D ,并设 $\alpha = \dfrac{d}{D}$),抗弯截面系数为

$$W_z = \frac{I_z}{y_{\max}} = \frac{\frac{\pi}{64}(D^4 - d^4)}{\frac{D}{2}} = \frac{\pi D^3}{32}(1 - \alpha^4)$$

（2）当梁的横截面只有一个对称轴时，即中性轴 z 不为对称轴时，例如 T 形截面梁，梁横截面上的最大拉应力 $\sigma_{t,\max}$ 和最大压应力 $\sigma_{y,\max}$ 的绝对值不相等。

$$\sigma_{t,\max} = \frac{My_{t,\max}}{I_z} \qquad \sigma_{c_1,\max} = \frac{My_{c,\max}}{I_z}$$

式中，$y_{t,\max}$ 和 $y_{c,\max}$ 分别为横截面上受拉区和受压区就距中性轴最远处的距离，如图 9.5所示。

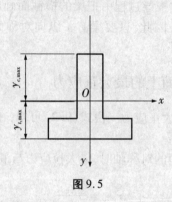

图 9.5

9.2.3 横力弯曲时梁横截面上的正应力——纯弯曲理论的推广

当梁上作用有横向力时，一般情况下横截面上既有弯矩又有剪力，在这种情况下梁的弯曲称为横力弯曲。这时梁的横截面上不仅有正应力，还有剪应力。由于存在剪应力，横截面不再保持平面，而发生"翘曲"现象，从而对正应力产生影响。此外，与中性层平行的各纵向面之间还有横向力引起的挤压应力。因此，梁在纯弯曲时的平面假设和各纵向面之间互不挤压的假设在横力弯曲时都不能成立。但根据弹性理论的分析结果，对于细长梁（例如矩形截面梁，$l/h \geq 5$，l 为梁长，h 为截面高度），剪应力对正应力和弯曲变形的影响很小，可以忽略不计。因此，纯弯曲时推导的正应力计算公式可以推广到横力弯曲时使用，其结果能够满足工程所需要的精确度。且梁的跨高比 l/h 越大，其误差就越小。

此外，上述公式是根据等截面直梁导出的。对于缓慢变化的变截面梁以及曲率很小的曲梁（$h/\rho_0 \leq 0.2$，ρ_0 为曲梁轴线的曲率半径），也可近似适用。

值得注意的是，在横力弯曲中，弯矩 M 不再是常数，而是随截面位置的变化而变化，即为 x 的函数。应用式（9.2），只是将式中的弯矩 M 用 $M(x)$ 来代替即可，有

$$\sigma = \frac{M(x)y}{I_z} \qquad\qquad (9.4)$$

$$\sigma_{\max} = \frac{M(x)}{W_z} \qquad\qquad (9.5)$$

需要指出的是，上述的最大正应力都是对确定的某一横截面而言的，并不一定是

全梁内的最大正应力。

【例9.1】 一悬臂梁如图9.6(a)所示,受均布荷载作用,横截面为矩形截面,如图9.6(b)所示。已知:$q = 10$ kN/m,$l = 5$ m,$h = 300$ mm,$b = 180$ mm。试求 B 截面上 a、b、c 三点处的正应力。

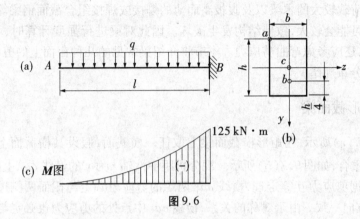

图9.6

解 (1)作弯矩图如图9.6(c)所示,可得 B 截面上的弯矩为

$$M = 125 \text{ kN} \cdot \text{m}$$

(2)计算横截面的轴惯性矩

$$I_z = \frac{1}{12}bh^3 = \frac{0.18 \times 0.3^3}{12} = 4.05 \times 10^{-4} (\text{m}^4)$$

(3)计算 B 截面上各点处的正应力

$$\sigma_a = \frac{M_B y_a}{I_z} = \frac{125 \times 10^3 \times 0.15}{4.05 \times 10^{-4}} (\text{Pa}) = 46.29 \text{ (MPa)} \text{ (拉应力)}$$

$$\sigma_b = \frac{M_B y_b}{I_z} = \frac{125 \times 10^3 \times 0.075}{4.05 \times 10^{-4}} (\text{Pa}) = 23.15 \text{ (MPa)} \text{ (压应力)}$$

$$\sigma_c = 0$$

值得注意的是,B 截面是梁的危险截面,该截面上的最大正应力为 $\sigma_{\max} = \sigma_a = 46.29$ MPa。直梁横截面上的正应力沿截面高度呈线性分布,当已经求得横截面上 a 点的正应力 σ_a 时,同一横截面上其他各点的正应力可按比例求得。例如:

$$\sigma_b = \frac{y_b}{y_a}\sigma_a = \frac{0.75}{0.15} \times 46.29 = 23.15 \text{ (MPa)} \text{ (压应力)}$$

与上面计算的结果相同。

9.3 平面弯曲时梁横截面上的剪应力

在平面弯曲的横力弯曲情况下,在梁的横截面上的内力既有弯矩又有剪力,因此

梁的横截面上除了有我们在上节所研究的与弯矩相应的内力元素——正应力以外,还应该有与剪力相应的内力元素——剪应力。前面曾经指出,一般情况下,对于细长的非薄壁截面梁,弯曲正应力是决定梁强度的主要因素,一般只需按弯曲正应力强度条件计算即可。但在某些情况下,例如,薄壁截面梁、细长梁在支座附近有集中荷载作用,跨度小、荷载较大的木梁以及腹板高而薄的铆接或焊接组合截面钢梁等,其横截面上的剪应力可能会较大,致使结构发生破坏。因此对梁进行强度计算时,不仅应考虑弯曲正应力,还应考虑弯曲剪应力。本节将介绍梁常见的几种截面上的剪应力计算公式及剪应力分布规律。

9.3.1　矩形截面梁

如图9.7(a)所示,在矩形横截面梁上取任一横截面,假设其横截面上的剪力 $\boldsymbol{F}_\mathrm{Q}$ 与对称轴 y 重合,如图9.7(b)所示。现分析距中性轴 z 为 y 的横线 aa_1 上的剪应力分布情况。根据剪应力互等定理,横线 aa_1 两端的剪应力必定与截面两侧边相切,即与剪力 $\boldsymbol{F}_\mathrm{Q}$ 的方向一致。由于对称的关系,横线 aa_1 中点处的剪应力也必定与剪力 $\boldsymbol{F}_\mathrm{Q}$ 的方向相同。根据这三点剪应力的方向,可以设想 aa_1 线上各点剪应力的方向均平行于剪力 $\boldsymbol{F}_\mathrm{Q}$ 。又因截面高度 h 大于宽度 b ,剪应力的数值沿横线 aa_1 不可能有太大变化,可以认为是均匀分布的。基于上述分析,可作如下假设:

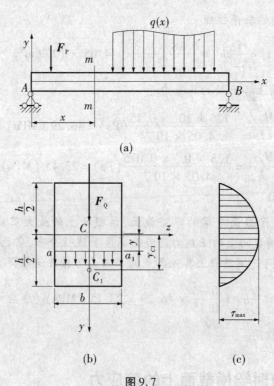

图9.7

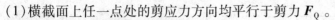

(1)横截面上任一点处的剪应力方向均平行于剪力 F_Q。

(2)剪应力沿截面宽度均匀分布。

对于上述假定得到的解,根据弹性力学理论可以证明,当矩形的高度 h 大于其宽度 b 时,与精确解相比有足够的精确度。

在以上假设的前提下,只需通过局部梁的平衡条件,即可导出横力弯曲时梁横截面上任意点的剪应力计算公式:

$$\tau = \frac{F_Q S_z^*}{I_z b} \tag{9.6}$$

式中,F_Q 为横截面上的剪力,b 为矩形截面的宽度,I_z 为整个横截面对其中性轴的惯性矩,S_z^* 为横截面上所求点坐标 y 处的横线一侧的部分截面对中性轴的静矩。

对图 9.7(a)所示矩形截面,有

$$S_z^* = A^* \cdot y_{C1} = b\left(\frac{h}{2} - y\right) \cdot \frac{1}{2}\left(\frac{h}{2} + y\right) = \frac{b}{2}\left(\frac{h^2}{4} - y^2\right)$$

其值随所求点距中性轴的距离 y 的不同而改变。

将式上式及 $I_z = \dfrac{bh^3}{12}$ 代入式(9.6),得

$$\tau = \frac{3F_Q}{2bh}\left(1 - \frac{4y^2}{h^2}\right)$$

可见,在矩形截面上,弯曲剪应力沿截面高度按二次抛物线分布,如图 9.7(c)所示。在横截面距中性轴最远处,即上下边缘各点处($y = \pm h/2$),弯曲剪应力为零,在中性轴上各点处($y = 0$),弯曲剪应力取得最大值,其值为

$$\tau_{max} = \frac{3F_Q}{2bh} = \frac{3F_Q}{2A} \tag{9.7}$$

式中,$A = bh$ 为矩形截面面积。

由式(9.7)可知,矩形截面上最大弯曲剪应力为其在横截面上平均值的 1.5 倍。

9.3.2　工字形截面梁

工字形截面梁由腹板和翼缘组成。上、下部分称为翼缘,中间部分称为腹板,如图 9.8(a)所示。

首先分析工字形截面梁腹板上的剪应力。腹板截面是一个狭长矩形,关于矩形截面上剪应力分布的两个假设仍然适用,于是,同样可以导出相同的应力计算公式,即

$$\tau = \frac{F_Q S_z^*}{I_z d} \tag{9.8}$$

式中,d 为腹板厚度,S_z^* 为横截面上所求点坐标 y 处的横线一侧的部分截面[图 9.8(a)中阴影线部分]对中性轴的静矩。由前面 S_z^* 的计算结果得出,在腹板部分 S_z^* 是 y

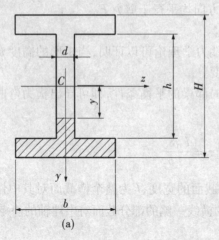
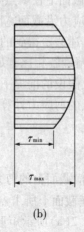

图9.8

的二次函数,因此,腹板部分的剪应力 τ 沿腹板高度也是按二次抛物线规律变化,如图 9.8(b)所示。最大剪应力发生在中性轴上,其值为

$$\tau_{\max} = \frac{F_Q S_{z,\max}^*}{I_z d} \tag{9.9}$$

式中, $S_{z,\max}^*$ 为中性轴一侧截面面积对中性轴的静矩。

对于轧制的工字钢,式中的 $\dfrac{I_z}{S_{z,\max}^*}$ 可以从型钢表中查得。

工字钢截面翼缘上的剪应力分布情况比较复杂,不仅有平行于 y 轴的剪应力,还有平行于翼缘长边的剪应力。当翼缘很薄时,由于翼缘的上、下表面上无剪应力,因此,翼缘上平行于 y 轴的剪应力与腹板上的剪应力比较很小,是次要的,可以忽略不计,主要是平行于翼缘长边的剪应力,如图 9.9 所示。但由于翼缘上的最大剪应力小于腹板上的最大剪应力,所以一般情况下不必考虑。

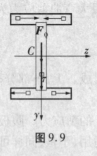

图9.9

9.3.3 圆截面梁

如图 9.10 所示,在圆形截面上由剪应力互等定理可知,任一平行于中性轴的横线

ab 两端处,剪应力的方向必与圆周相切,并相交于 y 轴。由于材料的性质,剪力、截面图形均对称于 y 轴,因此,在与对称轴 y 轴相交的各点处剪应力必沿 y 方向。因此,可以假设:①在横截面上距中性轴为同一高度 y 各点除 y 轴及中性轴上各点外,其余各点处剪应力方向不再平行于剪力 F_Q,而是相交于 y 轴上的 O 点;②各点处剪应力沿 y 方向的分量沿宽度相等。由以上假设可知,在中性轴上各点剪应力的方向皆平行于剪力 F_Q,设为均匀分布,其值为最大。由式(9.6)求得

$$\tau_{max} = \frac{4}{3} \cdot \frac{Q}{A} \tag{9.10}$$

式中 $A = \dfrac{\pi}{4}d^2$。圆截面的最大剪应力为其平均剪应力的 $\dfrac{4}{3}$ 倍。

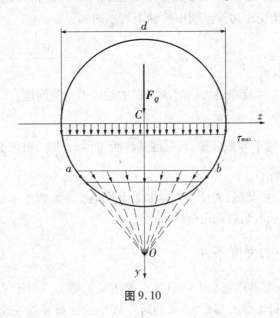

图 9.10

9.4 梁的强度条件

9.4.1 弯曲正应力强度条件

根据上述分析,对细长梁进行强度计算时,主要考虑弯矩的影响。要建立梁弯曲正应力强度条件,则必须确定梁的最大正应力发生的位置及最大正应力值。对于等截面直梁,若材料的拉、压强度相等,则最大弯矩所在面称为危险面,危险面上距中性轴最远的点称为危险点。因截面上的最大正应力作用点处弯曲剪应力为零,故该点为单向应力状态。为保证梁的安全,梁的最大正应力点应满足以下强度条件:

$$\sigma_{\max} = \frac{M_{\max}}{W_z} \leqslant \left[\sigma \right] \tag{9.11}$$

式中，$\left[\sigma \right]$ 为材料的许用弯曲正应力。

关于材料许用弯曲正应力 $\left[\sigma \right]$，工程中一般以材料的许用拉伸正应力作为其许用弯曲正应力。应该指出的是，材料的许用弯曲正应力和许用拉伸正应力并不相同，许用弯曲正应力略高于许用拉伸正应力。有关许用弯曲正应力的规定可查阅有关的设计规范。

对于脆性材料，由于材料抗拉强度与抗压强度不同，而且梁的中性轴往往也不是对称轴，应分别计算 $\left| \sigma \right|_{t,\max}$ 和 $\left| \sigma \right|_{c,\max}$，若 M 图中同时有正、负弯矩，则应分别取其 $M_{\max}$ 及 $\left| -M_{\max} \right|$ 作为危险面，取中性轴两侧边缘点为危险点。设 y_1 为受拉边缘点到中性轴的距离，y_2 为受压边缘点到中性轴距离。则

$$\left| \sigma \right|_{t,\max} = \frac{\left| M \right|_{\max} y_1}{I_z} \leqslant \left[\sigma_t \right], \qquad \left| \sigma \right|_{c,\max} = \frac{\left| M \right|_{\max} y_2}{I_z} \leqslant \left[\sigma_c \right]$$

利用梁的正应力强度条件可以解决工程中的以上三类问题。

（1）强度校核：$\sigma_{\max} \leqslant \left[\sigma \right]$

（2）截面设计：对于等截面梁，其强度条件为 $W_z \geqslant \dfrac{M_{\max}}{\left[\sigma \right]}$，根据 W_z 与截面几何性质之间的关系，求出截面尺寸。

（3）确定梁的许可荷载：对于等截面梁，其强度条件为 $M_{\max} \leqslant \left[\sigma \right] W_z$，根据内力与荷载之间的关系求出梁的许用荷载。

9.4.2　弯曲剪应力强度条件

在横力弯曲中，梁的横截面上一般既有弯矩又有剪力。对于某些特殊情形，如梁的最大弯矩较小而最大剪力却很大；梁的跨度较小或荷载靠近支座时；焊接或铆接的薄壁截面梁，或焊接或铆接的组合截面钢梁（如工字形），其横截面腹板部分的厚度与梁的高度比小于型钢截面的相应比值；或梁沿某一方向的抗剪能力较差（木梁的顺纹方向，胶合梁的胶合层）等，不但需保证梁的正应力强度，还需保证梁的弯曲剪应力强度。对于等截面直梁，最大剪应力 $\tau_{\max}$ 一般发生在 $\left| F_Q \right|_{\max}$ 截面的中性轴上各点处，此处弯曲正应力 $\sigma = 0$，微元体处于纯剪应力状态，其强度条件为

$$\tau_{\max} = \frac{F_{Q\max} S_{z,\max}^*}{I_z b} \leqslant \left[\tau \right] \tag{9.12}$$

式中，$\left[\tau \right]$ 为材料的许用剪应力。此时，一般先按正应力的强度条件选择截面的尺寸和形状，然后按剪应力强度条件校核。

【例9.2】　T 形梁尺寸及所受荷载如图 9.11 所示，已知 $\left[\sigma_t \right] = 50$ MPa，$\left[\sigma_c \right] = 100$ MPa，$\left[\tau \right] = 40$ MPa，$y_0 = 17.5$ mm（O 点为截面的形心位置），$I_z = 18.2 \times 10^4$ mm^4。求：C 左侧截面 E 点的正应力、剪应力，以及校核梁的正应力、剪应力强度

条件。

解 (1)求支座反力

$$F_{RA} = 0.25 \text{ kN}(\uparrow), \quad F_{RC} = 1.75 \text{ kN}(\uparrow)$$

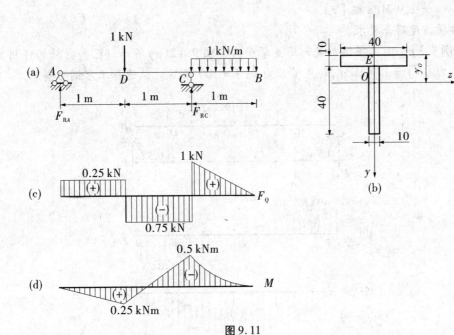

图 9.11

(2)绘制梁的 F_Q 和 M 图 ,如图 9.11(c)、(d)所示。

$$F_{QC}^{L} = -0.75 \text{ kN}, \quad F_{QC}^{R} = 1 \text{ kN}$$

$$M_C = -0.5 \text{ kN} \cdot \text{m}(上侧受拉), \quad M_D = 0.25 \text{ kN} \cdot \text{m}(下侧受拉)$$

(3)C 左侧截面 E 点的正应力、剪应力

$$\sigma_E = \frac{M_C y_E}{I_z} = \frac{0.5 \times 10^3 \times 7.5 \times 10^{-3}}{18.2 \times 10^4 \times 10^{-12}} = 20.6 \text{ (MPa)}$$

$$\tau_E = \frac{F_{QC}^{L} S_z^*}{I_z b} = \frac{0.75 \times 10^3 \times (400 \times 12.5 \times 10^{-9})}{18.2 \times 10^4 \times 10^{-12} \times 10 \times 10^{-3}} = 2.1 \text{ (MPa)}$$

(4)正应力强度计算

$$\sigma_{Dt} = \frac{M_D y_{Dt}}{I_z} = \frac{0.25 \times 10^3 \times (50 - 17.5) \times 10^{-3}}{18.2 \times 10^4 \times 10^{-12}} = 44.6 \text{ (MPa)} \leqslant [\sigma_t]$$

$$\sigma_{Dc} = \frac{M_D y_{Dc}}{I_z} = \frac{0.25 \times 10^3 \times 17.5 \times 10^{-3}}{18.2 \times 10^4 \times 10^{-12}} = 24.0 \text{ (MPa)} \leqslant [\sigma_c]$$

$$\sigma_{Ct} = \frac{M_C y_{Ct}}{I_z} = \frac{0.5 \times 10^3 \times 17.5 \times 10^{-3}}{18.2 \times 10^4 \times 10^{-12}} = 48.1 \text{ (MPa)} \leqslant [\sigma_t]$$

$$\sigma_{Cc} = \frac{M_C y_{Cc}}{I_z} = \frac{0.5 \times 10^3 \times (50 - 17.5) \times 10^{-3}}{18.2 \times 10^4 \times 10^{-12}} = 89.2 \text{ MPa} \leqslant [\sigma_c]$$

(5)剪应力强度计算

$$\tau_{max} = \frac{F_{Q\,max}S_{z,max}^*}{I_z b} = \frac{1 \times 10^3 \times [10 \times (50-17.5) \times \frac{(50-17.5)}{2}] \times 10^{-9}}{18.2 \times 10^4 \times 10^{-12} \times 10 \times 10^{-3}}$$

$$= 2.9 \text{ MPa} \leqslant [\tau]$$

该梁强度符合要求。

【例9.3】 由工字钢制成的简支梁受力如图9.12(a)所示。已知材料的许用弯曲正应力 $[\sigma] = 170$ MPa，许用剪应力 $[\tau] = 100$ MPa。试选择工字钢的型号。

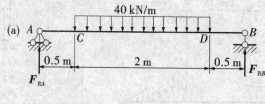

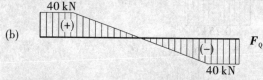

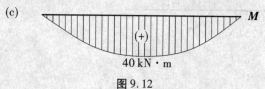

图9.12

解 (1)求支座反力

$$F_{RA} = 40 \text{ kN}(\uparrow), \quad F_{RB} = 40 \text{ kN}(\uparrow)$$

(2)绘制剪力 F_Q 图和弯矩 M 图，如图9.12(b)、(c)所示。
由图可得

$$|F_Q|_{max} = 40 \text{ kN}, M_{max} = 40 \text{ kN} \cdot \text{m}(下侧受拉)$$

(3)按弯曲正应力强度条件设计梁的截面

$$\sigma_{max} = \frac{M_{max}}{W_z} = \frac{40 \times 10^3}{W_z} \leqslant 170 \times 10^6 \text{ (Pa)}$$

$$W_z \geqslant \frac{40 \times 10^3}{170 \times 10^6} = 235.29 \text{ (cm}^3\text{)}$$

由计算得到的 W_z 查型钢表，可选20a工字钢，查得

$$W_z = 237 \text{ cm}^3, \quad \frac{I_z}{S_{z,max}^*} = 17.2 \text{ cm}, \quad d = 7 \text{ cm}$$

(4)校核剪应力强度

$$\tau_{max} = \frac{F_{Q\,max} S^*_{z,\,max}}{I_z d} = \frac{40 \times 10^3}{17.2 \times 10^{-2} \times 7 \times 10^{-2}} (\text{Pa}) = 3.32 \ (\text{MPa})$$

$$\leqslant [\tau] = 100 \ \text{MPa}$$

由此可见,选择 20a 工字钢既能满足弯曲正应力强度条件,又能满足剪应力强度条件。

9.5　梁的合理设计

如前所述,弯曲正应力是影响弯曲强度的主要因素。根据弯曲正应力的强度条件,有

$$\sigma_{max} = \frac{M_{max}}{W_z} \leqslant [\sigma]$$

由上式可以看出,提高弯曲强度的措施主要是从以下两方面考虑:减小最大弯矩和提高抗弯截面系数。

9.5.1　减小最大弯矩

9.5.1.1　改变加载的位置或加载方式

可以通过改变加载位置或加载方式达到减小最大弯矩的目的。如当集中力作用在简支梁跨度中间时,如图 9.13(a)所示,其最大弯矩为 $\frac{1}{4} F_P l$,如图 9.13(b)所示;当荷载的作用点移到梁的一侧,如距左侧 $\frac{1}{3} l$ 处,如图 9.13(c)所示,则最大弯矩变为 $\frac{2}{9} F_P l$,如图 9.13(d)所示,是原最大弯矩的 0.89 倍。当荷载的位置不能改变时,可以把集中力分散成较小的力,或者改变成分布荷载,从而减小最大弯矩。例如利用辅梁把作用于跨中的集中力分散为两个集中力,如图 9.14(a)所示,而使最大弯矩降低为 $\frac{1}{8} F_P l$,如图 9.14(b)所示。利用辅梁来分散荷载以减小最大弯矩是工程中经常采用的方法。

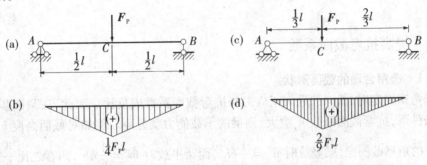

图 9.13

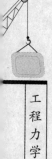

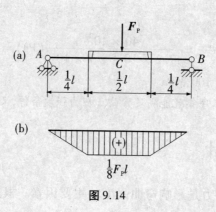

图 9.14

9.5.1.2 改变支座的位置

通过改变支座的位置也可以减小最大弯矩。如图 9.15(a) 所示的受均布荷载的简支梁，$M_{max} = \dfrac{1}{8}ql^2$。若将两端支座各向里移动 $0.2l$，如图 9.15(b) 所示，则最大弯矩减小为

$$M_{max} = \frac{1}{40}ql^2$$

只是前者的 $\dfrac{1}{5}$。工程中常用的门式起重机的大梁，其支承点略向中间移动，就是通过合理布置支座位置，以减小 M_{max} 的工程实例。

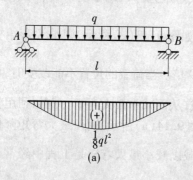

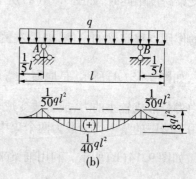

图 9.15

9.5.2 提高抗弯截面系数

9.5.2.1 选用合理的截面形状

当弯矩确定时，截面的最大正应力与抗弯截面系数成反比。因此，在截面积 A 相同的条件下，抗弯截面系数 W 愈大，则梁的承载能力就愈高。例如对截面高度 h 大于宽度 b 的矩形截面梁，梁竖放时 $W_1 = \dfrac{1}{6}bh^2$，而梁平放时 $W_2 = \dfrac{1}{6}hb^2$，两者之比 $\dfrac{W_1}{W_2} = \dfrac{h}{b}$

> 1，所以竖放比平放有较高的抗弯能力。所以，当截面的形状不同时，可以用比值$\dfrac{W}{A}$来衡量截面形状的合理性和经济性，应尽可能增大横截面的抗弯截面系数 W 与其截面面积 A 的比值，即材料远离中性轴的截面（如圆环形、工字形等）比较经济合理。这是因为弯曲正应力沿截面高度呈线性分布，中性轴附近的应力较小，该处的材料不能充分发挥作用，将这些材料移置到离中性轴较远处，则可使材料得到充分利用，形成"合理截面"。例如工程中的吊车梁、桥梁常采用工字形、槽形或箱形截面，房屋建筑中的楼板采用空心圆孔板，道理就在于此。需要指出的是，对于矩形、工字形等截面，增加截面高度虽然能有效地提高抗弯截面系数，但若高度过大，宽度过小，则在荷载作用下梁会发生扭曲，从而使梁过早地丧失承载能力。

对于由拉伸和压缩许用应力值相等的建筑钢等塑性材料制成的梁，其横截面应以中性轴为其对称轴，如工字形、矩形、圆形和环形截面等。

对于拉、压许用应力不相等的材料（例如大多数脆性材料），采用 T 字形等中性轴距上下边不相等的截面较合理。设计时使中性轴靠近拉应力的一侧，以使危险截面上的最大拉应力和最大压应力尽可能同时达到材料的许用应力。

9.5.2.2 选择变截面梁

在正应力强度条件中，最大正应力发生在弯矩最大所在的横截面上距中性轴最远的各点处，对于等截面梁，除 M_{max} 所在截面的最大正应力达到材料的许用应力外，其余截面的应力均小于甚至远小于许用应力。因此，为了节省材料，减轻结构的质量，可在弯矩较小处采用较小的截面，这种截面尺寸沿梁轴线变化的梁称为变截面梁。若使变截面梁每个截面上的最大正应力都等于材料的许用应力，则这种梁称为等强度梁。考虑到加工的经济性及其他工艺要求，工程实际中只能做成近似的等强度梁，如图9.16所示。

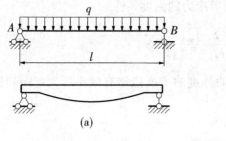

图 9.16

小 结

1. 纯弯曲时梁横截面上的正应力

（1）中性层。弯曲变形时，梁内有一层纤维既不伸长也不缩短，这一层称为中性层。

（2）中性轴。中性层与横截面的交线称为横截面的中性轴。在弹性范围内,平面弯曲的梁的中性轴通过截面的形心。

（3）梁轴线的曲率与弯矩的关系。

$$\frac{1}{\rho(x)} = \frac{M(x)}{EI_z}$$

（4）梁的弯曲正应力。

分布规律:任一点正应力的大小与该点到中性轴的垂直距离成正比,中性轴的一侧为拉应力,另一侧为压应力。

计算公式:
$$\sigma = \frac{My}{I_z}$$

2. 梁的弯曲正应力强度条件

梁进行强度计算时,主要是满足正应力的强度条件

$$\sigma_{max} = \frac{M_{max}}{W_z} \leqslant [\sigma]$$

3. 利用梁的正应力强度条件可以解决工程中的三类问题

（1）强度校核:$\sigma_{max} \leqslant [\sigma]$。

（2）截面设计:对于等截面梁,其强度条件为 $W_z \geqslant \dfrac{M_{max}}{[\sigma]}$,根据 W_z 与截面几何性质之间的关系,求出截面尺寸。

（3）确定梁的许可荷载:对于等截面梁,其强度条件为 $M_{max} \leqslant [\sigma]W_z$,根据内力与荷载之间的关系求出梁的许用荷载。

4. 梁的弯曲剪应力强度条件

某些特殊情况下,还要校核是否满足剪应力的强度条件

$$\tau_{max} = \frac{Q_{max}(S_z^*)_{max}}{bI_z} \leqslant [\tau]$$

5. 根据强度条件表达式提高构件弯曲强度的主要措施有减小最大弯矩和提高抗弯截面系数。

思考题

9.1　推导弯曲正应力计算公式时作了哪些假设?

9.2　若外力作用在梁的纵向对称面内,但力的作用线与梁的轴线不垂直,梁的变形还是平面弯曲吗?

9.3　纯弯曲和横力弯曲有何区别?

9.4　在钢筋混凝土建筑中,一般采用高、宽不等的矩形截面梁,且以高大于宽的方式放置,为什么?

9.5　直梁弯曲时为什么中性轴一定通过截面的形心?

工程力学

9.6 由四根不等边角钢焊接而成的梁,在纯弯曲条件下按如下图示四种形式组合,试问哪一种强度最高? 哪一种强度最低?

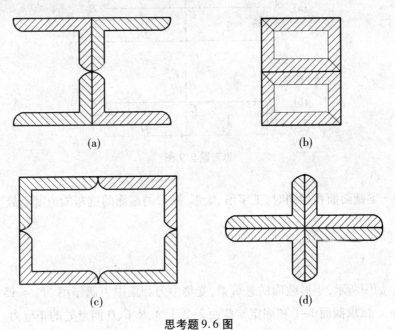

思考题9.6图

9.7 为什么等支梁的最大剪应力一般都是发生在最大剪力所在横截面的中性轴上各点处? 而横截面的上、下边缘各点处的剪应力为零?

9.8 下图所示悬臂梁,如果材料的抗压强度大于抗拉强度,梁的横截面采用 T 形截面,如何放置更合理?

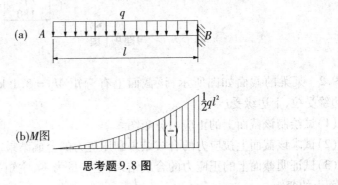

思考题9.8图

9.9 如下图所示的两长度相等的简支梁,一根为钢,一根为铜。已知它们的抗弯刚度 EI 相同,在相同的力 F 作用下,二者梁内的最大正应力是否相同?

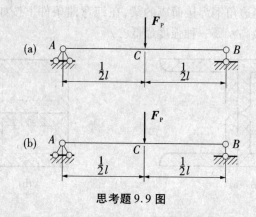

思考题 9.9 图

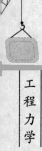

9.10 梁截面面积相同时,工字形、矩形、圆形的截面的抗弯能力哪个最高?哪个最低?

习题

9.1 如图所示,矩形截面的悬臂梁,受集中力和集中力偶作用。$F_P = 15$ kN,$M = 20$ kN · m 。试求截面 1-1 和固定端截面 2-2 上 A、B、C、D 四点处的正应力。

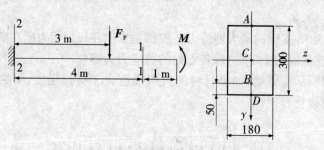

习题 9.1 图

9.2 某梁的截面如图所示,该截面上有弯矩 $M_z = 3.1$ kN(下边缘受拉,上边缘受压)。

(1)试绘制该截面上的正应力分布图。

(2)试求该截面上拉应力的合成结果和压应力的合成结果。

(3)试证明截面上的正应力的合成结果:主矢量为零,主矩等于截面上的弯矩。

9.3 如图所示,伸臂梁的横截面为 32a 号工字钢。试求截面 1-1 和截面 2-2 上 A、B、C、D 四点处的正应力。

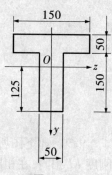

习题 9.2 图

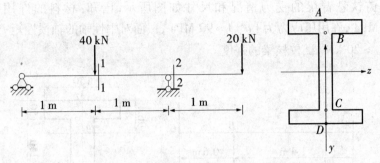

习题 9.3 图

9.4 如下图所示,伸臂梁由 25a 号工字钢制成,其跨长 $l = 6$ m,在全梁上受均布荷载作用。当支座截面 A、B 上及跨中截面 C 上的最大正应力均为 $\sigma = 140$ MPa 时,试问伸臂部分的长度 a 及荷载集度 q 分别等于多少?

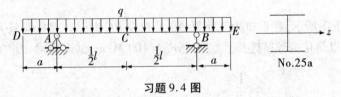

习题 9.4 图

9.5 圆截面伸臂梁的伸臂部分是空心的,梁的受力情况和尺寸如图所示。已知 $F_P = 10$ kN, $q = 5$ kN/m。试求梁内的最大正应力。

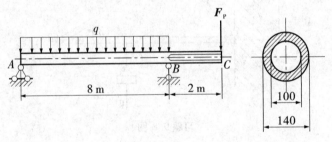

习题 9.5 图

9.6 如下图所示,简支梁受均布荷载作用,荷载集度为 q,跨长为 l。试求梁下边缘的总伸长量。

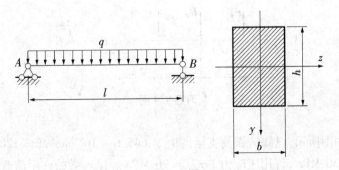

习题 9.6 图

9.7 铸铁悬臂梁的受力情况和尺寸如图所示,已知:材料的许用拉应力为 $[\sigma_t] = 30$ MPa,许用压应力为 $[\sigma_c] = 90$ MPa,截面对中性轴的轴惯性矩 $I_z = 1.02 \times 10^8$ mm,$F_P = 20$ kN,试校核梁的强度。

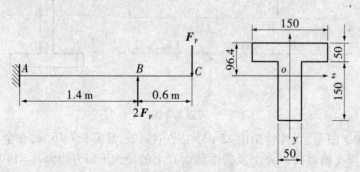

习题9.7图

9.8 如下图所示,起重机由工字梁 AB 及拉杆 BC 组成。起重荷载 $W = 22$ kN,$l = 2$ m。B 处可以简化为铰链连接。已知 $[\sigma] = 100$ MPa,试选择梁 AB 的工字钢型号。

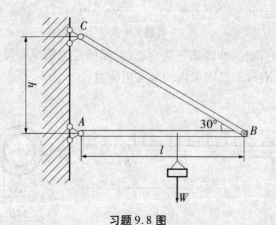

习题9.8图

9.9 由两根28a号槽钢组成的简支梁受三个集中力作用,如图所示。已知该材料为 Q235 钢,其许用弯曲正应力 $[\sigma] = 170$ MPa。试求梁的许用荷载。

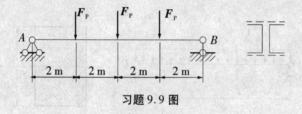

习题9.9图

9.10 如图所示,已知铸铁简支梁的 $I_{z_1} = 645.6 \times 10^6$ mm^4,$E = 120$ GPa,许用拉应力 $[\sigma_t] = 30$ MPa,许用压应力 $[\sigma_c] = 90$ MPa。试求梁的许用荷载。

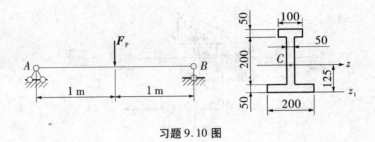

习题 9.10 图

9.11 一悬臂梁长为 $l = 900$ m，在自由端受一集中力 F_P 作用。该梁由三块 50 mm $\times 100$ mm 的木板胶合而成，如图所示，图中 z 轴为横截面的中性轴，胶合缝的许用剪应力 $[\tau] = 0.35$ MPa。试按胶合缝的剪应力强度求许用荷载 F_P，并求在此荷载作用下梁的最大弯曲正应力。

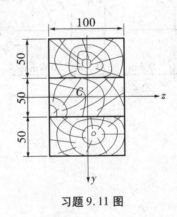

习题 9.11 图

9.12 一矩形截面木梁，其截面尺寸及荷载如下图所示，$q = 1.3$ kN/m。已知许用应力 $[\sigma] = 10$ MPa，$[\tau] = 2$ MPa。试校核梁的正应力强度和剪应力强度。

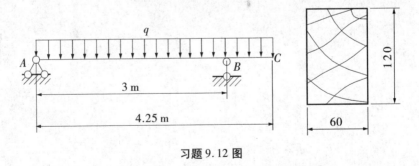

习题 9.12 图

9.13 如下图所示，起重机下的梁由两根工字钢组成，起重机自重 $W = 50$ kN，起重量 $F_P = 10$ kN。许用应力 $[\sigma] = 160$ MPa，$[\tau] = 100$ MPa。若不考虑梁的自重，试按正应力强度条件选择工字钢的型号，然后再按剪应力强度条件对梁进行校核。

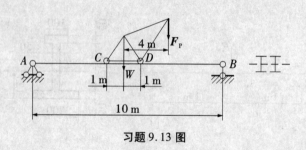

习题 9.13 图

9.14 如图所示,简支梁有两根槽钢组成,受四个集中荷载作用。已知 $F_{P1} = 120\ kN$,$F_{P2} = 30\ kN$,$F_{P3} = 40\ kN$,$F_{P4} = 12\ kN$。钢的许用应力 $[\sigma] = 170\ MPa$,$[\tau] = 100\ MPa$。试选择槽钢的型号。

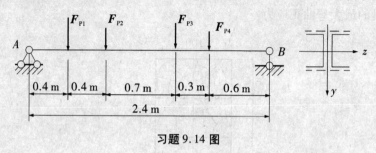

习题 9.14 图

第10章 弯曲变形

10.1 概述

梁受到外力后,原轴线由直线弯曲成为一条曲线,这种变形称为弯曲变形。与此同时梁的各横截面在空间的位置也随即发生改变,称为梁的位移。

研究梁的变形主要有两个目的:①对梁进行刚度计算;②为解决超静定问题建立基础。

10.1.1 挠度、转角与挠曲线

如图 10.1 所示,在对称弯曲情况下,取梁在变形前的轴线为 x 轴,与 x 轴垂直向下的轴为 y 轴,xy 平面即为梁上荷载作用的纵向对称面。梁在发生对称弯曲后,其轴线将变成在 xy 平面内的一条平面曲线。度量梁变形后横截面位移的两个基本量:一是梁的横截面形心(x 轴线上的点)在垂直于 x 轴线方向的线位移 ω ,称为该截面的**挠度**;二是横截面绕其中性轴转过的角位移 θ ,称为该截面的**转角**。应当指出,梁的轴线弯曲为曲线后,沿 x 轴方向也应有线位移,但在小变形情况下,梁的挠度远远小于跨度,梁变形后的轴线是一条光滑的连续曲线,横截面形心沿 x 轴方向的线位移与挠度相比是高阶微量,可忽略不计,根据平面假设,梁的横截面在变形前垂直于轴线,梁变形后横截面仍与曲线保持垂直,因此,横截面的转角 θ 也就是曲线在该点处的切线与 x 轴之间的夹角。

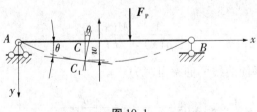

图 10.1

梁的轴线 x 在变形后得到的光滑连续曲线称为**挠曲线**,由于梁是在线弹性范围内工作,所以该曲线也称为**弹性曲线**。在选定坐标后,挠曲线可表达为

$$\omega = f(x) \tag{a}$$

称为梁的**挠曲线(弹性曲线)方程**。式中,x 为梁在变形前轴线上任一点的横坐标,ω 为该点的挠度。

在弹性范围内梁的变形很小，挠曲线是一条平坦的曲线，转角 θ 也很小。由式 (a) 可得转角 θ 的表达式为

$$\theta(x) \approx \tan\theta = \frac{\mathrm{d}\omega}{\mathrm{d}x} = f'(x) \tag{b}$$

由此可知挠曲线上任一点处的切线斜率 $\frac{\mathrm{d}\omega}{\mathrm{d}x}$ 就等于该横截面的转角。显然，只要求得梁的挠曲线方程 $\omega = f(x)$，再将其积分，便可得到方程 $\theta(x) = f'(x)$，称为转角方程。由两个方程就可以确定梁上任一横截面的挠度和转角。

10.1.2 单位及符号规定

挠度的单位与长度单位一致。在如图 10.1 所示坐标系中，挠度向下为正值，向上为负值。

转角的单位为弧度或度。转角为顺时针转向为正值，逆时针转向为负值。

10.2 梁的挠曲线近似微分方程

在前面的章节中，研究弯曲正应力时我们得到了梁在线弹性范围内纯弯曲情况下的曲率表达式：

$$\frac{1}{\rho} = \frac{M}{EI}$$

在横力弯曲时，梁横截面上除弯矩 M 外还有剪力 F_Q，但这时弯矩 M 为 x 的函数，因而曲率半径 ρ 也为 x 的函数。由于在工程中常用的梁的跨度 l 往往远远大于横截面的高度 h，剪力 F_Q 对梁的位移的影响很小，可忽略不计，故仍然采取上式形式，但应该写为

$$\frac{1}{\rho(x)} = \frac{M(x)}{EI} \tag{a}$$

由微分学可知，平面曲线的曲率可写为

$$\kappa(x) = \frac{1}{\rho(x)} = \pm \frac{\omega''}{(1 + \omega'^2)^{\frac{3}{2}}} \tag{b}$$

如图 10.2 所示，取 x 轴向右为正，y 轴向下为正，则曲线向上凸时 ω'' 为正，向下凸时为负。按弯矩的正、负号规定，梁弯曲后向下凸时为正，向上凸时为负。由此可见，在图 10.2 所示坐标系中，弯矩 M 与 ω'' 的符号正好相反。于是，将式 (a) 代入式 (b) 后式中应取负号，即

$$\frac{\omega''}{(1 + \omega'^2)^{\frac{3}{2}}} = -\frac{M(x)}{EI} \tag{c}$$

在弹性范围内梁的变形很小,挠曲线是一条平坦的曲线,转角 $\omega' = \theta$ 也很小,式(c)中 ω'^2 与 1 相比很微小,可以忽略不计,因此式(c)可写为

$$\omega'' = -\frac{M(x)}{EI} \tag{10.1}$$

上式由于忽略了剪力对弯曲变形的影响和 ω'^2 项,故称式(10.1)为梁的**挠曲线近似微分方程**。

对式(10.1)积分一次可得到梁的转角方程,再积分一次便可得到梁的挠曲线方程,可根据梁挠曲线的已知位移条件(连续条件和边界条件)来确定积分常数。

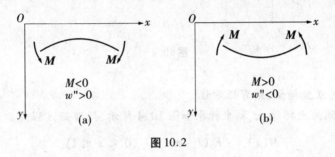

图 10.2

10.3　积分法计算梁的位移

对于等截面直梁,其抗弯刚度 EI 为一常量,式(10.1)可改写为

$$EI\omega'' = -M(x) \tag{10.2}$$

当全梁各横截面上的弯矩可用一个弯矩方程表示时,梁的挠曲线近似微分方程也仅有一个,将上式两边分别乘以 dx,积分一次可得梁的转角方程为

$$EI\omega' = -\int M(x)\,dx + C_1 \tag{10.3}$$

再对上式积分一次,即得挠曲线方程

$$EI\omega = -\int\left[\int M(x)\,dx\right]dx + C_1 x + C_2 \tag{10.4}$$

式中积分常数 C_1、C_2 可由梁挠曲线上的已知位移条件来确定。例如图 10.3(a)所示悬臂梁,在固定端处,即 $x = 0$ 时,$\omega_A = 0$,$\theta_A = \omega'_A = 0$。又如图 10.3(b)所示伸臂梁,在梁铰支座 A、B 处挠度均为零,即 $x = 0$ 时,$\omega_A = 0$;$x = l$ 时,$\omega_B = 0$。

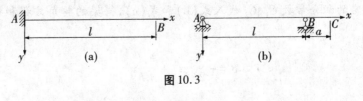

图 10.3

积分常数确定后,就分别得到了梁的转角方程和挠曲线方程,从而也就可以确定梁上任一横截面的转角和挠度。

【例10.1】 悬臂梁如图10.4所示,在自由端受集中力 $\boldsymbol{F}_P$ 作用。试求梁的转角方程和挠曲线方程,并确定其最大挠度 ω_{max} 和最大转角 θ_{max}。已知梁的弯曲刚度 EI 为常数。

图 10.4

解 (1)建立坐标系,列弯矩方程

以梁的左端为坐标原点,取坐标系如图10.4所示,列弯矩方程为

$$M(x) = -F_P(l - x) \qquad (0 < x \leqslant l)$$

(2)列挠曲线近似微分方程并积分求梁的转角方程和挠曲线方程

将弯矩方程代入式(10.2),得挠曲线近似微分方程为

$$EI\omega'' = -M(x) = F_P(l - x) \tag{a}$$

积分一次,得

$$\omega' = -\frac{F_P x^2}{2EI} + \frac{F_P l x}{EI} + C_1 \tag{b}$$

再积分一次,得

$$\omega = -\frac{F_P x^3}{6EI} + \frac{F_P l x^2}{2EI} + C_1 x + C_2 \tag{c}$$

(3)利用边界条件确定积分常数

悬臂梁在固定端处的转角和挠度均为零,即边界条件为

$$在 x = 0 处, \quad \omega = 0, \quad \theta = \omega' = 0$$

将其分别代入式(b)和式(c),得

$$C_1 = 0, \quad C_2 = 0$$

(4)建立梁的转角方程和挠曲线方程

将已确定的积分常数 C_1、C_2 代入式(b)和式(c),得梁的转角方程和挠曲线方程分别为

$$\theta = -\frac{F_P}{2EI} x^2 + \frac{F_P l}{EI} x \tag{d}$$

 普通高等教育力学"十二五"规划教材

$$w = -\frac{F_{\mathrm{P}}}{6EI}x^3 + \frac{F_{\mathrm{P}}l}{2EI}x^2 \tag{e}$$

(5)计算梁的最大挠度与最大转角

如图 10.4 所示,最大转角和最大挠度均发生在自由端截面处,且

$$\theta_{\max} = \theta_B = \frac{F_{\mathrm{p}}l^2}{2EI}$$

$$\omega_{\max} = \omega_B = \frac{F_{\mathrm{p}}l^3}{3EI}$$

所得最大转角和最大挠度皆为正值,表示截面 B 的转角为顺时针转向,而挠度的方向与坐标轴 ω 的正方向相反,即向下。

【例 10.2】　求图示简支梁的挠曲线方程,并求 $|\omega|_{\max}$ 和 $|\theta|_{\max}$。已知 $EI=$ 常数。

解　建立直角坐标系如图 10.5 所示。

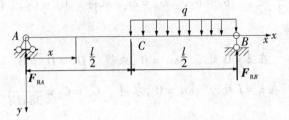

图 10.5

(1)求支座反力,列弯矩方程

由梁的平衡方程求出梁的支座反力

$$F_{\mathrm{RA}} = \frac{1}{8}ql(\uparrow), \quad F_{\mathrm{RB}} = \frac{3}{8}ql(\uparrow)$$

因荷载在 C 处不连续,应分两段列出弯矩方程。

AC 段 $\left(0 \leqslant x \leqslant \dfrac{l}{2}\right)$　　$M_1(x) = \dfrac{1}{8}qlx$

CB 段 $\left(\dfrac{l}{2} \leqslant x \leqslant l\right)$　　$M_2(x) = \dfrac{1}{8}qlx - \dfrac{1}{2}q\left(x - \dfrac{l}{2}\right)^2$

(2)列出挠曲线近似微分方程,并进行积分

$$EI\omega''_1 = -\frac{1}{8}qlx \qquad \left(0 \leqslant x \leqslant \frac{l}{2}\right) \tag{a_1}$$

$$EI\omega''_2 = -\left[\frac{1}{8}qlx - \frac{1}{2}q\left(x - \frac{l}{2}\right)^2\right] \qquad \left(\frac{l}{2} \leqslant x \leqslant l\right) \tag{a_2}$$

对以上两式分别积分一次,得

$$\theta_1(x) = \omega'_1 = -\frac{1}{EI}\frac{1}{16}qlx^2 + C_1 \tag{b_1}$$

$$\theta_2(x) = \omega'_2 = -\frac{1}{EI}\left[\frac{1}{16}qlx^2 - \frac{1}{6}q\left(x - \frac{l}{2}\right)^3\right] + C_2 \tag{b_2}$$

再对以上两式分别积分一次,得

$$\omega_1(x) = -\frac{1}{EI}\frac{1}{48}qlx^3 + C_1 x + D_1 \tag{c_1}$$

$$\omega_2(x) = -\frac{1}{EI}\left[\frac{1}{48}qlx^3 - \frac{1}{24}q\left(x - \frac{l}{2}\right)^4\right] + C_2 x + D_2 \tag{c_2}$$

(3)确定积分常数,并建立转角方程和挠曲线方程

根据连续条件

在 $x = \dfrac{l}{2}$ 处, $\theta_1 = \theta_2$, $\omega_1 = \omega_2$, 求得 $C_1 = C_2$, $D_1 = D_2$

根据边界条件

在 $x = 0$ 处, $\omega_1 = 0$, 求得 $D_1 = D_2 = 0$

在 $x = l$ 处, $\omega_2 = 0$, 求得 $C_1 = C_2 = \dfrac{7ql^3}{384EI}$

将求得的4个积分常数代回(b_1)、(b_2)、(c_1)、(c_2),求得两段梁的转角和挠度方程。

$$\theta_1(x) = \frac{1}{EI}\left[-\frac{1}{16}qlx^2 + \frac{7}{384}ql^3\right] \tag{d_1}$$

$$\theta_2(x) = \frac{1}{EI}\left[-\frac{1}{16}qlx^2 + \frac{1}{6}q\left(x - \frac{l}{2}\right)^3 + \frac{7}{384}ql^3\right] \tag{d_2}$$

$$\omega_1(x) = \frac{1}{EI}\left[-\frac{1}{48}qlx^3 + \frac{7}{384}ql^3 x\right] \tag{e_1}$$

$$\omega_2(x) = \frac{1}{EI}\left[-\frac{1}{48}qlx^3 + \frac{1}{24}q\left(x - \frac{l}{2}\right)^4 + \frac{7}{384}ql^3 x\right] \tag{e_2}$$

(4)求最大转角和最大挠度

将 $x = 0$ 代入式(d_1),求得 $\theta_A = \dfrac{7ql^3}{384EI}$ (顺时针)

将 $x = l$ 代入式(d_2),求得 $\theta_B = -\dfrac{9ql^3}{384EI}$ (逆时针)

$|\theta|_{\max} = \dfrac{9ql^3}{384EI}$,发生在支座 B 处

将 $x = \dfrac{l}{2}$ 代入式(d_1),求得 $\theta_{DX} = \dfrac{ql^3}{384EI}$ (顺时针)

普通高等教育力学"十二五"规划教材

故 $\theta = 0$ 的截面位于 CB 段内,根据求函数极值的原理,最大挠度应发生在 $\omega' = 0$ 的截面处,令 $\omega' = \theta_2(x) = 0$,可确定挠度为最大值截面的位置,进而利用 $\omega_2(x)$ 求出最大挠度值。但对简支梁,通常以跨中截面的挠度近似作为最大挠度,即

$$|\omega|_{max} \approx \left|\omega\left(\frac{l}{2}\right)\right| = \frac{5ql^4}{768EI}$$

10.4 叠加法计算梁的位移

由前面的分析可以看出,用积分法可以得到梁的转角方程和挠曲线方程,从而可以确定任一横截面上的位移。但在工程实际中,梁上往往同时受几项荷载作用,在这种情况下,要求梁上某横截面上的位移,需要分段建立挠曲线近似微分方程,并确定若干个积分常数,所以用积分法并不方便。

由于梁的材料是在线弹性范围内和小变形条件下工作,且梁在变形后其跨度的改变可以忽略不计,因此,梁的挠度和转角均与作用在梁上的荷载呈线性函数。在这种情况下,可用叠加法计算梁的位移,即梁在几项荷载共同作用下在某横截面产生的位移,等于每项荷载单独作用下在该横截面产生的位移的叠加,这就是叠加原理。

在工程实际中,往往需要计算梁在几项荷载共同作用下的最大挠度和转角。这时我们可以参照附录Ⅲ得到梁在每项荷载单独作用下的挠度和转角,然后按叠加原理来计算梁的最大挠度和最大转角。

【例 10.3】 图 10.6(a)所示悬臂梁的弯曲刚度 EI 为常数,试求自由端的挠度和转角。

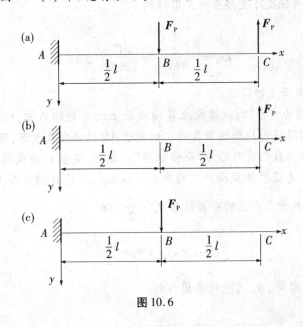

图 10.6

解 把梁的荷载分解为图 10.6(b)和图 10.6(c)两种简单荷载。由附录Ⅲ查得

$$\omega_{C1} = \frac{F_{\mathrm{P}}l^3}{3EI}(\downarrow), \quad \theta_{C1} = \frac{F_{\mathrm{P}}l^2}{2EI}(\curvearrowright), \quad \omega_{C2} = -\frac{5F_{\mathrm{P}}l^3}{48EI}(\downarrow), \quad \theta_{C2} = -\frac{F_{\mathrm{P}}l^2}{2EI}(\curvearrowright)$$

按叠加法计算自由端 C 处的挠度和转角为

$$\omega_C = \omega_{C1} + \omega_{C2} = \frac{F_{\mathrm{P}}l^3}{3EI} - \frac{5F_{\mathrm{P}}l^3}{48EI} = \frac{11F_{\mathrm{P}}l^3}{48EI}(\downarrow)$$

$$\theta_C = \theta_{C1} + \theta_{C2} = \frac{F_{\mathrm{P}}l^2}{2EI} - \frac{F_{\mathrm{P}}l^2}{8EI} = \frac{3F_{\mathrm{P}}l^2}{8EI}(\curvearrowright)$$

【例10.4】 求如图 10.7 所示梁 B、C 横截面上的挠度。

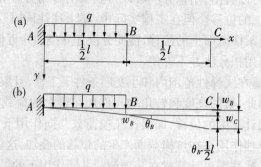

图 10.7

解 （1）求 B 横截面上的挠度

B 横截面上的挠度可直接查附录Ⅲ得到

$$\omega_B = \frac{q\left(\frac{l}{2}\right)^4}{8EI} = \frac{ql^4}{128EI}(\downarrow)$$

（2）求 C 横截面上的挠度

由于 BC 段梁为自由段，在该段上各横截面上的弯矩均为零，所以该段梁不会发生弯曲变形，即该段梁的挠曲线为直线。但由于 AB 段梁发生变形，所以 BC 段梁也要产生位移，这种位移我们有时称为"刚体位移"。这时，梁在 C 横截面上产生的位移包括以下两部分：一是随 B 横截面产生的垂直位移 ω_B，二是 B 横截面上的转角引起 BC 段梁转动在 C 横截面上产生的垂直位移 $\theta_B \cdot \frac{l}{2}$，即

$$\omega_C = \omega_B + \theta_B \cdot \frac{l}{2}$$

ω_B 在上一步已经求得，θ_B 可查附录Ⅲ得到

$$\theta_B = \frac{ql^3}{48EI}(\curvearrowright)$$

所以

$$\omega_C = \frac{ql^4}{128EI} + \frac{ql^3}{48EI} \times \frac{l}{2} = \frac{ql^4}{384EI}(\downarrow)$$

【例 10.5】 用叠加法求图 10.8(a)所示伸臂梁的 θ_A、ω_C 和 θ_C。EI 为常数。

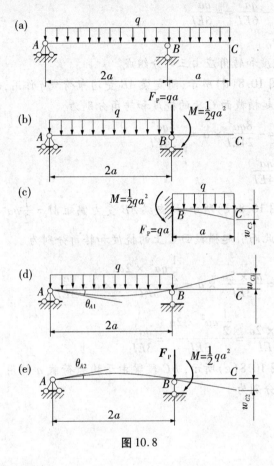

图 10.8

解 在附录Ⅲ中没有给出伸臂梁的挠度和转角,为此,将伸臂梁沿截面 B 截开,看成为一简支梁和悬臂梁,并分别在截面 B 处加上相互的作用力 $F_P = qa$ 和力偶矩 $M = \frac{1}{2}qa^2$,也即 B 截面上的剪力和弯矩,如图 10.8(b)、(c)所示。因此,图 10.8(a)伸臂梁 AB 段各横截面上的挠度和转角与图 10.8(b)简支梁在荷载 q、$F_P = qa$ 和 $M = \frac{1}{2}qa^2$ 共同作用下在 AB 段各横截面上产生的挠度和转角是等效的。

(1)求 θ_A

由图 10.8(b)可得:$\theta_A = \theta_{Aq} + \theta_{AF_P} + \theta_{Am}$。

查附录 C,其中

$$\theta_{Aq} = \frac{q(2a)^3}{24EI} = \frac{8qa^3}{24EI}$$

$$\theta_{AF_P} = 0(集中力\ F_P\ 作用在支座处不会使梁产生弯曲变形)$$

$$\theta_{Am} = -\frac{qa^3}{6EI},$$

故

$$\theta_A = \frac{8qa^3}{24EI} + 0 - \frac{qa^3}{6EI} = -\frac{qa^3}{6EI}$$

（2）求 ω_C 和 θ_C

截面 C 上的挠度和转角应由三部分组成。

第一部分：如图 10.8（d）所示，简支梁 AB 受均布荷载 q 作用，而使 BC 段梁产生刚体位移。由此而引起横截面 C 上的挠度和转角分别为

$$\omega_{C1} = \theta_{Bq} \times a = -\frac{8qa^3}{24EI} \times a = -\frac{8qa^4}{24EI}$$

$$\theta_{C1} = \theta_{Bq} = -\frac{8qa^3}{24EI}$$

第二部分：如图 10.8（e）所示，简支梁 AB 受力偶矩 $M = \frac{1}{2}qa^2$ 作用，而使 BC 段梁产生刚体位移。由此而引起横截面 C 上的挠度和转角分别为

$$\omega_{C2} = \theta_{Bm} \times a = \frac{m \times 2a}{3EI} \times a = \frac{\frac{1}{2}qa^2 \times 2a}{3EI} \times a = \frac{qa^4}{3EI}$$

$$\theta_{C2} = \theta_{Bm} = \frac{m \times 2a}{3EI} = \frac{\frac{1}{2}qa^2 \times 2a}{3EI} = \frac{qa^3}{3EI}$$

第三部分：如图 10.8（c）所示，BC 段梁由于均布荷载 q 作用，使自由端横截面 C 上产生挠度和转角分别为

$$\omega_{C3} = \frac{qa^4}{8EI}$$

$$\theta_{C3} = \frac{qa^3}{6EI}$$

将上述结果叠加，得

$$\omega_C = \omega_{C1} + \omega_{C2} + \omega_{C3} = -\frac{8qa^4}{24EI} + \frac{qa^4}{3EI} + \frac{qa^4}{8EI} = \frac{qa^4}{8EI}$$

$$\theta_C = \theta_{C1} + \theta_{C2} + \theta_{C3} = -\frac{8qa^3}{24EI} + \frac{qa^3}{3EI} + \frac{qa^3}{6EI} = \frac{qa^3}{6EI}$$

10.5 梁的刚度条件及提高梁的刚度的措施

10.5.1 梁的刚度条件

为了保证梁正常工作，除了要求具有足够的强度外，有时还需要对梁的位移加以限制。若梁的位移超过了规定的限度，则不能保证梁在正常条件下工作。在各类工程

设计中,对构件弯曲位移的许用值有不同的规定。对于梁的挠度,其许用值通常以许可挠度与跨长之比值 $\left[\dfrac{\omega}{l}\right]$ 作为标准。在土建工程中,$\left[\dfrac{\omega}{l}\right]$ 的值常限制在 $1/(250 \sim 1000)$ 范围内;在机械制造工程中,对主要的轴 $\left[\dfrac{\omega}{l}\right]$ 的值则限制在 $1/(5\,000 \sim 10\,000)$ 范围内;对传动轴在支座处的许用转角 $[\theta]$ 的值一般限制在 $1/(200 \sim 1\,000)$ rad范围内。

梁的刚度条件可表示为

$$\frac{\omega_{\max}}{l} \leqslant \left[\frac{\omega}{l}\right] \tag{10.5}$$

$$\theta_{\max} \leqslant [\theta] \tag{10.6}$$

应当指出的是,一般在土建工程中的受弯构件,强度条件如果能够满足,刚度条件一般也能够满足。因此,在设计工作中,通常是首先根据强度条件设计截面或设计荷载,然后再根据刚度条件来进行校核。但当对构件的位移限制较严时,或按强度条件所选择的构件截面过于单薄时,应考虑刚度条件。

【例 10.6】　一简支梁受载如图示 10.9(a)所示,已知许用应力 $[\sigma] = 160$ MPa,许用挠度 $\left[\dfrac{\omega}{l}\right] = \dfrac{1}{500}$,弹性模量 $E = 200$ GPa,试选择工字钢型号。

解　(1)作弯矩图,如图 10.9(b)所示

$$M_{\max} = 35 \text{ kN} \cdot \text{m}$$

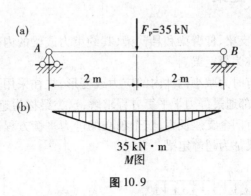

图 10.9

(2)首先按正应力强度条件,选择工字钢的型号

按正应力强度条件梁所需的抗弯截面系数为

$$W_z = \frac{M_{\max}}{[\sigma]} = \frac{35 \times 10^3}{160 \times 10^6} = 219 \text{ (cm}^3)$$

查型钢规格表,可选用 22a 号工字钢,$W_z = 309$ cm^3。

(3)校核梁的刚度条件

查附录Ⅲ可得

$$\omega_{max} = \omega_{\text{中点}} = \frac{F_P l^3}{48EI} = \frac{35 \times 10^3 \times 4^3}{48 \times 200 \times 10^9 \times 3400 \times 10^{-8}} = 0.0069 \text{ (m)}$$

$$[\omega] = \left[\frac{\omega}{l}\right] \times l = \frac{1}{500} \times 4 = 0.008 \text{ (m)}$$

由于

$$\omega_{max} < [\omega]$$

因此,所选择的 22a 号工字钢满足刚度条件。

10.5.2 提高梁的刚度的措施

从挠曲线的近似微分方程及其积分可以看出,弯曲变形与弯矩大小、跨度长短、支座条件、梁截面的惯性矩 I、材料的弹性模量 E 有关。故提高梁刚度的措施为:

(1)改善结构形式,减小弯矩 M。

(2)增加支承,减小跨度 l。

(3)选用合适的材料,增加弹性模量 E。但因各种钢材的弹性模量基本相同,所以为提高梁的刚度而采用高强度钢,效果并不显著。

(4)选择合理的截面形状,提高惯性矩 I,如工字形截面、空心截面等。

10.6 简单超静定梁

前面所讨论的简支梁、伸臂梁和悬臂梁,其约束力或梁的内力都能通过静力学平衡方程求解,这类梁称为静定梁。

在工程实际中,有时为减小构件内的应力或变形,往往采用更多支座。这类梁的约束力或内力不能全部通过静力学平衡方程求解,这类梁称为超静定梁。如图 10.10 所示,两个梁分别都有四个支座反力,三个独立的静力平衡方程不能够全部把支座反力求解出来,这两个梁都为超静定梁。

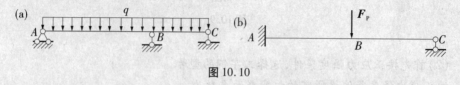

图 10.10

超静定梁中由于有多余约束的存在,未知力的数目多于我们所能列出的独立平衡方程的数目,因此,为了求出超静定梁的全部支座反力,除建立平衡方程以外,还必须补充方程,根据所选取的多余约束,由变形几何方程(变形协调条件)和力与变形(位移)物理关系所得的补充方程即可求得多余未知力。多余约束求出以后,其余的支座反力和杆内的内力、应力和变形(位移)就可以全部求解了。

下面结合图 10.11 所示超静定梁来说明具体求解方法。一次超静定梁如图10.11 (a)所示,需补充一个方程,将右端的链杆支座 B 去掉,用相应的竖向多余未知力 F_{RB} 代替,这样就得到了一个在均布荷载 q 和集中力 F_{RB} 共同作用下的静定梁,如图 10.11 (b)所示。

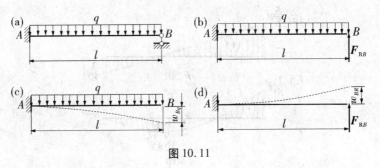

图 10.11

该静定梁称为原超静定梁的基本体系,基本体系和原超静定梁等效是有条件的,即基本体系在均布荷载 q 和集中力 F_{RB} 共同作用下沿多余未知力 F_{RB} 方向的位移应与原超静定梁在该处的位移一致,即变形协调条件,原超静定梁沿 F_{RB} 方向的位移为零,故有

$$\omega_B = \omega_{Bq} + \omega_{BR} = 0 \qquad (a)$$

式中,ω_{BR} 为静定梁在多余未知力单独作用下产生的沿 F_{RB} 方向的位移,ω_{Bq} 为静定梁在已知荷载 q 单独作用下产生的沿 F_{RB} 方向的位移。

$$\omega_{Bq} = \frac{ql^4}{8EI}, \quad \omega_{BR} = -\frac{F_{RB}l^3}{3EI}$$

将上两式代入式(a)得

$$\frac{ql^4}{8EI} - \frac{F_{RB}l^3}{3EI} = 0$$

得

$$F_{RB} = \frac{3}{8}ql(\uparrow)$$

如图 10.12(a)所示,多余约束求得以后,由静力平衡方程可求得其他支座反力为

$$F_{yA} = \frac{5ql}{8}(\uparrow) \quad M_A = \frac{ql^2}{8}(逆时针)$$

并可绘制出超静定梁的内力图,如图 10.12(b)、(c)所示。

上述求解过程是将 B 支座处的支座反力作为多余约束进行求解的,还可以把 A 支座处的约束力偶作为多余约束进行计算,把原超静定梁看成简支梁受均布荷载和力

偶共同的作用,但两者的等效条件会有所变化,读者可自己思考。

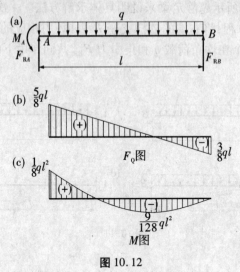

图 10.12

小　结

1. 梁的变形和位移

(1)梁的变形。梁受到外力后,原轴线由直线弯曲成为一条曲线,这种变形称为弯曲变形。

(2)梁的位移。梁在发生变形的同时梁的各横截面在空间的位置也随即发生改变,称为梁的位移。

挠度是横截面形心在垂直于梁轴线方向上的线位移,以 ω 表示,单位与长度单位一致。挠度向下为正值,向上为负值。

转角是横截面绕其中性轴转动的角度,以 θ 表示,其单位为弧度或度。转角为顺时针转向为正值,逆时针转向为负值。

2. 梁的挠曲线近似微分方程

$$\omega'' = -\frac{M(x)}{EI}$$

上式由于忽略了剪力对弯曲变形的影响和 ω'^2 项,故称该式为梁的挠曲线近似微分方程。

对上式积分一次可得到梁的转角方程

$$EI\omega' = -\int M(x)\,\mathrm{d}x + C_1$$

再对上式积分一次,即得挠曲线方程

$$EI\omega = -\int\left[\int M(x)\,\mathrm{d}x\right]\mathrm{d}x + C_1 x + C_2$$

可根据梁挠曲线的已知位移条件(连续条件和边界条件)来确定积分常数。

3. 用叠加原理求梁的挠度和转角

(1)叠加原理的使用条件。梁的变形是微小的,梁变形后其跨长的改变可略去不计,梁的材料在线弹性范围内工作,因此,梁的挠度和转角均与作用在梁上的荷载呈线性关系。

(2)叠加原理。梁在几项荷载共同作用下在某横截面产生的位移,等于每项荷载单独作用下在该横截面产生的位移的叠加。

4. 刚度条件

为了保证梁正常工作,除了要求梁具有足够的强度外,有时还需要对梁的位移加以限制。若梁的位移超过了规定的限度,则不能保证梁在正常条件下工作。

$$\frac{\omega_{\max}}{l} \leqslant \left[\frac{\omega}{l}\right]$$

$$\theta_{\max} \leqslant [\theta]$$

5. 提高梁的刚度的措施

(1)改善结构形式,减小弯矩 M 。

(2)增加支承,减小跨度 l 。

(3)选用合适的材料,增加弹性模量 E 。但因各种钢材的弹性模量基本相同,所以为提高梁的刚度而采用高强度钢的效果并不显著。

(4)选择合理的截面形状,如工字形截面、空心截面等,提高惯性矩 I 。

6. 简单超静定梁

梁的约束力或内力不能全部通过静力学平衡方程求解,这类梁称为超静定梁。

超静定梁的求解步骤:

(1)建立变形协调条件——基本体系原荷载和多余未知力共同作用下沿多余未知力方向的位移应与原超静定梁在该处的位移一致。

(2)物理关系——力与变形之间的关系方程。

(3)将物理关系代入变形协调条件中得到补充的方程,求得多余未知力。

(4)由静力平衡方程求得其他未知支座反力和内力。

思考题

10.1　梁的截面位移与变形有何区别?

10.2　什么是挠度?什么是转角?什么是挠曲线?它们之间是什么关系?

10.3　图示两梁的尺寸及材料完全相同,所受外力也相同,只是支座处的几何约束条件不同。试问:

(1)两梁的弯曲变形是否相同?

(2)两梁相应横截面的位移是否相同?

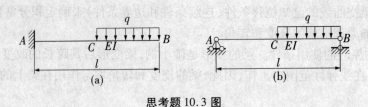

思考题 10.3 图

10.4 试用积分法求图示梁中间截面 C 的挠度和相对转角。

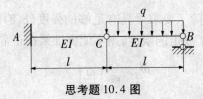

思考题 10.4 图

10.5 什么条件下可用叠加法求梁的位移？

10.6 为使荷载 F_P 作用点的挠度为零，试求荷载 F_P 与 q 的关系。

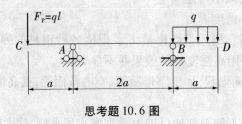

思考题 10.6 图

10.7 判断下列梁是静定的还是超静定的。

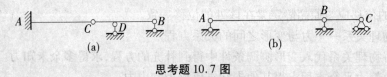

思考题 10.7 图

10.8 图示两个单跨梁，同跨度，同荷载，但横截面形状不同，其内力是否相同？

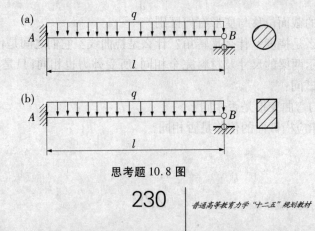

思考题 10.8 图

普通高等教育力学"十二五"规划教材

习题

10.1　试用积分法求下列各梁 A、B 两处的转角和 C 处的挠度。

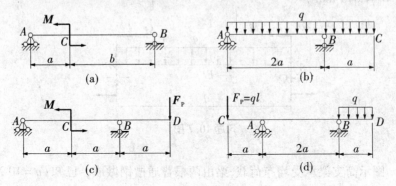

习题 10.1 图

10.2　试用积分法求下列悬臂梁 B、C 两处的转角和挠度。

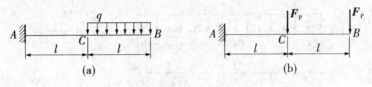

习题 10.2 图

10.3　试按叠加原理求解习题 10.1 中的(b)、(c)和(d)。

10.4　试按叠加原理求解习题 10.2。

10.5　试按叠加原理计算简支梁 A、B 两横截面的转角。

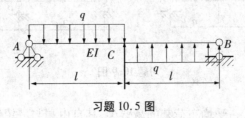

习题 10.5 图

10.6　试按叠加原理计算简支梁 A、B 两横截面的转角和跨中横截面 C 的挠度。

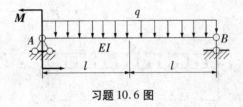

习题 10.6 图

10.7 一简支梁,梁上荷载如图所示。已知:$M = 4\ \mathrm{kN \cdot m}, q = 3\ \mathrm{kN/m}, l = 6\ \mathrm{m}$,$\left[\dfrac{\omega}{l}\right] = \dfrac{1}{400}$,横截面为 20a 号工字钢,钢材的弹性模量 $E = 200\ \mathrm{GPa}$。试校核梁的刚度。($y_{\max} = 14\ 048\ \mathrm{mm}$)

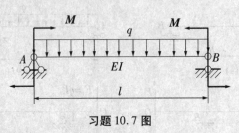

习题 10.7 图

10.8 图示简支梁承受均布荷载,梁由两根普通槽钢做成。已知:$q = 10\ \mathrm{N/m}, l = 4\ \mathrm{m}$,材料的 $[\sigma] = 100\ \mathrm{MPa}$,许用挠度 $[\omega] = \dfrac{l}{1\ 000}$,弹性模量 $E = 200\ \mathrm{GPa}$。试确定槽钢的型号。

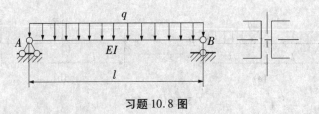

习题 10.8 图

10.9 计算下列超静定梁的支反力,绘制其弯矩图。

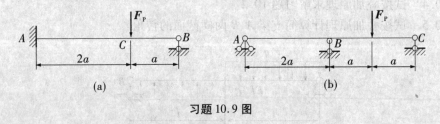

(a)　　　　　　　　　　　(b)

习题 10.9 图

10.10 如图所示,一受均布荷载的悬臂梁,其自由端与一铅锤的拉杆连接。已知梁的横截面的惯性矩为 I,拉杆的横截面面积为 A,梁和拉杆的弹性模量都为 E。试求拉杆所受的拉力。

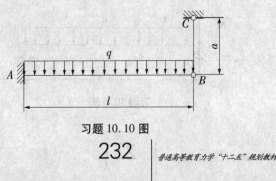

习题 10.10 图

 普通高等教育力学"十二五"规划教材

10.11 在梁 AB 和 CD 的连接处作用一集中力 F_P ，试求每根梁在连接处所受的力。已知：$l_1/l_2 = 3/2$ ，$EI_1/EI_2 = 4/5$ 。

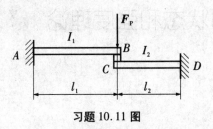

习题 10.11 图

第 11 章　应力状态和强度理论

11.1　概述

前面几章已分别研究了基本变形形式下构件横截面上的应力,并建立了相应的强度条件。值得注意的是,只要提到"应力",必须指明在哪一点,哪个(方向)截面上。因为受力构件内同一截面上不同点的应力一般是不同的,通过同一点不同(方向)截面上应力也是不同的。例如,梁弯曲时横截面上各点具有不同的正应力与剪应力(或切应力)。图 11.1 所示等截面直杆受轴向拉伸时,通过杆件上同一点 D 的不同(方向)截面上具有不同的应力,在横截面只有正应力 $\sigma = \dfrac{F_N}{A}$,而在与横截面成 α 角的斜截面上正应力和剪应力分别为 $\sigma_\alpha = \sigma \cdot \cos^2\alpha$,$\tau_\alpha = \left(\dfrac{\sigma}{2}\right) \cdot \sin 2\alpha$。可以看出,构件内不同位置的点具有不同的应力,因此某一点处的应力是该点坐标的函数;同时由于通过该点截面可以有不同的方位,截面上的应力又随截面的方向而变化。

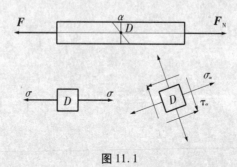

图 11.1

通常将过一点处所有截面上应力的全部情况或所有方位截面上应力的集合概括地称为一点处的应力状态。应力状态分析就是研究这些不同方位截面上应力随截面方向的变化规律。

应力状态分析在工程中应用较广。比如在验算构件的强度时,一般要分析受力构件各点处不同截面上的应力情况,进而找出哪一点处以及什么方位截面上作用着最大正应力或最大剪应力,并以此为根据来判别构件的强度是否满足强度要求。此外,通过应力状态分析也可以对一些构件和材料的破坏现象进行解释。

11.2　平面应力状态的应力分析

分析一点处的应力状态可用围绕该点截取的微单元体(微正六面体)上三对互相垂直微面上的应力情况来表示。微单元体的各个面都认为是过同一点的不同截面。由于单元体各边长皆为无穷小量,并根据材料的均匀连续假设,可知微单元体(代表一个材料点)各微面上的应力均匀分布,相互平行的两个侧面上应力大小相等、方向相反,互相垂直的两个侧面上剪应力服从剪应力互等关系。对于如图 11.2(a)所示的微单元体,在微单元体的前后面上应力为 0,为了简便起见,将这样前后两个面上应力为 0 的单元体,用如图 11.2(b)所示相应的平面图形表示。

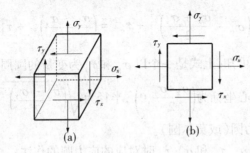

图 11.2

如单元体上有一对平面上的正应力和剪应力均等于 0,不等于 0 的应力分量均处于同一坐标平面内,则称之为平面应力状态。

11.2.1　平面应力状态分析的解析法

已知一平面应力状态单元体上的应力为 σ_x、τ_x 和 σ_y、τ_y,如图 11.3 所示,现求 α 截面上的应力。

先补充一个概念。所谓 α 截面,是指该截面的外法线与 x 轴正向间的夹角为 α,并确定从 x 轴正向到外法线 n 逆时针转向为 α 正值,也即当从 x 轴逆时针转 α 角达到该面外法线 n 的截面。在 α 截面的正应力和剪应力分别记为 σ_α、τ_α。应力的正负号规定为:对于 σ_α,拉应力为正,压应力为负;对于 τ_α,若对单元体内任一点的矩为顺时针为正,反之为负。

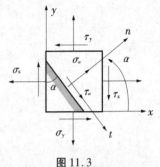

图 11.3

要计算 σ_α 和 τ_α 的大小,可以采用截面法,利用斜截面把单元体分为两部分,并取左半部分(或右半部分)为研究对象,根据力的平衡条件 $\sum F_n = 0$,$\sum F_\tau = 0$,可计算得到

$$\left.\begin{array}{l}\sigma_\alpha = \dfrac{\sigma_x + \sigma_y}{2} + \dfrac{\sigma_x - \sigma_y}{2}\cos2\alpha - \tau_x\sin2\alpha \\[4mm] \tau_\alpha = \dfrac{\sigma_x - \sigma_y}{2}\sin2\alpha + \tau_x\cos2\alpha\end{array}\right\} \tag{11.1}$$

这样,利用上式(11.1),就可以从单元体上的已知应力 σ_x、σ_y、τ_x、τ_y,求得方位角为 α 的任意斜截面上的正应力 σ_α 和剪应力 τ_α。

11.2.2 平面应力状态分析的图解法

由式(11.1)可以看出,在平面应力状态下任意斜截面上的应力公式可看做以 α 为参数的参数方程,消去 α,得

$$\left(\sigma_\alpha - \frac{\sigma_x + \sigma_y}{2}\right)^2 + \tau_\alpha^2 = \left(\frac{\sigma_x - \sigma_y}{2}\right)^2 + \tau_x^2 \tag{11.2}$$

由相关数学知识可知,上式是一个以 σ_α 和 τ_α 为变量的圆周方程。如果以 σ 为横坐标,τ 为纵坐标,圆心坐标为 $\left(\dfrac{\sigma_x + \sigma_y}{2}, 0\right)$,半径为 $\sqrt{\left(\dfrac{\sigma_x - \sigma_y}{2}\right)^2 + \tau_x^2}$,可作出一完整的圆周,称该圆为应力圆(或莫尔圆)。

下面介绍当已知 σ_x、τ_x 和 σ_y、τ_y 时对应的应力圆的作法:

(1)根据已知应力 σ_x、σ_y、τ_x 值选取适当比例尺。

(2)在 $\sigma - \tau$ 坐标平面上,由微单元体的面上已知应力作点 $D_1(\sigma_x, \tau_x)$ 和 $D_2(\sigma_y, -\tau_y)$ 两点。这里要特别注意各应力的正负号必须遵循前面所述的正负号规定。

(3)过 D_1、D_2 两点作直线交 σ 轴于 C 点,以 C 为圆心,$\overline{D_1D_2}$ 为直径作圆,如图11.4所示,该圆即为应力圆。

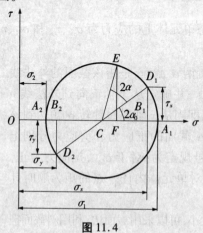

图 11.4

显然,由图11.4中可以看出:

$$\overline{OC} = \frac{1}{2}\left(\overline{OA_1} + \overline{OA_2}\right) = \frac{\sigma_x + \sigma_y}{2}$$

$$\overline{CD_2} = \sqrt{\left(\overline{B_2 D_2}\right)^2 + \left(\overline{B_2 C}\right)^2} = \sqrt{\tau_x^2 + \left(\frac{\sigma_x - \sigma_y}{2}\right)^2}$$

因此该圆可以反映式(11.2)的关系,为该应力状态下的应力圆。

下面介绍应力圆在求解斜截面上应力的应用。

由以上应力圆的作图方法可知,在应力圆上 D_1 点的坐标值代表以 x 轴为法线的面上的应力。若求与 x 轴交角为 α 的斜面上的应力,可自 D_1 点起在圆周上按逆时针方向转 2α 的圆心角到 E 点,则 E 点的坐标就代表以 n 为法线的斜截面上的应力 σ_α、τ_α。证明如下。

E 点的坐标:

$$\overline{OF} = \overline{OC} + \overline{CE}\cos(2\alpha_0 + 2\alpha) = \overline{OC} + \overline{CE}\cos2\alpha_0\cos2\alpha - \overline{CE}\sin2\alpha_0\sin2\alpha$$

$$\overline{FE} = \overline{CE}\sin(2\alpha_0 + 2\alpha) = \overline{CE}\sin2\alpha_0\cos2\alpha + \overline{CE}\cos2\alpha_0\sin2\alpha$$

而 $\overline{CE}$、$\overline{CD_1}$ 均为半径。故

$$\overline{CE}\cos2\alpha_0 = \overline{CD_1}\cos2\alpha_0 = \frac{\sigma_x - \sigma_y}{2}$$

$$\overline{CE}\sin2\alpha_0 = \overline{CD_1}\sin2\alpha_0 = \tau_x$$

则　　$$\overline{OF} = \frac{\sigma_x + \sigma_y}{2} + \frac{\sigma_x - \sigma_y}{2}\cos2\alpha - \tau_x\sin2\alpha$$

$$\overline{FE} = \frac{\sigma_x - \sigma_y}{2}\sin2\alpha + \tau_x\cos2\alpha$$

故　　$$\overline{OF} = \sigma_\alpha, \qquad \overline{FE} = \tau_\alpha$$

由此可见,单元体某一截面的应力,必对应于应力圆上点的坐标;若单元体任两个面外法线之间的夹角为 β,则在应力圆上代表两个面应力的两点之间的圆弧所对的圆心角必为 2β,且转向一致。

11.2.3　主应力和主平面

由图 11.4 可以看出,应力圆上 A_1 和 A_2 两点对应的截面上剪应力为 0。一点处切应力为 0 的截面称为主平面。在主平面上的正应力称为主应力。

一般来说,通过受力构件的任意点皆可找到三个互相垂直的主平面。因而有三个主应力,通常用 σ_1、σ_2、σ_3 表示,三者的顺序按代数值大小排列即 $\sigma_1 \geqslant \sigma_2 \geqslant \sigma_3$。依据三个主应力是否为 0,可以分为如下三种应力状态。

(1)单向应力状态:只有一个主应力不为 0 的应力状态。

(2)双向应力状态:有两个主应力不为 0 的应力状态,也称平面应力状态。

(3)三向应力状态：三个主应力均不为 0 的应力状态，也称空间应力状态。

下面利用应力圆确定主应力、主平面的位置。如图 11.4 所示，应力圆 A_1、A_2 两点的纵坐标为 0，则横坐标分别为主应力 $\sigma_{\max}$ 和 $\sigma_{\min}$。

$$\sigma_{\max} = \overline{OA_1} = \overline{OC} + \overline{CA_1}, \quad \sigma_{\min} = \overline{OA_2} = \overline{OC} - \overline{CA_2}$$

$$\overline{OC} = \frac{\sigma_x + \sigma_y}{2}, \quad \overline{CA_1} = \overline{CA_2} = \sqrt{\frac{(\sigma_x - \sigma_y)^2}{2} + \tau_x^2}$$

则

$$\left.\begin{array}{c}\sigma_{\max} \\ \sigma_{\min}\end{array}\right\} = \frac{\sigma_x + \sigma_y}{2} \pm \sqrt{\left(\frac{\sigma_x - \sigma_y}{2}\right)^2 + \tau_x^2} \tag{11.3}$$

根据上式就确定了主应力的大小，再根据 $\sigma_1 \geqslant \sigma_2 \geqslant \sigma_3$，即可确定 σ_1、σ_2、σ_3 对应的大小。

同样可以利用应力圆确定主平面位置：应力圆 D_1 点到 A_1 点圆心角为顺时针 $2\alpha_0$，所以在单元体上由 x 轴顺时针转动 α_0，这就确定了 σ_1 所在主平面位置，据 α_0 的符号规定，顺时针 α_0 为负，故 $\tan 2\alpha_0 = -\dfrac{\overline{B_1 D_1}}{\overline{CB_1}} = -\dfrac{2\tau_x}{\sigma_x - \sigma_y}$。

【例 11.1】 已知构件中某点处于二向应力状态，单元体各面上的应力如图 11.5 所示。试求：

(1)斜截面 $\alpha = 30°$ 上的应力；

(2)主应力大小；

(3)画出主平面的位置与主应力的方向。

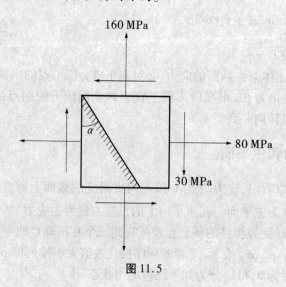

图 11.5

解 由图示可知：

$$\sigma_x = 80 \text{ MPa}, \quad \sigma_y = 160 \text{ MPa}, \quad \tau_x = 30 \text{ MPa}$$

（1）α 截面上应力

根据公式（11.1），有

$$\sigma_\alpha = \frac{\sigma_x + \sigma_y}{2} + \frac{\sigma_x - \sigma_y}{2}\cos2\alpha - \tau_x\sin2\alpha = 74.02 \text{ MPa}$$

$$\tau_\alpha = \frac{\sigma_x - \sigma_y}{2}\sin2\alpha + \tau_x\cos2\alpha = -19.64 \text{ MPa}$$

（2）主应力

根据公式（11.3），有

$$\sigma_1 = \frac{\sigma_x + \sigma_y}{2} + \sqrt{\left(\frac{\sigma_x - \sigma_y}{2}\right)^2 + \tau_x^2} = 170 \text{ MPa}$$

$$\sigma_2 = \frac{\sigma_x + \sigma_y}{2} - \sqrt{\left(\frac{\sigma_x - \sigma_y}{2}\right)^2 + \tau_x^2} = 70 \text{ MPa}$$

（3）主平面、主应力方位

$$\tan2\alpha_0 = \frac{-2\tau_x}{\sigma_x - \sigma_y} = \frac{3}{4} \Rightarrow \alpha_0 = 18.43°(\sigma_2)$$

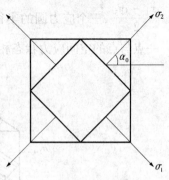

图 11.6

根据计算结果，作出主平面、主应力方位如图 11.6 所示。

11.3　空间应力状态的概念

如果单元体上各截面上应力均不为 0，这种单元体代表的应力状态，称为一般的空间应力状态，如图 11.7 所示。此时剪应力 τ_{xy} 有两个下标：第一个下标表示切应力所在平面，第二个下标表示切应力的方向。根据剪应力互等定理，$\tau_{xy} = \tau_{yx}, \tau_{yz} = \tau_{zy}, \tau_{zx} = \tau_{xz}$。

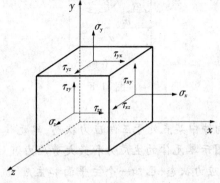

图 11.7

此时独立的应力分量有 6 个：σ_x、σ_y、σ_z、τ_{xy}、τ_{yz}、τ_{zx}。

当对处于空间应力状态下的构件危险点进行强度计算时，通常需要求最大正应力和最大切应力。如果受力物体内某一处三个主应力 σ_1、σ_2 和 σ_3 均为已知时，利用应力圆可确定该点处的最大正应力和最大切应力。此时应力圆的做法为：首先研究与其中一主平面（例如主应力 σ_3 平面）垂直的斜截面上的应力。采用截面法，将单元体分为两部分，取左边研究，平行于 σ_3 各斜截面的应力不受 σ_3 的影响，此时斜截面及单元体的应力状态可由主应力 σ_1 和 σ_2 画出应力圆确定，而该应力圆的最大、最小正应力分别为 σ_1 和 σ_2。同理分别研究与主应力 σ_1 平面和 σ_2 平面相垂直的斜截面上的应力，可以依次作出由主应力 σ_2 和 σ_3 以及主应力 σ_1 和 σ_3 确定的应力圆，如图 11.8(c) 所示，可以看出三个应力圆两两相切。在空间应力状态下 $\sigma_{\max} = \sigma_1$，$\sigma_{\min} = \sigma_3$，$\tau_{\max} = \dfrac{\sigma_1 - \sigma_3}{2}$，三个应力圆的半径分别为 $\dfrac{\sigma_2 - \sigma_3}{2}$、$\dfrac{\sigma_1 - \sigma_2}{2}$ 和 $\dfrac{\sigma_1 - \sigma_3}{2}$。处于阴影中的任一点与点的空间应力状态相对应。如 B 点位置 $\perp \sigma_2$ 主平面，与 σ_1、σ_3 成 45° 角。

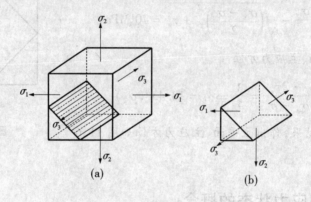

(a)　　(b)

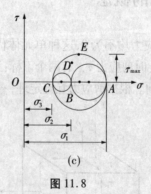

(c)

图 11.8

【例 11.2】 已知构件中某点处于三向应力状态，单元体各面上的应力如图 11.9 所示，单位为 MPa。求图示单元体的主应力和最大剪应力。

解 这是特殊三向应力状态，已知一个主平面和主应力，另两个主平面和主应力可按平面应力状态计算。

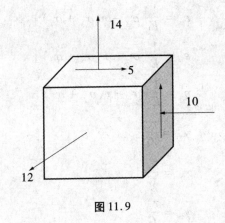

图 11.9

$$\left.\begin{array}{r}\sigma' \\ \sigma''\end{array}\right\} = \frac{\sigma_x + \sigma_y}{2} \pm \sqrt{\left(\frac{\sigma_x - \sigma_y}{2}\right)^2 + \tau_{xy}^2}$$

$$= \frac{-10 + 14}{2} \pm \sqrt{\left(\frac{-10 - 14}{2}\right)^2 + (-5)^2}$$

$$= \begin{cases} 15 \ (\text{MPa}) \\ -11 \ (\text{MPa}) \end{cases}$$

故 $\sigma_1 = 15$ MPa,$\sigma_2 = 12$ MPa,$\sigma_3 = -11$ MPa。

则

$$\tau_{\max} = \frac{\sigma_1 - \sigma_3}{2} = \frac{15 - (-11)}{2} = 13 \ (\text{MPa})$$

11.4　广义胡克定律

如前所述,在单向拉压时,线弹性范围内的应力与应变关系是 $\sigma = E\varepsilon$。这是单向应力状态下的胡克定律。在纯剪切情况下,当 $\tau < \tau_p$ 时,$\tau = G\gamma$。本节研究空间应力状态下应力与应变之间的关系,通常称为广义胡克定律。

一点处的独立应力分量有 6 个,即 σ_x、σ_y、σ_z、τ_{xy}、τ_{yz}、τ_{zx}。对于各向同性材料,当变形很小且在线弹性范围内时,线应变 ε_x、ε_y、ε_z 只与正应力 σ_x、σ_y、σ_z 有关,而与剪应力无关;切应变 γ_{xy}、γ_{yz}、γ_{zx} 只与剪应力 τ_{xy}、τ_{yz}、τ_{zx} 有关,而与正应力无关。可先计算各应力分量单独作用下各面对应的应变,然后再进行叠加,得到广义胡克定律的一般表达式:

$$\varepsilon_x = \frac{1}{E}\left[\sigma_x - v(\sigma_y + \sigma_z)\right]$$

$$\varepsilon_y = \frac{1}{E}\left[\sigma_y - v(\sigma_x + \sigma_z)\right]$$

$$\varepsilon_z = \frac{1}{E}\left[\sigma_z - v(\sigma_y + \sigma_x)\right]$$

$$\gamma_{xy} = \frac{\tau_{xy}}{G}$$ (11.4)

$$\gamma_{yz} = \frac{\tau_{yz}}{G}$$

$$\gamma_{zx} = \frac{\tau_{zx}}{G}$$

当单元体 6 个面都是主平面时, x、y、z 的方向分别与 σ_1、σ_2 和 σ_3 的方向一致,这时 $\sigma_x = \sigma_1$,$\sigma_y = \sigma_2$,$\sigma_z = \sigma_3$,$\tau_{xy} = \tau_{yz} = \tau_{zx} = 0$,得到用主应力和主应变表示的广义胡克定律:

$$\varepsilon_1 = \frac{1}{E}\left[\sigma_1 - v(\sigma_2 + \sigma_3)\right]$$

$$\varepsilon_2 = \frac{1}{E}\left[\sigma_2 - v(\sigma_3 + \sigma_1)\right]$$

$$\varepsilon_3 = \frac{1}{E}\left[\sigma_3 - v(\sigma_1 + \sigma_2)\right]$$ (11.5)

$$\gamma_{xy} = 0$$

$$\gamma_{yz} = 0$$

$$\gamma_{zx} = 0$$

其中,ε_1、ε_2、ε_3 称为主应变。

下面再推求体积应变与应力分量间的关系式:体积胡克定律。

构件在受力变形后,通常引起体积变化。每单位体积的体积变化,称为体应变,用 θ 表示。如图 11.10 所示,主单元体边长分别为 a_1、a_2、a_3。

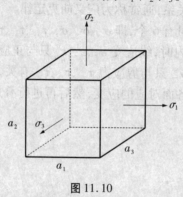

图 11.10

变形前体积为

$$V_0 = a_1 a_2 a_3$$

变形后,六面体的三个边长度分别变为

$$a_1 + \varepsilon_1 a_1 = (1 + \varepsilon_1) a_1$$

$$a_2 + \varepsilon_2 a_2 = (1 + \varepsilon_2) a_2$$

$$a_3 + \varepsilon_3 a_3 = (1 + \varepsilon_3) a_3$$

变形后体积为

$$V_1 = (1 + \varepsilon_1)(1 + \varepsilon_2)(1 + \varepsilon_3) a_1 a_2 a_3$$

展开并略去高阶项:

$$V_1 = (1 + \varepsilon_1 + \varepsilon_2 + \varepsilon_3) a_1 a_2 a_3$$

单位体积变化率为

$$\theta = \frac{V_1 - V_0}{V_0} = \varepsilon_1 + \varepsilon_2 + \varepsilon_3 = \frac{1 - 2v}{E}(\sigma_1 + \sigma_2 + \sigma_3)$$

将上式改写成

$$\theta = \frac{3(1 - 2v)}{E} \cdot \frac{\sigma_1 + \sigma_2 + \sigma_3}{3} = \frac{\sigma_m}{k} \tag{11.6}$$

k 称为体积弹性模量,σ_m 称为三个主应力的平均值。

式 11.6 称为体积胡克定律。可以看出体积应变 θ 只与 σ_1、σ_2、σ_3 有关,而与切应变无关;且 θ 与三个主应力的平均值 σ_m 成正比。

11.5　强度理论及其相当应力

一般情况下,材料破坏与材料性质和所处的应力状态相关,材料破坏主要有两种形式:塑性屈服和脆性断裂。要判断构件是否破坏,必须建立适应于常温静载和一般复杂应力状态下的弹性失效准则,也就是强度理论,其基本思想是:①确认引起材料失效存在的共同的力学原因,提出关于这一共同力学原因的假设;②根据实验室中标准试件在简单受力情况下的破坏实验(如拉伸),建立起材料在复杂应力状态下共同遵循的弹性失效准则和强度条件。

当前工程上常用的经典强度理论都是根据塑性屈服和脆性断裂两类失效形式,分别提出共同力学原因的假设。相应的强度理论也分为两类:解决脆性断裂破坏的,有最大拉应力强度理论和最大伸长线应变理论;解决塑性屈服破坏的,有最大剪应力理论和形状改变比能理论。

(1)最大拉应力理论(第一强度理论)　基本观点:材料中的最大拉应力达到与材

料性质有关的某一极限值,材料就发生脆性断裂破坏,即 $\sigma_{max}^+ = \sigma_u$。在复杂应力状态下,由于 $\sigma_1 \geq \sigma_2 \geq \sigma_3$,$\sigma_1 > 0$,$\sigma_{max}^+ = \sigma_1$,可以通过轴向拉伸试验确定 σ_u。简单拉伸状态破坏试验中材料脆性断裂时对应的最大拉应力为 $\sigma_1 = \sigma_u = \sigma_b$,$\sigma_2 = \sigma_3 = 0$。因此最大拉应力脆断准则为

$$\sigma_1 = \sigma_b \tag{11.7a}$$

相应的强度条件为

$$\sigma_{max} = \sigma_1 \leqslant [\sigma] = \frac{\sigma_b}{n_b} \tag{11.7b}$$

上式突出了 σ_1,而未考虑 σ_2、σ_3 的影响,它与铸铁、工业陶瓷等多数脆性材料的实验结果较符合。特别适用于拉伸型应力状态(如 $\sigma_1 \geq \sigma_2 > \sigma_3 = 0$),也适用于混合型应力状态中拉应力占优者($\sigma_1 > 0$,$\sigma_3 < 0$,但 $|\sigma_1| > |\sigma_3|$)。

(2)最大伸长线应变理论(第二强度理论) 最大伸长线应变理论认为材料中最大伸长线应变到达材料脆断伸长线应变 ε_u 时,即产生脆性断裂,即 $\varepsilon_{max}^+ = \varepsilon_u$。在复杂应力状态下,由于 $\varepsilon_1 \geq \varepsilon_2 \geq \varepsilon_3$,当 $\varepsilon_1 > 0$ 时,$\varepsilon_{max}^+ = \varepsilon_1 = \frac{1}{E}[\sigma_1 - v(\sigma_2 + \sigma_3)]$。同样可以通过轴向拉伸试验确定 ε_u。简单拉伸状态破坏试验中材料脆性断裂时 $\sigma_1 = \sigma_b$,$\sigma_2 = \sigma_3 = 0$,对应最大伸长线应变为 $\varepsilon_u = \varepsilon_b = \frac{\sigma_b}{E}$。因此最大伸长线应变准则为

$$\sigma_1 - v(\sigma_2 + \sigma_3) = \sigma_b \tag{11.8a}$$

相应的强度条件为

$$\sigma_1 - v(\sigma_2 + \sigma_3) \leqslant [\sigma] = \frac{\sigma_b}{n_b} \tag{11.8b}$$

最大伸长线应变理论考虑了 σ_2、σ_3 的影响,它只与石料、混凝土等少数脆性材料的实验结果较符合,铸铁在混合型压应力占优应力状态下($\sigma_1 > 0$,$\sigma_3 < 0$,$|\sigma_1| < |\sigma_3|$,$\sigma_3 < 0$,$|\sigma_1| < |\sigma_3|$)的实验结果也较符合,但上述材料的脆断实验不支持本理论描写的 σ_2、σ_3 对材料强度的影响规律。

(3)最大剪应力理论(第三强度理论) 最大剪应力理论认为材料中的最大剪应力到达该材料的剪切抗力 τ_u 时,即产生塑性屈服,即 $\tau_{max} = \tau_u$。在复杂应力状态下,由图11.8(c)可以看出 $\tau_{max} = \frac{\sigma_1 - \sigma_3}{2}$。可以通过简单拉伸屈服试验来确定材料的 τ_u。轴向拉伸试验时,$\sigma_1 = \sigma_s$,$\sigma_2 = \sigma_3 = 0$,屈服时剪切抗力为 $\tau_u = \tau_s = \frac{\sigma_s}{2}$。故最大剪应力屈服准则为

$$\sigma_1 - \sigma_3 = \sigma_s \tag{11.9a}$$

相应的强度条件为

普通高等教育力学"十二五"规划教材

$$\sigma_1 - \sigma_3 \leqslant [\sigma] = \frac{\sigma_s}{n_s} \tag{11.9b}$$

最大剪应力理论只考虑了最大主剪应力 τ_{13} ，而未考虑其他两个主剪应力 τ_{12}、τ_{32} 的影响，但与低碳钢、铜、软铝等塑性较好材料的屈服试验结果符合较好，并可用于像硬铝那样塑性变形较小，无颈缩材料的剪切破坏。

此准则也称特雷斯卡(Tresca)屈服准则。

(4)形状改变比能理论(第四强度理论)　形状改变比能理论认为材料中形状改变比能到达该材料的临界值$(u_f)_u$时，即产生塑性屈服，即 $u_f = (u_f)_u$。对于复杂应力状态下 $\sigma_1 \geqslant \sigma_2 \geqslant \sigma_3$，此时

$$u_f = \frac{1+v}{6E}\big[(\sigma_1 - \sigma_2)^2 + (\sigma_2 - \sigma_3)^2 + (\sigma_3 - \sigma_1)^2 \big]$$

可以通过简单拉伸屈服试验来确定相应临界值$(u_f)_u$。构件处于简单拉伸屈服试验时，$\sigma_1 = \sigma_s$，$\sigma_2 = \sigma_3 = 0$，$(u_f)_u = \frac{1+v}{6E} \cdot 2\sigma_s^2$。故形状改变比能准则为

$$\sqrt{\frac{1}{2}\big[(\sigma_1 - \sigma_2)^2 + (\sigma_2 - \sigma_3)^2 + (\sigma_3 - \sigma_1)^2 \big]} = \sigma_s \tag{11.10a}$$

相应的强度条件为：

$$\sqrt{\frac{1}{2}\big[(\sigma_1 - \sigma_2)^2 + (\sigma_2 - \sigma_3)^2 + (\sigma_3 - \sigma_1)^2 \big]} \leqslant [\sigma] = \frac{\sigma_s}{n_s} \tag{11.10b}$$

形状改变比能理论既突出了最大主剪应力对塑性屈服的作用，又适当考虑了其他两个主剪应力的影响，它与塑性较好材料的试验结果比第三强度理论符合得更好。

此准则也称为米泽斯(Mises)屈服准则。由于机械、动力行业遇到的荷载往往较不稳定，因而较多地采用偏于安全的第三强度理论；土建行业的荷载往往较为稳定，因而较多地采用第四强度理论。

综合以上四个强度理论，可以写成统一的强度条件表达式：

$$\sigma_r \leqslant [\sigma] \tag{11.11}$$

σ_r 称相当应力，它由三个主应力按一定形式组合而成。下面分别给出四种强度理论对应的相当应力计算公式。

第一强度理论：$\sigma_{r1} = \sigma_1$；

第二强度理论：$\sigma_{r2} = \sigma_1 - v(\sigma_2 + \sigma_3)$

第三强度理论：$\sigma_{r3} = \sigma_1 - \sigma_3$

第四强度理论：$\sigma_{r4} = \sqrt{\frac{1}{2}\big[(\sigma_1 - \sigma_2)^2 + (\sigma_2 - \sigma_3)^2 + (\sigma_3 - \sigma_1)^2 \big]}$

上面介绍了四种经典的强度理论，在选择时有一定的原则。一般来说，处于复杂应力状态并在常温、静载下的脆性材料(铸铁、石料、混凝土、玻璃)多发生断裂破坏，

因此常采用第一强度理论,而塑性材料(碳钢、铜、铝)则发生屈服破坏,所以常采用三、四强度理论。但在特殊情况下除外,如在三向拉伸且三个主应力接近时,均选第一强度理论;在三向压缩且三个主应力接近时,均选第三或第四强度理论。对于脆性材料,在二向拉伸以及二向拉压应力状态下且拉应力较大时,采用第一强度理论;在二向拉、压应力状态且压应力较大时,选用第二强度理论。

【例11.3】 构件上某点单元体各面的应力如图11.11所示,应力单位为 MPa。试分别按各强度理论计算相当应力($v=0.25$)。

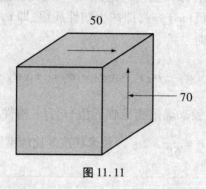

50

70

图 11.11

解 由图 11.11 可以看出

$$\sigma_x = -70 \text{ MPa}, \quad \sigma_y = \sigma_z = 0, \quad \tau_x = -50 \text{ MPa}$$

相应的主应力为

$$\sigma_1 = \frac{\sigma_x}{2} + \sqrt{\left(\frac{\sigma_x}{2}\right)^2 + \tau_x^2} = 26 \text{ (MPa)}$$

$$\sigma_2 = 0, \quad \sigma_3 = -96 \text{ (MPa)}$$

则

$$\sigma_{r1} = \sigma_1 = 26 \text{ (MPa)}$$

$$\sigma_{r2} = \sigma_1 - v(\sigma_2 + \sigma_3) = 50 \text{ (MPa)}$$

$$\sigma_{r3} = \sigma_1 - \sigma_3 = 122 \text{ (MPa)}$$

$$\sigma_{r4} = \sqrt{\frac{1}{2}\left[(\sigma_1 - \sigma_2)^2 + (\sigma_2 - \sigma_3)^2 + (\sigma_3 - \sigma_1)^2\right]} = 111 \text{ (MPa)} 。$$

【例11.4】 已知铸铁构件上危险点处的应力状态,如图11.12所示,应力单位为 MPa。若铸铁拉伸许用应力为 $[\sigma]^+ = 30$ MPa,试校核该点处的强度是否安全。

解 选用第一强度理论。

$$\left.\begin{array}{r}\sigma' \\ \sigma''\end{array}\right\} = \frac{\sigma_x + \sigma_y}{2} \pm \sqrt{\left(\frac{\sigma_x - \sigma_y}{2}\right)^2 + \tau_x^2} = \begin{cases} 29.8 \text{ MPa} \\ 3.72 \text{ MPa} \end{cases}$$

故

$$\sigma_1 = 29.28 \text{ MPa}, \quad \sigma_2 = 3.72 \text{ MPa}, \quad \sigma_3 = 0$$

由于

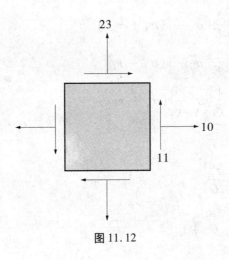

图 11.12

$$\sigma_1 = 29.28 \text{ MPa} < [\sigma] = 30 \text{ MPa}$$

所以该点处的强度安全。

在进行强度计算时要注意如下事项：

(1)一般情况下,可根据构件的材料属性选用合适的强度理论。

(2)首先对构件进行受力分析,再根据内力图分析可能危险面,然后根据危险面上的应力分布,找出可能危险点,并画出他们相应的应力状态(单元体),计算有关应力分量,对复杂应力状态计算其主应力。

(3)对危险点按选用的强度理论作强度校核或强度计算。特别注意不要漏掉可能的危险点或选错强度理论。最后要给出计算结论。

小　结

本章介绍了应力状态和强度理论,主要内容如下。

一点处的应力状态指过该点处所有截面上应力的全部情况或所有方位截面上应力的集合。应力状态分析就是研究这些不同方位截面上应力随截面方向的变化规律。

如单元体上有一对平面上的正应力和剪应力均等于0,不等于0的应力分量均处于同一坐标平面内,则称为平面应力状态。平面应力状态分析可以采用解析法和图解法。要注意图解法中应力圆的作法。

单元体某一截面的应力,必对应于应力圆上点的坐标;若单元体任两个面外法线之间的夹角为β,则在应力圆上代表两个面应力的两点之间的圆弧所对的圆心角必为2β,且转向一致。

依据三个主应力是否为0,可以分为三种应力状态:单向应力状态、双向应力状态和三向应力状态。

广义胡克定律表示空间应力状态下应力与应变之间的关系。广义胡克定律的一般表达式为

$$\varepsilon_x = \frac{1}{E}\left[\sigma_x - v(\sigma_y + \sigma_z)\right]$$

$$\varepsilon_y = \frac{1}{E}\left[\sigma_y - v(\sigma_x + \sigma_z)\right]$$

$$\varepsilon_z = \frac{1}{E}\left[\sigma_z - v(\sigma_y + \sigma_x)\right]$$

$$\gamma_{xy} = \frac{\tau_{xy}}{G}$$

$$\gamma_{yz} = \frac{\tau_{yz}}{G}$$

$$\gamma_{zx} = \frac{\tau_{zx}}{G}$$

体积胡克定律为

$$\theta = \frac{3(1-2v)}{E}\cdot\frac{\sigma_1 + \sigma_2 + \sigma_3}{3} = \frac{\sigma_{\mathrm{m}}}{k}$$

强度理论主要介绍了以下四种强度理论:最大拉应力理论、最大伸长线应变理论、最大剪应力理论和形状改变比能理论。

(1)最大拉应力理论(第一强度理论):材料中的最大拉应力到达与材料性质有关的某一极限值,材料就发生脆性断裂破坏。

(2)最大伸长线应变理论(第二强度理论):材料中最大伸长线应变到达材料脆断伸长线应变时,即产生脆性断裂。

(3)最大剪应力理论(第三强度理论):最大剪应力理论认为材料中的最大剪应力到达该材料的剪切抗力时,即产生塑性屈服。

(4)形状改变比能理论(第四强度理论):材料中形状改变比能到达该材料的临界值时,即产生塑性屈服。

四种经典的强度理论,在选择时应遵循相应的原则。一般情况下,可根据构件的材料属性选用合适的强度理论。

思考题

11.1　等截面直杆弯扭组合变形时,第三强度理论的强度条件表达式是(　　　)。

A. $\sigma_{r3} = \dfrac{\sqrt{M^2 + T^2}}{W_z} \leqslant [\sigma]$ 　　　　B. $\sigma_{r3} = \dfrac{\sqrt{M^2 + 0.75T^2}}{W_z} \leqslant [\sigma]$

C. $\sigma_{r3} = \sqrt{\sigma^2 + 4\tau^2} \leqslant [\sigma]$ 　　　　D. $\sigma_{r3} = \sqrt{\sigma^2 + 3\tau^2} \leqslant [\sigma]$

11.2　按照第三强度理论,图示杆的强度条件表达式是(　　　)。

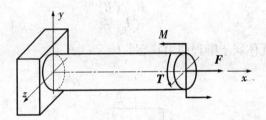

思考题 11.2 图

A. $\dfrac{F}{A} + \sqrt{\left(\dfrac{M}{W_z}\right)^2 + 4\left(\dfrac{T}{W_p}\right)^2} \leqslant [\sigma]$

B. $\dfrac{F}{A} + \dfrac{M}{W_z} + \dfrac{T}{W_p} \leqslant [\sigma]$

C. $\sqrt{\left(\dfrac{F}{A} + \dfrac{M}{W_z}\right)^2 + \left(\dfrac{T}{W_p}\right)^2} \leqslant [\sigma]$

D. $\sqrt{\left(\dfrac{F}{A} + \dfrac{M}{W_z}\right)^2 + 4\left(\dfrac{T}{W_p}\right)^2} \leqslant [\sigma]$

11.3　图示应力状态,用第三强度理论校核时,其相当应力为(　　)。

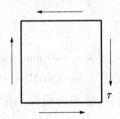

思考题 11.3 图

A. $\sigma_{r3} = \sqrt{\tau}$　　　　　　　B. $\sigma_{r3} = \tau$

C. $\sigma_{r3} = \sqrt{3}\,\tau$　　　　　　D. $\sigma_{r3} = 2\tau$

11.4　对于图示各点应力状态,属于单向应力状态的是(　　)。

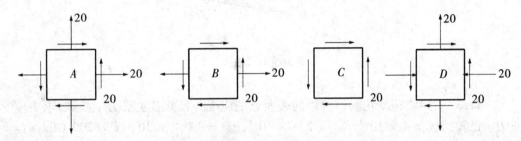

思考题 11.4 图(单位:MPa)

A. 点 A B. 点 B
C. 点 C D. 点 D

11.5　图示单元体属于哪种应力状态?(　　)。

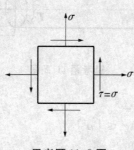

思考题 11.5 图

A. 单向应力状态   B. 二向应力状态
C. 三向应力状态   D. 纯剪切状态

11.6　广义胡克定律的适用范围为(　　)。

A. 在小变形范围内   B. 在屈服极限范围内
C. 在比例极限范围内   D. 在强度极限范围内

习题

11.1　一直杆横截面为矩形,边长 $a=40$ mm,$b=5$ mm,两端受轴向拉力 F 作用,测得与轴线成 $\alpha=45°$ 截面上的切应力 $\tau=150$ MPa。试求力 F 的大小。

11.2　某点处于二向应力状态,已知两截面上的应力 σ_A、σ_B、τ_A 及夹角 α。试求切应力 τ_B 与主应力。

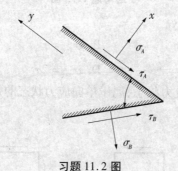

习题 11.2 图

11.3　用45°应变花测得构件的表面点的应变并已知各主要力学参数,求主应力。已知: $\varepsilon_{0°} = 4 \times 10^{-4}$,$\varepsilon_{45°} = 2.6 \times 10^{-4}$,$\varepsilon_{90°} = -0.8 \times 10^{-4}$,$E = 200$ GPa,$G = 80$ GPa,$v = 0.25$。

11.4　矩形截面杆,横截面边长 $a=10$ mm,$b=20$ mm,受轴向拉力 F 作用,测得表面 B 点处 α 方向的正应变 $\varepsilon_\alpha=3.25\times10^{-4}$,$\alpha=30°$,$E=210$ GPa,$\gamma=0.25$。试求力 F 的

普通高等教育力学"十二五"规划教材

大小。

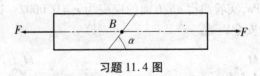

习题 11.4 图

11.5　钢板厚 $\delta=6$ mm,两个垂直方向受拉,正应力为 $\sigma_x=150$ MPa, $\sigma_y=55$ MPa, $E=210$ GPa , $\gamma=0.25$,。试求板厚变化 $\Delta\delta$ 。

11.6　某简支梁如下图所示, $AB=2.5$ m, $AC=BD=0.42$ m。工字型截面尺寸 $h=280$ mm, $h_1=252.6$ mm, $b=122$ mm, $\delta=8.5$ mm。受力 F $=200$ kN, $[\sigma]=170$ MPa, $[\tau]=100$ MPa。试按第四强度理论校核其强度。

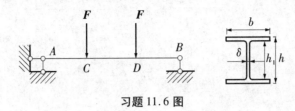

习题 11.6 图

11.7　下图所示传动轴,传递功率为 7.35 kW,转速为 100 r/min,轮 A 上的皮带水平,轮 B 上的皮带铅直,两轮直径均为 600 mm, $F_1>F_2$, $F_2=1.5$ kN, $[\sigma]=80$ MPa 。试用第三强度理论选择轴的直径 d 。

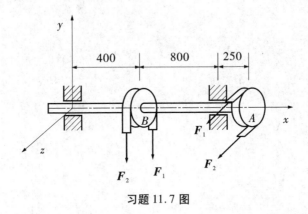

习题 11.7 图

11.8　今测得受扭圆轴表面与轴线成45°方向的线应变 $\varepsilon_{45°}=260\times10^{-6}$ 。已知 $E=200$ GPa, $\upsilon=0.3$, $[\sigma]=160$ MPa。用第三强度理论校核其强度。

习题 11.8 图

11.9 如下图所示受扭圆轴的 $d = 30$ mm，材料的弹性模量 $E = 210$ GPa，$v = 0.3$，屈服极限 $\sigma_s = 240$ MPa，实验测得 ab 方向的应变为 $\varepsilon = 0.0002$。试按第三强度理论确定设计该轴时采用的安全因数。

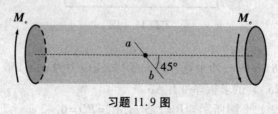

习题 11.9 图

第12章 组合变形的强度计算

12.1 组合变形的概念

在前面几章中,研究了构件在发生轴向拉伸(压缩)、剪切、扭转、弯曲等基本变形时的强度和刚度问题。在工程实际中,有很多构件在荷载作用下往往发生两种或两种以上的基本变形。若其中有一种变形是主要的,其余变形所引起的应力(或变形)很小,则构件可按主要的基本变形进行计算。若几种变形所对应的应力(或变形)属于同一数量级,则构件的变形为组合变形。例如,图12.1(a)所示吊钩的 AB 段,在力 F 作用下,将同时产生拉伸与弯曲两种基本变形;机械中的齿轮传动轴[图12.1(b)]在外力作用下,将同时发生扭转变形及在水平平面和垂直平面内的弯曲变形;斜屋架上的工字钢檩条[图12.2(a)],可以作为简支梁来计算[图12.2(b)],因为 q 的作用线并不通过工字截面的任一根形心主惯性轴[图12.2(c)],则引起沿两个方向的平面弯曲,这种情况称为斜弯曲。

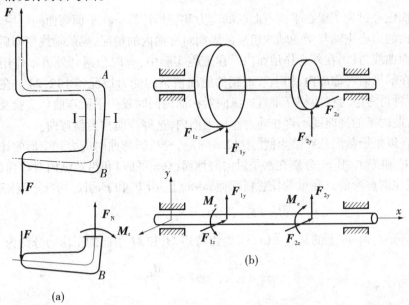

图 12.1

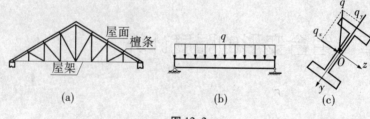

图 12.2

　　求解组合变形问题的基本方法是叠加法,即首先将组合变形分解为几个基本变形,然后分别考虑构件在每一种基本变形情况下的应力和变形,最后利用叠加原理,综合考虑各基本变形的组合情况,以确定构件的危险截面、危险点的位置及危险点的应力状态,并据此进行强度计算。实验证明,只要构件的刚度足够大,材料又服从胡克定律,则由上述叠加法所得的计算结果是足够精确的。反之,对于小刚度、大变形的构件,必须要考虑各基本变形之间的相互影响,例如大挠度的压弯杆,叠加原理就不能适用。

　　下面分别讨论在工程中经常遇到的几种组合变形。

12.2　斜弯曲

　　前面已经讨论了梁在平面弯曲时的应力和变形计算。在平面弯曲问题中,外力作用在截面的形心主轴与梁的轴线组成的纵向对称面内的情况,梁的轴线变形后将变为一条平面曲线,且仍在外力作用面内。在工程实际中,有时会遇到外力不作用在形心主轴所在的纵向对称面内,如上节提到的屋面檩条的受力情况(图 12.2)。在这种情况下,杆件可考虑为在两相互垂直的纵向对称面内同时发生平面弯曲。实验及理论研究指出,此时梁的挠曲线不再在外力作用平面内,这种弯曲称为斜弯曲。

　　现在以矩形截面悬臂梁为例[图 12.3(a)],分析斜弯曲时应力和变形的计算。这时梁在 F_1 和 F_2 作用下,分别在水平纵向对称面(Oxz 平面)和铅垂纵向对称面(Oxy 平面)内发生对称弯曲。在梁的任意横截面 $m\text{-}m$ 上,由 F_1 和 F_2 引起的弯矩值依次为

$$M_y = F_1 x, \quad M_z = F_2(x - a)$$

在横截面 $m\text{-}m$ 上的某点 $C(y, z)$ 处由弯矩 M_y 和 M_z 引起的正应力分别为

$$\sigma' = \frac{M_y}{I_y} z, \quad \sigma'' = -\frac{M_z}{I_z} y$$

根据叠加原理, σ' 和 σ'' 的代数和即为 C 点的正应力,即

$$\sigma' + \sigma'' = \frac{M_y}{I_y} z - \frac{M_z}{I_z} y \tag{12.1}$$

式中, I_y 和 I_z 分别为横截面对 y 轴和 z 轴的惯性矩; M_y 和 M_z 分别是截面上位于水平和

　普通高等教育力学"十二五"规划教材

铅垂对称平面内的弯矩,且其力矩矢量分别与 y 轴和 z 轴的正向一致[图 12.3(b)]。在具体计算中,也可以先不考虑弯矩 M_y、M_z 和坐标 y、z 的正负号,以其绝对值代入,然后根据梁在 F_1 和 F_2 分别作用下的变形情况,来判断式(12.1)右边两项的正负号。

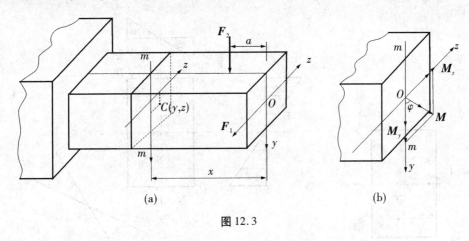

图 12.3

为了进行强度计算,必须先确定梁内的最大正应力。最大正应力发生在弯矩最大的截面(危险截面)上,但要确定截面上哪一点的正应力最大(就是要找出危险点的位置),应先确定截面上中性轴的位置。由于中性轴上各点处的正应力均为零,令 (y_0, z_0) 代表中性轴上的任一点,将它的坐标值代入式(12.1),即可得中性方程

$$\frac{M_y}{I_y}z_0 - \frac{M_z}{I_z}y_0 = 0 \tag{12.2}$$

从上式可知,中性轴是一条通过横截面形心的直线,令中性轴与 y 轴的夹角为 α,则

$$\tan\alpha = \frac{z_0}{y_0} = \frac{M_z}{M_y} \cdot \frac{I_y}{I_z} = \frac{I_y}{I_z}\tan\varphi$$

式中,角度 φ 是横截面上合成弯矩 $M = \sqrt{M_y^2 + M_z^2}$ 的矢量与 y 轴的夹角[图 12.3(b)]。一般情况下,由于截面的 $I_y \neq I_z$,因而中性轴与合成弯矩 M 所在的平面并不垂直。而截面的挠度垂直于中性轴[图 12.4(a)],所以挠曲线将不在合成弯矩所在的平面内,这与平面弯曲不同。对于正方形、圆形等截面以及某些特殊组合截面,其中 $I_y = I_z$,就是所有形心轴都是主惯性轴,故 $\alpha = \varphi$,因而,正应力可用合成弯矩 M 进行计算。但是,梁各横截面上的合成弯矩 M 所在平面的方位一般并不相同,所以,虽然每一截面的挠度都发生在该截面的合成弯矩所在平面内,梁的挠曲线一般仍是一条空间曲线,可是,梁的挠曲线方程仍应分别按两垂直平面内的弯曲来计算,不能直接用合成弯矩进行计算。

确定中性轴的位置后,就可看出截面上离中性轴最远的点是正应力 σ 值最大的点。一般只要作与中性轴平行且与横截面周边相切的线,切点就是最大正应力的点。

如图 12.4(b)所示的矩形截面梁,显然右上角 D_1 与左下角 D_2 有最大正应力值,将这些点的坐标 (y_1, z_1) 或 (y_2, z_2) 代入式(12.1),可得最大拉应力 $\sigma_{t,max}$ 和最大压应力 $\sigma_{c,max}$ 。

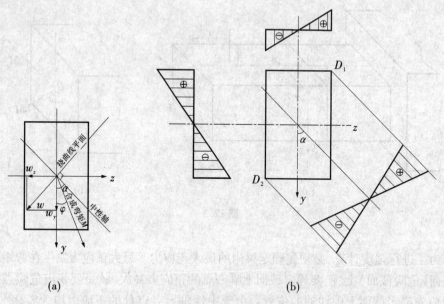

(a)   (b)

图 12.4

在确定了梁的危险截面和危险点的位置,并算出危险点处的最大正应力后,由于危险点处于单轴应力状态,于是,可将最大正应力与材料的许用正应力相比较来建立强度条件,进行强度计算。

【例 12.1】 一长 2 m 的矩形截面木制悬臂梁,弹性模量 $E = 1.0 \times 10^4$ MPa ,梁上作用有两个集中荷载 $F_1 = 1.3$ kN 和 $F_2 = 2.5$ kN ,如图 12.5(a)所示,设截面 $b = 0.6h$,$[\sigma] = 10$ MPa 。试选择梁的截面尺寸,并计算自由端的挠度。

解 (1)选择梁的截面尺寸

将自由端的作用荷载 F_1 分解

$$F_{1y} = F_1 \sin 15° = 0.336 \ (\text{kN})$$

$$F_{1z} = F_1 \cos 15° = 1.256 \ (\text{kN})$$

此梁的斜弯曲可分解为在 xy 平面内及 xz 平面内的两个平面弯曲,如图12.5(b)所示。由图 12.5 可知 M_z 和 M_y 在固定端的截面上达到最大值,故危险截面上的弯矩

$$M_z = 2.5 \times 1 + 0.336 \times 2 = 3.172 \ (\text{kN} \cdot \text{m})$$

$$M_y = 1.256 \times 2 = 2.215 \ (\text{kN} \cdot \text{m})$$

$$w_z = \frac{1}{6}bh^2 = \frac{1}{6} \times 0.6h \cdot h^2 = 0.1h^3$$

$$w_y = \frac{1}{6}hb^2 = \frac{1}{6} \times h \cdot (0.6)h^2 = 0.06h^3$$

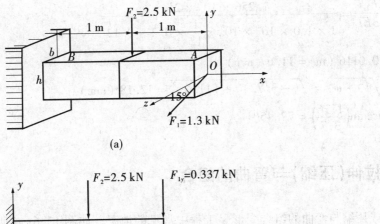

(a)

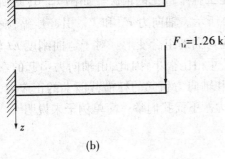

(b)

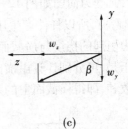

(c)

图 12.5

上式中 M_z 与 M_y 只取绝对值,且截面上的最大拉压应力相等,故

$$\sigma_{max} = \frac{M_z}{W_z} + \frac{M_y}{W_y} = \frac{3.172 \times 10^6}{0.1h^3} + \frac{2.512 \times 10^6}{0.06h^3}$$

$$= \frac{73.587 \times 10^6}{h^3} \leqslant [\sigma]$$

即

$$h \geqslant \sqrt[3]{\frac{73.587 \times 10^6}{10}} = 194.5 \text{ mm}$$

可取 $h = 200$ mm, $b = 120$ mm。

(2)计算自由端的挠度。

分别计算 w_y 与 w_z ,如图 12.5(c)所示,则

$$w_y = -\frac{F_{1y}l^3}{3EI_z} - \frac{F_2\left(\frac{l}{2}\right)^2}{6EI_z}\left(3l - \frac{l}{2}\right)$$

$$= -\frac{0.336 \times 10^3 \times 2^3 + \frac{1}{2} \times 2.5 \times 10^3 \times 1^3 \times (3 \times 2 - 1)}{3 \times 1.0 \times 10^4 \times 10^6 \times \frac{1}{12} \times 0.12 \times 0.2^3}$$

$$= -3.72 \times 10^{-3}(\text{m}) = -3.72(\text{mm})$$

$$w_z = \frac{F_{1z}l^3}{3EI_y} = \frac{1.256 \times 10^3 \times 2^3}{3 \times 1.0 \times 10^4 \times 10^6 \times \frac{1}{12} \times 0.2 \times 0.12^3}$$

$$= 0.0116 \ (\text{m}) = 11.6 \ (\text{mm})$$

$$w = \sqrt{w_z^2 + w_y^2} = \sqrt{(-3.72)^2 + (11.6)^2} = 12.18 \ (\text{mm})$$

$$\beta = \arctan\left(\frac{11.6}{3.7}\right) = 72.45°$$

12.3 拉伸(压缩)与弯曲的组合

拉伸或压缩与弯曲的组合变形是工程中常见的情况。如图 12.6(a)所示的起重机横梁 AB,其受力简图如图 12.6(b)所示。轴向力 F_x 和 F_{Ax} 引起压缩,横向力 F_{Ay}、W、F_y 引起弯曲,所以杆件产生压缩与弯曲的组合变形。对于弯曲刚度 EI 较大的杆,由于横向力引起的挠度与横截面的尺寸相比很小,因此,由轴向力引起的弯矩可以略去不计。于是,可分别计算由横向力和轴向力引起的杆横截面上的正应力,按叠加原理求其代数和,即得横截面上的正应力。下面我们举一简单例子来说明。

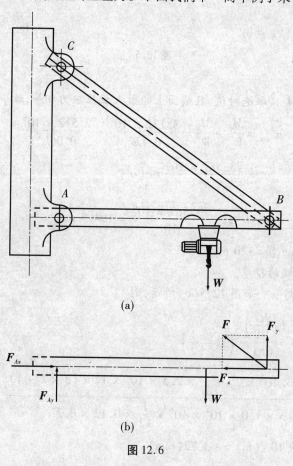

(a)

(b)

图 12.6

悬臂梁 AB 如图 12.7(a)所示,在它的自由端 A 作用一与铅直方向成 φ 角的力 $\boldsymbol{F}$(在纵向对称面 xy 平面内)。将力 $\boldsymbol{F}$ 分别沿 x、y 轴分解,可得

$$F_x = F\sin\varphi$$
$$F_y = F\cos\varphi$$

F_x 为轴向力,对梁引起拉伸变形,如图 12.7(b)所示;F_y 为横向力,引起梁的平面弯曲,如图 12.7(c)所示。

距 A 端 x 的截面上的内力为:

轴力　　　　　　　　　　$F_N = F_x = F\sin\varphi$

弯矩　　　　　　　　　　$M_z = -F_y x = -F\cos\varphi \cdot x$

在轴向力 F_x 作用下,杆各个横截面上有相同的轴力 $F_N = F_x$。而在横向力作用下,固定端横截面上的弯矩最大,$M_{\max} = -F\cos\varphi \cdot l$,故危险截面是在固定端。

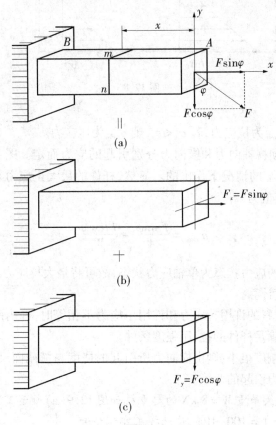

图 12.7

与轴力 F_N 对应的拉伸正应力 σ_t 在该截面上各点处均相等,其值为

$$\sigma_t = \frac{F_N}{A} = \frac{F_x}{A} = \frac{F\sin\varphi}{A}$$

而与 M_{max} 对应的最大弯曲正应力 σ_b，出现在该截面的上、下边缘处，其绝对值为

$$\sigma_b = \left| \frac{M_{max}}{W_z} \right| = \frac{Fl\cos\varphi}{W_z}$$

在危险截面上与 F_N、M_{max} 对应的正应力沿截面高度变化的情况分别如图 12.8 (a)和图 12.8(b)所示。将弯曲正应力与拉伸正应力叠加后，正应力沿截面高度的变化情况如图 12.8(c)所示。

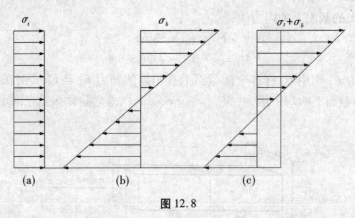

图 12.8

若 $\sigma_t > \sigma_b$，则 σ_{min} 为拉应力；若 $\sigma_t < \sigma_b$，则 σ_{min} 为压应力。

所以 σ_{min} 之值须视轴向力和横向力分别引起的应力而定。图 12.7(c)所示的应力分布图是在 $\sigma_t < \sigma_b$ 的情况下作出的。显然，杆件的最大正应力是危险截面上边缘各点处的拉应力，其值为

$$\sigma_{max} = \frac{F\sin\varphi}{A} + \frac{Fl\cos\varphi}{W_z} \tag{12.3}$$

由于危险点处的应力状态为单轴应力状态，故可将最大拉应力与材料的许用应力相比较，以进行强度计算。

应该注意，当材料的许用拉应力和许用压应力不相等时，杆内的最大拉应力和最大压应力必须分别满足杆件的拉、压强度条件。

若杆件的抗弯刚度很小，则由横向力所引起的挠度与横截面尺寸相比不能略去，此时就应考虑轴向力引起的弯矩。

【例12.2】 最大吊重 $W = 8$ kN 的起重机如图 12.9(a)所示。若 AB 杆为工字钢，材料为 Q235 钢，$[\sigma] = 100$ MPa，试选择工字钢型号。

解 （1）先求出 CD 杆的长度

$$l = \sqrt{2.5^2 + 0.8^2} = 2.62 \text{ (m)}$$

（2）以 AB 为研究对象，其受力如图 12.9(b)所示

由平衡方程 $\sum M_A = 0$，得

普通高等教育力学"十二五"规划教材

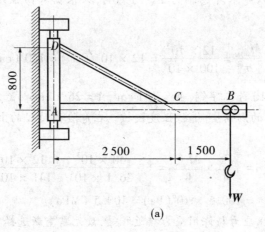

(a)

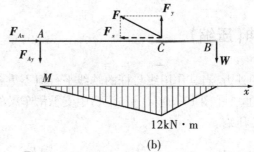

(b)

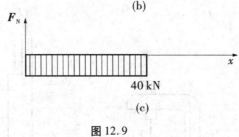

(c)

图 12.9

$$F \cdot \frac{0.8}{2.62} \times 2.5 - 8 \times (2.5 + 1.5) = 0$$

$$F = 42 \ (\text{kN})$$

把 F 分解为沿 AB 杆轴线的分量 F_x 和垂直于 AB 杆轴线的分量 F_y，可见 AB 杆在 AC 段内产生压缩与弯曲的组合变形。

$$F_x = F \times \frac{2.5}{2.62} = 40 \ (\text{kN})$$

$$F_y = F \times \frac{0.8}{2.62} = 12.8 \ (\text{kN})$$

作 AB 杆的弯矩图和 AC 段的轴力图如图 12.9(c)所示。从图中可看出，在 C 点左侧的截面上弯矩为最大值，而轴力与其他截面相同，故为危险截面。

开始试算时,可以先不考虑轴力 F_N 的影响,只根据弯曲强度条件选取工字钢。这时

$$W \geqslant \frac{M_{max}}{[\sigma]} = \frac{12 \times 10^3}{100 \times 10^6} = 12 \times 10^{-3} (m^3) = 120 (cm^3)$$

查型钢表,选取 16 号工字钢, $W = 141 \ cm^3$, $A = 26.1 \ cm^2$。选定工字钢后,同时考虑轴力 F_N 及弯矩 M 的影响,再进行强度校核。在危险截面 C 的上边缘各点有最大压应力,且为

$$|\sigma_{max}| = \left| \frac{F_N}{A} + \frac{M_{max}}{W} \right| = \left| -\frac{40 \times 10^3}{26.1 \times 10^{-4}} - \frac{12 \times 10^3}{141 \times 10^{-6}} \right|$$
$$= 100.5 \times 10^6 (Pa) = 100.5 (MPa)$$

结果表明,最大压应力与许用应力接近相等,故无需重新选择截面的型号。

12.4   偏心拉伸(压缩)

作用在直杆上的外力,当其作用线与杆的轴线平行但不重合时,将引起偏心拉伸或偏心压缩。钻床的立柱[图 12.10(a)]和厂房中支承吊车梁的柱子[图 12.10(b)]即为偏心拉伸和偏心压缩。

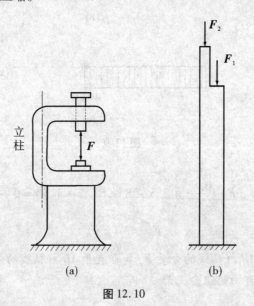

图 12.10

12.4.1   偏心拉(压)的应力计算

现以横截面具有两对称轴的等直杆承受距离截面形心为 e(称为偏心距)的偏心拉力 F[如图 12.11(a)]为例,来说明偏心拉杆的强度计算。设偏心力 F 作用在端面

上的 K 点,其坐标为(e_y,e_z)。将力 $\boldsymbol{F}$ 向截面形心 O 点简化,把原来的偏心力 $\boldsymbol{F}$ 转化为轴向拉力 $\boldsymbol{F}$;作用在 xz 平面内的弯曲力偶矩 $M_{ey}=F\cdot e_z$;作用在 xy 平面内的弯曲力偶矩 $M_{ez}=F\cdot e_y$。

在这些荷载作用下[图 12.11(b)],杆件的变形是轴向拉伸和两个纯弯曲的组合。当杆的弯曲刚度较大时,同样可按叠加原理求解。在所有横截面上的内力——轴力和弯矩均保持不变,即

$$F_{\mathrm{N}}=F,\quad M_y=M_{ey}=F\cdot e_z,\quad M_z=M_{ez}=F\cdot e_y$$

叠加上述三内力所引起的正应力,即得任意横截面 $m-m$ 上某点 $B(y,z)$ 的应力计算式

$$\sigma=\frac{F}{A}+\frac{M_y z}{I_y}+\frac{M_z y}{I_z}=\frac{F}{A}+\frac{Fe_z z}{I_y}+\frac{Fe_y y}{I_z} \tag{a}$$

式中,A 为横截面面积;I_y 和 I_z 分别为横截面对 y 轴和 z 轴的惯性矩。

利用惯性矩与惯性半径的关系,有

$$I_y=A\cdot i_y^2,\quad I_z=A\cdot i_z^2$$

于是式(a)可改写为

$$\sigma=\frac{F}{A}\left(1+\frac{e_z z}{i_y^2}+\frac{e_y y}{i_z^2}\right) \tag{b}$$

式中,i_y 和 i_z 分别为横截面对 y 轴和 z 轴的惯性半径。

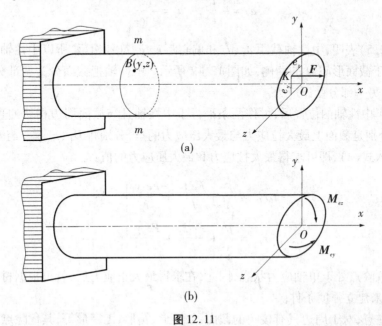

图 12.11

式(b)是一个平面方程,这表明正应力在横截面上按线性规律变化,而应力平面与横截面相交的直线(沿该直线 $\sigma = 0$)就是中性轴(图12.12)。将中性轴上任一点 $C(z_0, y_0)$ 代入式(b),即得中性轴方程为

$$1 + \frac{e_z z_0}{i_y^2} + \frac{e_y y_0}{i_z^2} = 0 \tag{12.4}$$

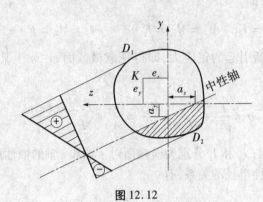

图 12.12

显然,中性轴是一条不通过截面形心的直线,它在 y、z 轴上的截距 a_y 和 a_z 分别可以由式(12.4)计算出来。在上式中,令 $z_0 = 0$,相应的 y_0 即为 a_y,而令 $y_0 = 0$,相应的 z_0 即为 a_z。由此求得

$$a_y = -\frac{i_z^2}{e_y}, \quad a_z = -\frac{i_y^2}{e_z} \tag{12.5}$$

式(12.5)表明,中性轴截距 a_y、a_z 和偏心距 e_y、e_z 符号相反,所以中性轴与外力作用点 K 位于截面形心 O 的两侧,如图12.12所示。中性轴把截面分为两部分,一部分受拉应力,另一部分受压应力。

确定了中性轴的位置后,可作两条平行于中性轴且与截面周边相切的直线,切点 D_1 与 D_2 分别是截面上最大拉应力与最大压应力的点,分别将 $D_1(z_1, y_1)$ 与 $D_2(z_2, y_2)$ 的坐标代入式(a),即可求得最大拉应力和最大压应力的值:

$$\left. \begin{array}{l} \sigma_{D_1} = \dfrac{F}{A} + \dfrac{F e_z z_1}{I_y} + \dfrac{F e_y y_1}{I_z} \\[2mm] \sigma_{D_2} = \dfrac{F}{A} + \dfrac{F e_z z_2}{I_y} + \dfrac{F e_y y_2}{I_z} \end{array} \right\} \tag{12.6}$$

由于危险点处于单轴应力状态,因此,在求得最大正应力后,就可根据材料的许用应力 $[\sigma]$ 来建立强度条件。

应该注意,对于周边具有棱角的截面,如矩形、箱形、工字形等,其危险点必定在截面的棱角处,并可根据杆件的变形来确定,无需确定中性轴的位置。

【例12.3】 试求如图12.13(a)所示杆内的最大正应力。力 F 与杆的轴线平行。

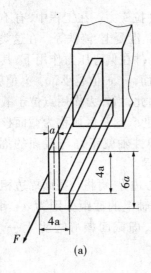
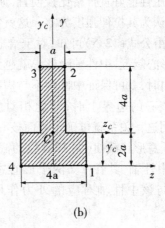

$$\text{(a)} \qquad\qquad\qquad\qquad \text{(b)}$$

$$\text{图 12.13}$$

解　横截面如图 12.13(b)所示,其面积为

$$A = 4a \times 2a + 4a \times a = 12a^2$$

形心 C 的坐标为

$$y_C = \frac{a \times 4a \times 4a + 4a \times 2a \times a}{a \times 4a + 4a \times 2a} = 2a$$

$$z_C = 0$$

形心主惯性矩

$$I_{z_C} = \frac{a \times (4a)^3}{12} + a \times 4a \times (2a)^2 + \frac{4a \times (2a)^3}{12} + 2a \times 4a \times a^2 = 32a^4$$

$$I_{y_C} = \frac{1}{12}\left[2a \times (4a)^3 + 4a \times a^3\right] = 11a^4$$

力 $\boldsymbol{F}$ 对主惯性轴 y_C 和 z_C 之矩

$$M_{y_C} = F \times 2a = 2Fa, \qquad M_{z_C} = F \times 2a = 2Fa$$

比较如图 12.13(b)所示截面 4 个角点上的正应力可知,角点 4 上的正应力最大

$$\sigma_4 = \frac{F}{A} + \frac{M_{z_C} \times 2a}{I_{z_C}} + \frac{M_{y_C} \times 2a}{I_{y_C}} = \frac{F}{12a^2} + \frac{2Fa \times 2a}{32a^4} + \frac{2Fa \times 2a}{11a^4} = 0.572\,\frac{F}{a^2}$$

12.4.2　截面核心

分析式(12.6)中的 y_2、z_2,可发现它们均为负值。因此当外力的偏心距(即 e_y、e_z)较小时,横截面上就可能不出现压应力,即中性轴不与横截面相交。同理,当偏心压力

F 的偏心距较小时,杆的横截面上也可能不出现拉应力。在工程中,有不少材料抗拉性能差,但抗压性能好且价格比较便宜,如砖、石、混凝土、铸铁等。在这类构件的设计计算中,往往认为其拉伸强度为零。这就要求构件在偏心压力作用下,其横截面上不出现拉应力,由公式(12.5)可知,对于给定的截面,e_y、e_z 值越小,a_y、a_z 值就越大,即外力作用点离形心越近,中性轴距形心就越远。因此,当外力作用点位于截面形心附近的一个区域内时,就可保证中性轴不与横截面相交,这个区域称为截面核心。当外力作用在截面核心的边界上时,与此相对应的中性轴就正好与截面的周边相切(图12.14)。利用这一关系就可确定截面核心的边界。

为确定任意形状截面(图12.14)的截面核心边界,可将与截面周边相切的任一直线①看做是中性轴,其在 y、z 两个形心主惯性轴上的截距分别为 a_{y1} 和 a_{z1} 。由式(12.5)确定与该中性轴对应的外力作用点 1,即截面核心边界上一个点的坐标(e_{y1} ,e_{z1}):

$$e_{y1} = -\frac{i_z^2}{a_{y1}}, \quad e_{z1} = -\frac{i_y^2}{a_{z1}}.$$

同样,分别将与截面周边相切的直线②,③,…等看做是中性轴,并按上述方法求得与其对应的截面核心边界上点 2,3,…的坐标。连接这些点所得到的一条封闭曲线,即为所求截面核心的边界,而该边界曲线所包围的带阴影线的面积,即为截面核心(图 12.14)。下面举例说明截面核心的具体作法。

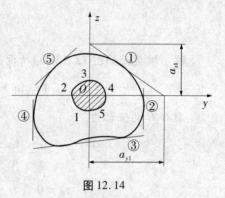

图 12.14

【例 12.4】 一矩形截面如图 12.15 所示,已知两边长度分别为 b 和 h ,求作截面核心。

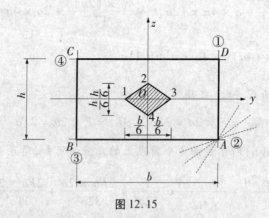

图 12.15

解 先作与矩形四边重合的中性轴①、②、③和④,利用式(12.5)得

$$e_y = -\frac{i_z^2}{a_y}, \quad e_z = -\frac{i_y^2}{a_z}$$

式中 $i_y^2 = \dfrac{I_y}{A} = \dfrac{\frac{bh^3}{12}}{bh} = \dfrac{h^2}{12}$，$i_z^2 = \dfrac{I_z}{A} = \dfrac{\frac{hb^3}{12}}{bh} = \dfrac{b^2}{12}$，$a_y$ 和 a_z 为中性轴的截距，e_y 和 e_z 为相应的外力作用点的坐标。

对中性轴①，有 $a_y = \dfrac{b}{2}$，$a_z = \infty$，代入式（12.5），得

$$e_{y1} = -\frac{i_z^2}{a_y} = -\frac{\frac{b^2}{12}}{\frac{b}{2}} = -\frac{b}{6}, \quad e_{z1} = -\frac{i_y^2}{a_z} = -\frac{\frac{h^2}{12}}{\infty} = 0$$

即相应的外力作用点为图 8.15 上的点 1。

对中性轴②，有 $a_y = \infty$，$a_z = -\dfrac{h}{2}$，代入式（12.5），得

$$e_{y2} = -\frac{i_z^2}{a_y} = -\frac{\frac{b^2}{12}}{\infty} = 0, \quad e_{z2} = -\frac{i_y^2}{a_z} = -\frac{\frac{h^2}{12}}{-\frac{h}{2}} = \frac{h}{6}$$

即相应的外力作用点为图 12.15 上的点 2。

同理，可得相应于中性轴③和④的外力作用点的位置如图上的点 3 和点 4。

至于由点 1 到点 2，外力作用点的移动规律如何，我们可以从中性轴①开始，绕截面点 A 作一系列中性轴（图中虚线），一直转到中性轴②，求出这些中性轴所对应的外力作用点的位置，就可得到外力作用点从点 1 到点 2 的移动轨迹。根据中性轴方程式（12.4），设 e_y 和 e_z 为常数，y_0 和 z_0 为流动坐标，中性轴的轨迹是一条直线。反之，若设 y_0 和 z_0 为常数，e_y 和 e_z 为流动坐标，则力作用点的轨迹也是一条直线。现在，过角点 A 的所有中性轴有一个公共点，其坐标 $\left(\dfrac{b}{2}, -\dfrac{h}{2}\right)$ 为常数，相当于中性轴方程（12.4）中的 y_0 和 z_0，而需求的外力作用点的轨迹，则相当于流动坐标 e_y 和 e_z。于是可知，截面上从点 1 到点 2 的轨迹是一条直线。同理可知，当中性轴由②绕角点 B 转到③，由③绕角点 C 转到④时，外力作用点由点 2 到点 3，由点 3 到点 4 的轨迹，都是直线。最后得到一个菱形（图中的阴影区）。即矩形截面的截面核心为一菱形，其对角线的长度为截面边长的三分之一。

对于具有棱角的截面，均可按上述方法确定截面核心。对于周边有凹进部分的截面（例如槽形或工字形截面等），在确定截面核心的边界时，应该注意不能取与凹进部分的周边相切的直线作为中性轴，因为这种直线显然与横截面相交。

【例 12.5】　一圆形截面如图 12.16 所示，直径为 d，试求作截面核心。

解　由于圆截面对于圆心 O 是极对称的，因而，截面核心的边界对于圆心也是极对称的，即为一圆心为 O 的圆。在截面周边上任取一点 A，过该点作切线①作为中性轴，该中性轴在 y、z 两轴上的截距分别为

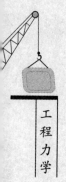
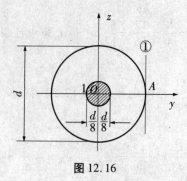

图 12.16

$$a_{y1} = \frac{d}{2}, \quad a_{z1} = \infty$$

而圆形截面的 $i_y^2 = i_z^2 = \dfrac{d^2}{16}$，将以上各值代入式 (8.5)，即得

$$e_{y1} = -\frac{i_z^2}{a_{y1}} = -\frac{\frac{d^2}{16}}{\frac{d}{2}} = -\frac{d}{8}, \quad e_{z1} = -\frac{i_y^2}{a_{z1}} = 0$$

从而可知，截面核心边界是一个以 O 为圆心、以 $\dfrac{d}{8}$ 为半径的圆，即图中带阴影的区域。

12.5　扭转与弯曲

机械中的传动轴与皮带轮、齿轮或飞轮等连接时，往往同时受到扭转与弯曲的联合作用。由于传动轴都是圆截面的，故以圆截面杆为例，讨论杆件发生扭转与弯曲组合变形时的强度计算。

设有一实心圆轴 AB，A 端固定，B 端连一手柄 BC，在 C 处作用一铅直方向力 F，如图 12.17（a）所示，圆轴 AB 承受扭转与弯曲的组合变形。略去自重的影响，将力 F 向 AB 轴端截面的形心 B 简化后，即可将外力分为两组，一组是作用在轴上的横向力 F，另一组为在轴端截面内的力偶矩 M_e，$M_e = Fa$，如图 12.17（b）所示，前者使轴发生弯曲变形，后者使轴发生扭转变形。分别作出圆轴 AB 的弯矩图和扭矩图，如图 12.17（c）和图 12.17（d）所示，可见，轴的固定端截面是危险截面，其内力分量分别为

$$M = Fl, \quad T = M_e = Fa$$

在截面 A 上弯曲正应力 σ 和扭转切应力 τ 均按线性分布，如图 12.17（e）和图 12.17（f）所示。危险截面上铅垂直径上下两端点 C_1 和 C_2 处是截面上的危险点，因在这两点上正应力和切应力均达到极大值，故必须校核这两点的强度。对于抗拉强度与

抗压强度相等的塑性材料,只需取其中的一个点 C_1 来研究即可。C_1 点的弯曲正应力和扭转切应力分别为

$$\sigma = \frac{M}{W}, \quad \tau = \frac{T}{W_P} \tag{a}$$

对于直径为 d 的实心圆截面,抗弯截面系数与抗扭截面系数分别为

$$W = \frac{\pi d^3}{32}, \quad W_P = \frac{\pi d^3}{16} = 2W \tag{b}$$

围绕 C_1 点分别用横截面、径向纵截面和切向纵截面截取单元体,可得 C_1 点处的应力状态,如图 12.17(g)所示。显然,C_1 点处于平面应力状态,其三个主应力为

$$\left.\begin{array}{c}\sigma_1 \\ \sigma_2\end{array}\right\} = \frac{\sigma}{2} \pm \frac{1}{2}\sqrt{\sigma^2 + 4\tau^2}, \quad \sigma_2 = 0$$

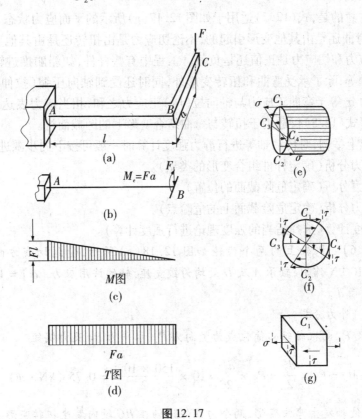

图 12.17

对于用塑性材料制成的杆件,选用第三或第四强度理论来建立强度条件,即 $\sigma_r \leqslant [\sigma]$。

若用第三强度理论,则相当应力为

$$\sigma_{r3} = \sigma_1 - \sigma_3 = \sqrt{\sigma^2 + 4\tau^2} \tag{12.7a}$$

若用第四强度理论,则相当应力为

$$\sigma_{r4} = \sqrt{\sigma_1^2 + \sigma_3^2 - \sigma_1\sigma_3} = \sqrt{\sigma^2 + 3\tau^2} \tag{12.7b}$$

将(a)、(b)两式代入式(12.7),相当应力表达式可改写为

$$\sigma_{r3} = \sqrt{\left(\frac{M}{W}\right)^2 + 4\left(\frac{T}{W_P}\right)^2} = \frac{\sqrt{M^2 + T^2}}{W} \tag{12.8a}$$

$$\sigma_{r4} = \sqrt{\left(\frac{M}{W}\right)^2 + 3\left(\frac{T}{W_P}\right)^2} = \frac{\sqrt{M^2 + 0.75T^2}}{W} \tag{12.8b}$$

在求得危险截面的弯矩 M 和扭矩 T 后,就可直接利用式(12.8)建立强度条件,进行强度计算。式(12.8)同样适用于空心圆杆,而只需将式中的 W 改用空心圆截面的弯曲截面系数。

应该注意的是,式(12.7)适用于如图12.17(g)所示的平面应力状态,而不论正应力 σ 是由弯曲还是由其他变形引起的,不论切应力是由扭转还是由其他变形引起的,也不论正应力和切应力是正值还是负值。工程中有些杆件,如船舶推进轴、有止推轴承的传动轴等,除了承受弯曲和扭转变形外,同时还受到轴向压缩(拉伸),其危险点处的正应力 σ 等于弯曲正应力与轴向拉(压)正应力之和,相当应力表达式(12.7)仍然适用。但式(12.8)仅适用于扭转与弯曲组合变形下的圆截面杆。

通过以上举例,对传动轴等进行静力强度计算时一般可按下列步骤进行:

(1)外力分析(确定杆件组合变形的类型)。

(2)内力分析(确定危险截面的位置)。

(3)应力分析(确定危险截面上的危险点)。

(4)强度计算(选择适当的强度理论进行强度计算)。

【例12.6】 机轴上的两个齿轮如图12.18(a)所示,受到切线方向的力 $P_1 = 5\ kN$,$P_2 = 10\ kN$ 作用,轴承 A 及 D 处均为铰支座,轴的许用应力 $[\sigma] = 100\ MPa$,求轴所需的直径 d。

解 (1)外力分析

把 P_1 及 P_2 向机轴轴心简化成为竖向力 P_1、水平力 P_2 及力偶矩

$$M_e = P_1 \times \frac{d_2}{2} = P_2 \times \frac{d_1}{2} = 10 \times \frac{150 \times 10^{-3}}{2} = 0.75\ (kN \cdot m)$$

两个力使轴发生弯曲变形,两个力偶矩使轴在 BC 段内发生扭转变形。

(2)内力分析

BC 段内的扭矩为

$$T = M_e = 0.75\ (kN \cdot m)$$

轴在竖向平面内因 P_1 作用而弯曲,弯矩图如图12.18(b)所示,引起 B、C 处的弯矩分别为

$$M_{B1} = \frac{P_1(l+a)a}{l+2a}, \quad M_{C1} = \frac{P_1 a^2}{l+2a}$$

轴在水平面内因 P_2 作用而弯曲,在 B、C 处的弯矩分别为

$$M_{B2} = \frac{P_2 a^2}{l+2a}, \quad M_{C2} = \frac{P_2(l+a)a}{l+2a}$$

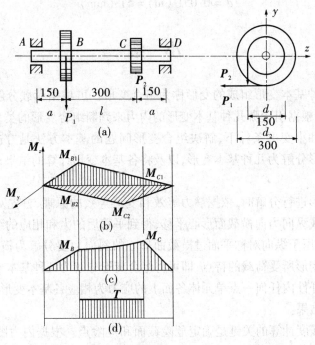

图 12.18

B、C 两个截面上的合成弯矩为

$$M_B = \sqrt{M_{B1}^2 + M_{B2}^2} = \sqrt{\frac{P_1^2(l+a)^2 a^2}{(l+2a)^2} + \frac{P_2^2 a^4}{(l+2a)^2}} = 0.676 \ (\text{kN} \cdot \text{m})$$

$$M_C = \sqrt{M_{C1}^2 + M_{C2}^2} = \sqrt{\frac{P_1^2 a^4}{(l+2a)^2} + \frac{P_2^2(l+a)^2 a^2}{(l+2a)^2}} = 1.14 \ (\text{kN} \cdot \text{m})$$

轴内每一截面的弯矩都由两个弯矩分量合成,且合成弯矩的作用平面各不相同,但因为圆轴的任一直径都是形心主轴,抗弯截面系数 W 都相同,所以可将各截面的合成弯矩画在同一张图内,如图 12.18(c)所示。

(3)强度计算

按第四强度理论建立强度条件

$$\sigma_{r4} = \frac{\sqrt{M^2 + 0.75T^2}}{W} \leqslant [\sigma]$$

$$W = \frac{\pi d^3}{32} \geqslant \frac{\sqrt{(1.44 \times 10^3)^2 + 0.75(0.75 \times 10^3)^2}}{100 \times 10^6}$$

解之得

$$d = 0.051 \text{ (m)} = 51 \text{ (mm)}$$

小 结

杆件由几种基本变形组成的变形称为组合变形。可根据荷载分解为哪几种基本变形的载荷,或根据引起哪几种基本变形的内力来判断组合变形的类型。

在线弹性和小变形条件下,解决组合变形问题的基本方法是"先分解后叠加"。正确将组合变形分解为几种基本变形,以及将各基本变形计算的结果正确叠加是本章的重点。

对组合变形进行分解时,依据静力等效和变形等效的原理,首先对不通过横截面形心的横向力或纵向力向横截面形心平移,得到平移后的力和相应的绕轴线或绕中性轴的力偶;对作用于纵向对称平面过横截面形心的斜向力要分解为横向力和轴向力。然后按各基本变形所受荷载的特点,即可将组合变形分解为几种基本变形。

组合变形杆件内任何一点单元体各面上的应力为相应各基本变形引起的正、切应力分别叠加的结果。

组合变形强度计算的关键是确定危险截面和危险点。根据内力图和横截面尺寸的变化情况确定危险截面,一般发生在内力分布峰值处或较小截面尺寸处;根据各基本变形引起的应力沿危险截面的分布规律确定危险点,一般常位于危险截面的周边。因此熟练掌握各基本变形内力和应力的分析与计算成为解决这一关键的基础。

分析组合变形强度问题的步骤是:

(1)将作用于杆件的荷载分解为几种基本变形的荷载。

(2)计算各基本变形荷载引起的内力,确定危险截面。

(3)计算危险截面上的应力,并叠加之,确定危险点。

(4)计算危险点的相当应力。对弯拉(或压)组合变形的杆件,因危险点处于单向应力状态,可将两种基本变形引起的正应力按代数值叠加,求出总应力,即为相当应力(四种强度理论相同);对弯扭组合变形等,因危险点处于复杂应力状态,须按所选不同强度理论计算相当应力。

(5)进行强度计算。单向应力状态的强度条件为 $\sigma_{\max} \leqslant [\sigma]$,复杂应力状态的强度条件为 $\sigma_r \leqslant [\sigma]$。

通过本章的学习,应用"先分解后叠加"的方法,同样可分析本章未提到的双向弯曲、双向偏心拉压、拉(压)扭或拉(压)弯扭等组合变形问题。

普通高等教育力学 "十二五" 规划教材

思考题

12.1 如何判断构件的变形类型？试分析图示杆件各段杆的变形类型。

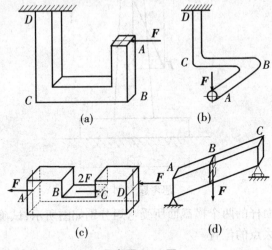

思考题 12.1 图

12.2 用叠加法计算组合变形杆件的内力和应力时,其限制的条件是什么？为什么必须满足这些条件？

12.3 矩形截面杆某截面上的内力如图所示,试画出该截面可能出现的几种应力分布情况,并写出与这些情况相应的 M、F_N 和 h 值之间应满足的关系式。

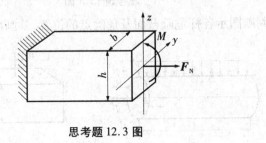

思考题 12.3 图

12.4 图示烟囱的基础座为方形截面,试分析为使混凝土基础截面不产生拉应力,烟囱所受总风力 F_1 与总重力 F_2 的合力作用线 F 通过基础截面时的限制范围。

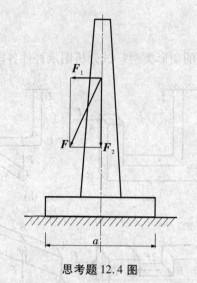

思考题 12.4 图

12.5 一圆截面杆的两个横截面所受弯矩分别如图所示,试确定各自的中性轴方位及弯曲正应力最大点的位置。

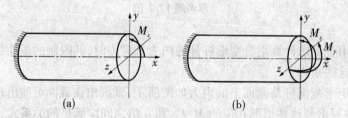

(a)   (b)

思考题 12.5 图

12.6 试判断图示各杆危险截面及危险点的位置,并画出危险点的应力状态。

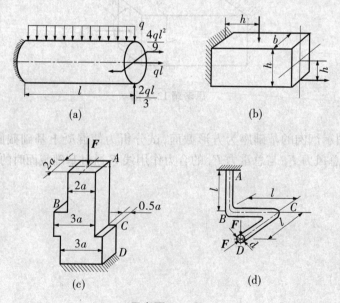

(a)   (b)

(c)   (d)

思考题 12.6 图

普通高等教育力学"十二五"规划教材

12.7　对圆截面杆,拉伸与扭转组合变形同弯曲与扭转组合变形的内力、应力和强度条件有什么不同?

12.8　一圆截面悬臂梁如下图所示,同时受到轴向力、横向力和扭转力偶作用。

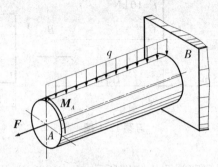

思考题 12.8 图

(1)试指出危险截面和危险点的位置。

(2)画出危险点的应力状态。

(3)下面两个强度条件中哪一个正确?

A. $\dfrac{F_N}{A} + \sqrt{\left(\dfrac{M}{W_z}\right)^2 + 4\left(\dfrac{T}{W_p}\right)^2} \leqslant [\sigma]$

B. $\sqrt{\left(\dfrac{F_N}{A} + \dfrac{M}{W}\right)^2 + 4\left(\dfrac{T}{W_p}\right)^2} \leqslant [\sigma]$

12.9　图示悬臂梁自由端受一与 z 轴成 φ 角的横向力 F 作用,该力可分解为垂直分力 $F_z = F\cos\varphi$ 和水平分力 $F_y = F\sin\varphi$。根据叠加法写出任一截面上任一点 K 的正应力计算式,并确定该梁危险点的位置及其正应力的计算式,并列出中性轴(零正应力)的方程。

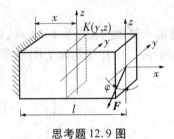

思考题 12.9 图

习题

12.1　矩形截面木制简支梁 AB,在跨度中点 C 处承受一与垂直方向成 $\varphi = 15°$ 的集中力 $F = 10\text{ kN}$ 的作用,如图所示,已知木材的弹性模量 $E = 1.0 \times 10^4\text{ MPa}$。试确定:

(1)截面上中性轴的位置。

(2)危险截面上的最大正应力。

(3) C 点总挠度的大小和方向。

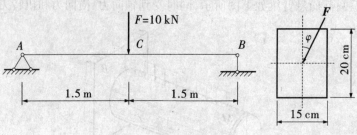

习题 12.1 图

12.2 矩形截面木材悬臂梁受力如图所示, $F_1 = 800$ N, $F_2 = 1600$ N 。材料许用应力 $[\sigma] = 10$ MPa ,弹性模量 $E = 1.0 \times 10^4$ MPa ,设梁截面的宽度 b 与高度 h 之比为 $1:2$ 。

(1)试选择梁的截面尺寸。

(2)求自由端总挠度的大小和方向。

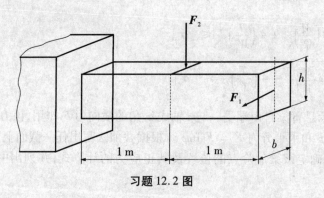

习题 12.2 图

12.3 如下图所示,一楼梯木斜梁的长度为 $l = 4$ m ,截面为 0.2 m $\times 0.1$ m 的矩形,受均布荷载作用, $q = 2$ kN/m 。试作梁的轴力图和弯矩图,并求横截面上的最大拉应力和最大压应力。

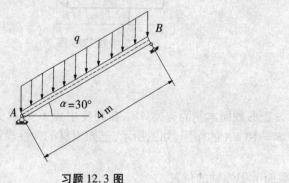

习题 12.3 图

276

12.4　图示一悬臂滑车架,杆 AB 为 18 号工字钢,其长度为 $l = 2.6$ m。试求当荷载 $F = 25$ kN作用在 AB 的中点 D 处时,杆内的最大正应力。设工字钢的自重可略去不计。

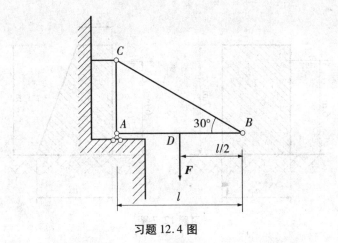

习题 12.4 图

12.5　有一正方形截面悬臂梁 AB ,横截面边长为 a,长为 l_1,在末端承托一杆 BC,BC 长为 l_2,C 点为铰接,B 端搁在 AB 梁上(B 处为光滑接触),在 BC 中点受有垂直荷载 **P**(如图)。试求悬臂梁 AB 截面中的最大与最小正应力值及其作用点位置。

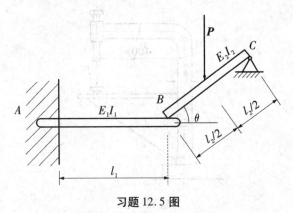

习题 12.5 图

12.6　简支梁的受力及横截面尺寸如图所示。钢材的许用应力 $[\sigma] = 160$ MPa ,试确定梁危险截面中性轴的方向,并校核此梁的强度。

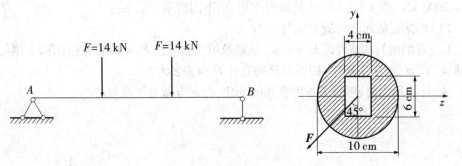

习题 12.6 图

12.7 两种高为 $h = 7$ m 的混凝土堤坝的横截面如图所示。若取混凝土容重为 $\gamma = 20$ kN/m³,为使堤坝的底面上不出现拉应力,试求坝所必需的宽度 a_1 和 a_2。

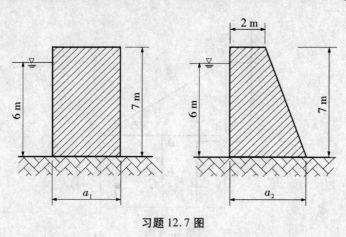

习题 12.7 图

12.8 图示钻床的立柱为铸铁制成,$F = 15$ kN,许用应力 $[\sigma_t] = 35$ MPa。试确定立柱所需直径 d。

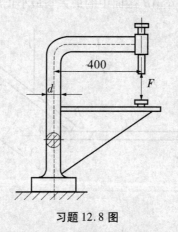

习题 12.8 图

12.9 砖砌烟囱高 $h = 30$ m,底截面 $m-m$ 的外径 $d_1 = 3$ m,内径 $d_2 = 2$ m,自重 $P_1 = 2000$ kN,受 $q = 1$ kN/m 的风力作用,如下图所示。试求:

(1)烟囱底截面上的最大压力。

(2)若烟囱的基础埋深 $h_0 = 4$ m,基础及填土自重按 $P_2 = 1000$ kN 计算,土壤的许用压应力 $[\sigma] = 0.3$ MPa,圆形基础的直径 D 应为多大?

注:计算风力时,可略去烟囱直径的变化,把它看做是等截面的。

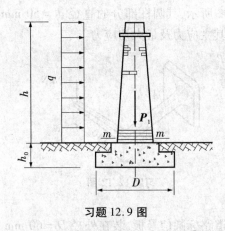

习题 12.9 图

12.10　试确定如下图所示各截面的截面核心边界。

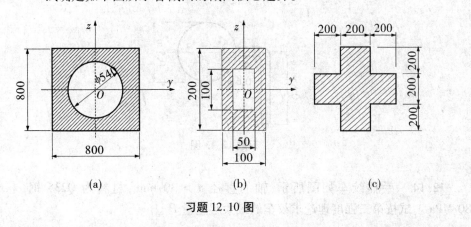

(a)　　　　　　　　(b)　　　　　　　　(c)

习题 12.10 图

12.11　悬臂梁在自由端受集中力 *F* 的作用,如下图(a)所示,该力通过截面形心。设梁截面形状以及力 *F* 在自由端截面平面内的方向分别如图(b)~(g)所示,其中图(b)、(c)、(g)中的 φ 为任意角。试判别哪种情况属于斜弯曲,哪种情况属于平面弯曲。

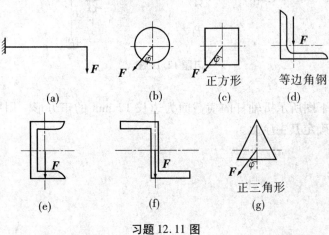

(a)　　　　(b)　　　　(c) 正方形　　　(d) 等边角钢

(e)　　　　(f)　　　　(g) 正三角形

习题 12.11 图

12.12   曲拐受力如图所示,其圆杆部分的直径 $d = 50\ \text{mm}$ 。试画出表示 A 点处应力状态的单元体,并求其主应力及最大切应力。

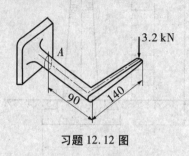

习题 12.12 图

12.13   如图所示铁道路标圆信号板,装在外径 $D = 60\ \text{mm}$ 的空心圆柱上,所受的最大风载 $P = 2\ \text{kN/m}^2$, $[\sigma] = 60\ \text{MPa}$ 。试按第三强度理论选定空心柱的厚度。

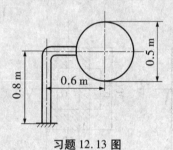

习题 12.13 图

12.14   手摇绞车如图所示,轴的直径 $d = 30\ \text{mm}$,材料为 Q235 钢, $[\sigma] = 80\ \text{MPa}$ 。试按第三强度理论求绞车的最大起重量 P 。

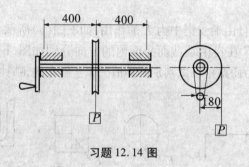

习题 12.14 图

12.15   如下图所示折轴杆的横截面为边长 12 mm 的正方形。用单元体表示 A 点的应力状态,确定其主应力。

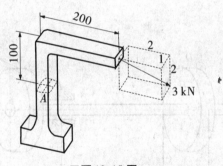

习题 12.15 图

12.16　一紧螺栓连接如图所示,当拧螺帽时,螺杆受到拉力 F 以及为了克服摩擦而产生的磨擦扭矩 T 的作用。根据研究,由扭矩所引起的最大切应力 τ 为由拉力 F 所引起的正应力 σ 的一半。已知:拉力 $F = 10$ kN,螺杆直径 $D = 20$ mm,许用应力 $[\sigma] = 50$ MPa。试按第三强度理论校核螺杆强度。(不考虑钢板的滑移)

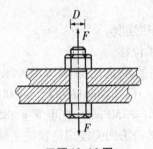

习题 12.16 图

12.17　承受偏心拉伸的矩形截面杆如图所示,今用电测法测得该杆上、下两侧面的纵向应变 ε_1 和 ε_2。试证明偏心距 e 在与应变 ε_1、ε_2 在弹性范围内满足下列关系式:

$$e = \frac{\varepsilon_1 - \varepsilon_2}{\varepsilon_1 + \varepsilon_2} \cdot \frac{h}{6}$$

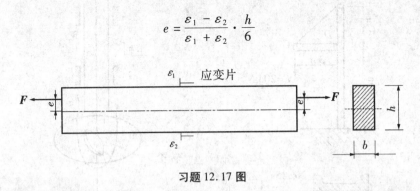

习题 12.17 图

12.18　如图所示直径为 60 cm 的两个相同带轮,$n = 100$ r/min 时传递功率 $P = 7.36$ kW,C 轮上输送带是水平的,D 轮上是铅锤方向的。输送带拉力 $F_{T2} = 1.5$ kN,$F_{T1} > F_{T2}$,设轴材料许用应力 $[\sigma] = 80$ MPa 试根据第三强度理论选择轴的直径,带轮的自重略去不计。

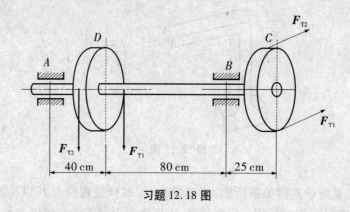

习题 12.18 图

12.19 悬挂构架如图所示,立柱 AB 系用 25a 的工字钢制成。许用应力 $[\sigma]$ = 160 MPa ,在构架 C 点承受荷载 F = 20 kN 。试求:

（1）绘立柱 AB 的内力图。

（2）找出危险截面,校核立柱强度。

（3）列式表示顶点 B 的水平位移。

12.20 某型水轮机主轴的示意图如图所示。水轮机组的输出功率为 P = 37500 kW ,转速 n = 150 r/min 。已知轴向推力 F_z = 4800 kN ,转轮重 W_1 = 3900 kN ，主轴的内径 d = 340 mm ，外径 D = 750 mm ，自重 W = 285 kN 。主轴材料为 45 号钢，其许用应力 $[\sigma]$ = 80 MPa 。试按第四强度理论校核主轴的强度。

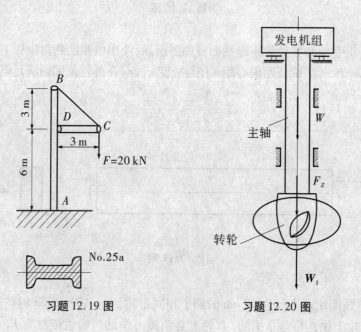

习题 12.19 图   习题 12.20 图

第13章 压杆稳定

13.1 稳定性概念

在工程中,构件除了由于强度、刚度不够而不能正常工作之外,还有一种破坏形式就是失稳现象。由于构件的失稳往往是突然发生的,因而其危害性也较大。例如图13.1所示圆形截面木质细长杆,横截面面积为 $1.5\ cm^2$,其轴向抗压强度为 $\sigma_c = 4$ MPa,承受轴向压力。

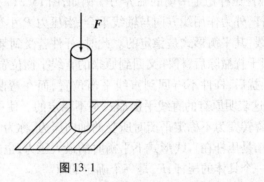

图 13.1

如果按强度条件计算,则将它压坏所需荷载大小为 $F_1 = \sigma_c A = 6\ kN$。但是根据试验所测,当荷载逐步由零增加到 $F_2 = 27.8\ N$ 时,杆件就会由原来的直线平衡形式突然产生较大的弯曲变形而丧失工作能力,此时 F_2 远小于 F_1。这说明细长压杆的承载能力并不取决于其轴向压缩的抗压强度,而是与受压时突然变弯有关。又如,受均匀压力的薄圆环,当压力超过一定数值时,圆环将不能保持圆对称的平衡形式,而突然变为非圆对称的平衡形式,等等。

工程中各种关于平衡形式的突然变化,统称稳定失效,简称为失稳或屈曲。工程中的柱和桁架中的压杆、薄壳结构及薄壁容器等,在压力过大时,都可能发生失稳。对于受压细长杆,其失稳的典型现象是其轴线不能维持原有直线形式的平衡状态而突然变弯。压杆失稳,不仅使压杆本身失去了承载能力,而且使整个结构因局部构件的失稳导致破坏。

下面介绍稳定性方面几个主要的概念。

(1)平衡的稳定性 "稳定"和"不稳定"是指物体的平衡性质而言。任何物体的平衡状态都有稳定和不稳定状态的区别。

例如,图 13.2(a)所示为处于凹面的球体,其平衡状态是稳定的,当球受到微小干扰,偏离其平衡位置后,经过几次摆动,它会重新回到原来的平衡位置,回到原来的状态,称为稳定平衡。图 13.2(c)所示为处于凸面的球体,当球受到微小干扰时,它将偏离其平衡位置,而不再恢复原位,故该球的平衡是不稳定的,称为不稳定平衡。图13.2(b)所示处于平面上的球体,当球受到微小干扰时,它将偏离原来的平衡位置,但运动一段距离后会在新的位置上平衡,故该球的平衡是从稳定平衡到不稳定平衡之间的临界状态,称为随遇平衡。

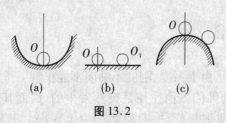

图 13.2

(2)弹性压杆稳定平衡的临界力 例如,图 13.3(a)所示下端固定、上端自由的中心受压直杆,外力作用线方向与轴线重合,当压力 P 小于某一临界值 F_{cr} 时,杆件的轴线保持直线,其平衡形式是稳定的。此时,杆件若受到某种微小干扰,它将偏离直线平衡位置,当干扰撤除后,杆件又回到原来的直线平衡位置。但当压力 P 超过临界值 F_{cr} 时,撤除干扰后,杆件不再回到直线平衡位置,而在弯曲形式下保持平衡,如图 13.3(b)所示,这表明原有的直线平衡形式是不稳定的。使中心受压直杆的直线平衡形式由稳定平衡转变为不稳定平衡时所受的轴向压力,称为临界荷载,或称为临界压力,用 F_{cr} 表示。F_{cr} 是压杆在直线形式下平衡时的最大压力,也是微弯状态下平衡时的最小压力。对于一个具体的压杆,F_{cr} 是一个确定的值。

为了保证压杆安全可靠地工作,必须使压杆处于直线平衡形式,因而压杆是以临界力作为其极限承载能力。判断实际压力与临界压力的关系,就能判定该压杆所处的平衡状态是稳定的还是不稳定的。可见,设法求出压杆的临界压力是解决压杆稳定问题的关键。

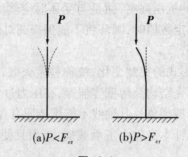

(a)$P<F_{cr}$　　(b)$P>F_{cr}$

图 13.3

13.2　欧拉公式

实验表明,压杆的临界力与压杆两端的支承情况有关。实际上,根据压杆失稳是由直线平衡形式转变为弯曲平衡形式的这一重要概念,我们也可以知道,凡是影响弯曲变形的因素,如截面的抗弯刚度 EI、杆件长度 l 和两端的约束情况,都会影响压杆的临界压力。

下面我们首先以两端铰支压杆为例,求其 F_{cr}。设两端铰支中心受压的等截面细长直杆如图 13.4(a)所示,长度为 l。设压杆处于临界状态,并具有微弯的平衡形式,挠曲线中点处挠度为 δ。如图 13.4(b)所示,建立 $y-x$ 坐标系,则任意截面 x 沿 y 方向的挠度 $\omega = f(x)$,该截面的内力为:

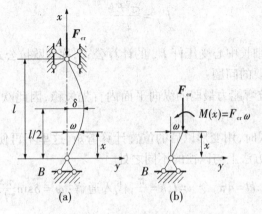

图 13.4

$$F_N(x) = -F_{cr}, \quad M(x) = F_{cr}\omega \tag{a}$$

在图示坐标系中,根据挠曲线近似微分方程 $\dfrac{d^2\omega}{dx^2} = -\dfrac{M(x)}{EI}$,得到

$$\frac{d^2\omega}{dx^2} = -\frac{F_{cr}}{EI}\omega \tag{b}$$

令 $k^2 = \dfrac{F_{cr}}{EI}$,得微分方程

$$\frac{d^2\omega}{dx^2} + k^2\omega = 0 \tag{c}$$

此方程的通解为

$$\omega = A\sin kx + B\cos kx \quad (A、B、k\ \text{三个待定常数}) \tag{d}$$

利用杆端的约束条件,由 $x = 0$ 时 $\omega = 0$ 得 $B = 0$,可知压杆的挠曲线为正弦函数:

$$\omega = A\sin kx \tag{e}$$

由 $x = \dfrac{l}{2}$ 时 $\omega = \delta$ 得 $A = \dfrac{\delta}{\sin(kl/2)}$；最后由 $x = l$ 时 $\omega = 0$ 得 $A\sin kl = 0$，由此得到 $A = 0$ 或 $\sin kl = 0$，由于杆件已微弯，所以 $A = 0$ 不成立，则只可能 $\sin kl = 0$，则

$$\frac{kl}{2} = \frac{n\pi}{2} \qquad (n = 1,3,5\cdots)$$

其最小解为 $n = 1$ 时的解，故

$$kl = \sqrt{\frac{F_{cr}}{EI}}\,l = \pi \tag{f}$$

故有

$$F_{cr} = \frac{\pi^2 EI}{l^2} \tag{13.1}$$

即为两端铰支等截面细长中心受压杆 F_{cr} 的计算公式，称为欧拉公式。

下面讨论几个主要的问题：

（1）压杆总是在抗弯能力最弱的纵向平面内首先失稳，因此欧拉公式中 I 值应取压杆横截面的 I_{min}。

（2）导出欧拉公式时，用变形以后的位置计算弯矩，这里不再使用原始尺寸原理，这是稳定问题在处理方法上与以往的不同之处。

（3）在 F_{cr} 作用下，$kl = n\pi$，令 $n = l$，$k = \dfrac{\pi}{l}$，代入通解：$\omega = \delta\sin\dfrac{\pi x}{l}$，挠曲线是半波正弦曲线。

【例 13.1】 一钢制的空心圆管，外径和内径分别为 12 mm 和 10 mm，杆长 380 mm，钢材的 $E = 210$ GPa。试用欧拉公式求钢管的临界应力。已知在实际使用时，其承受的最大工作压力 $F_{max} = 2\,250$ N，规定的稳定安全系数为 $n_{st} = 3.0$，试校核钢管的稳定性。（两端作铰支考虑）

解 钢管横截面的惯性矩

$$I = \frac{\pi}{64}(D^4 - d^4) = \frac{\pi}{64}(0.012^4 - 0.01^4)$$
$$= 0.052\,7 \times 10^{-8}\,(\text{m}^4)$$

由欧拉公式，有

$$F_{cr} = \frac{\pi^2 EI}{l^2} = \frac{\pi^2 \times 210 \times 10^9 \times 0.052\,7 \times 10^{-8}}{(0.38)^2} = 7\,564\ (\text{N})$$

临界压力与实际最大工作压力之比，即为压杆工作时的安全系数，故

$$n = \frac{F_{cr}}{F_{max}} = \frac{7\,564}{2\,250} = 3.36$$

工程力学

因为规定的安全系数 $n_{st} = 3.0$,工作安全系数 $n = 3.36$,所以钢管满足稳定性要求。

对于在其他支承条件下的细长压杆,其临界压力也可以仿照上述同样的方法来确定,它们之间的区别只是在于挠曲线的近似微分方程和相应的边界条件的不同。限于篇幅,这里不再作一一推导,而以两端铰支杆的结果为基础,通过比较失稳时挠曲线的形状来求得。现以表13.1列出四种典型细长杆的临界压力。

综合起来,欧拉公式的一般形式为

$$F_{cr} = \frac{\pi^2 EI}{(\mu l)^2} \tag{13.2}$$

式中,μ^l 称为相当长度。μ 称为长度系数,它反映了约束情况对临界荷载的影响。对于不同的杆端约束情况,有:

两端铰支时 $\mu = 1$;

一端固定、一端铰支时 $\mu \approx 0.7$;

两端固定时 $\mu = 0.5$;

一端固定、一端自由时 $\mu = 2$。

由此可知,杆端的约束愈强,则 μ 值愈小,压杆的临界压力愈高,压杆就越不易失稳;杆端的约束愈弱,则 μ 值愈大,压杆的临界压力愈低,压杆就越易失稳。

表 13.1   四种典型细长杆的临界压力

约束类型	两端铰支	一端铰支 一端固定	两端固定	一端固定 一段自由
失稳时挠曲线形状	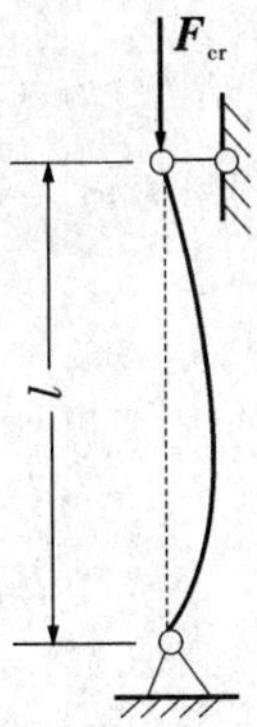	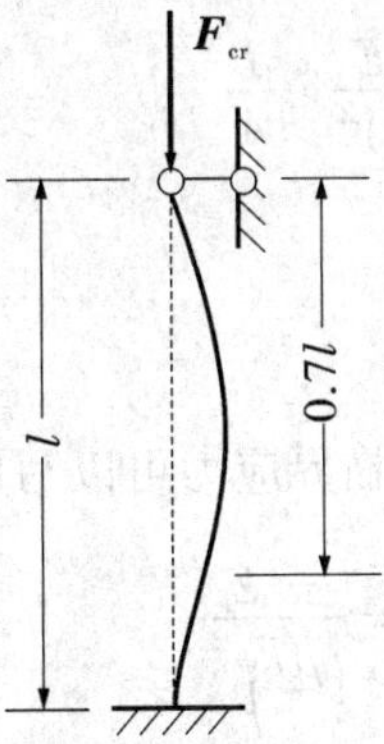	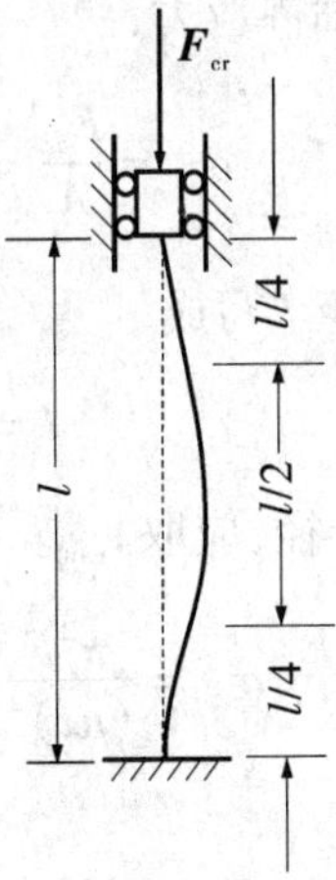	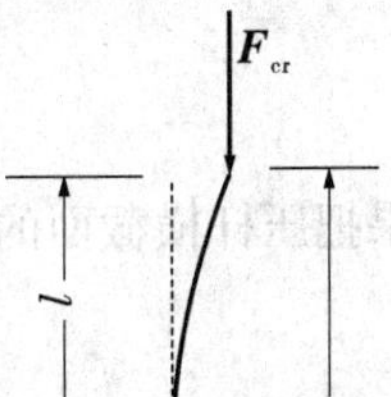
临界压力	$F_{cr} = \dfrac{\pi^2 EI}{l^2}$	$F_{cr} = \dfrac{\pi^2 EI}{(0.7l)^2}$	$F_{cr} = \dfrac{\pi^2 EI}{(0.5l)^2}$	$F_{cr} = \dfrac{\pi^2 EI}{(2l)^2}$

由以上可以看出,压杆的临界压力与其挠曲线形状是有联系的,将它们的挠曲线形状与两端铰支压杆的挠曲线形状加以比较,可以求出它们的临界压力,这就是用几何类比的方法求临界压力。需要指出的是,欧拉公式的推导中应用了弹性小挠度微分方程,因此公式只适用于弹性稳定问题。另外上述各种 μ 值都是对理想约束而言的,实际工程中的约束往往是比较复杂的。例如,杆端与其他弹性构件固结的压杆,由于弹性构件也将发生变形,所以压杆的端截面就是介于固定支座和铰支座之间的弹性支座。此外,压杆上的荷载也有多种形式,例如压力可能沿轴线而不是集中于两端。这些情况可用不同的长度系数 μ 来反映,这些系数的值可查相关表格。

此外,在各平面内弯曲约束都相同的情况下,失稳必发生在刚度小的平面内;若各平面内弯曲杆的弯曲刚度都相同,失稳必发生在约束弱的平面内。

13.3　中小柔度杆临界应力的计算

13.3.1　临界应力和柔度的概念

实际上,欧拉公式只有在弹性范围内才是适用的。为了判断压杆失稳时是否处于弹性范围,以及超出弹性范围后临界压力的计算问题,我们先引入临界应力及柔度的概念。

压杆在临界力作用下,其在直线平衡位置时横截面上的应力称为临界应力,用 σ_{cr} 表示。

弹性范围内失稳时,用临界力 F_{cr} 除以压杆的横截面面积 A,可以得到当压力达到临界力时压杆横截面上的临界应力:

$$\sigma_{cr} = \frac{F_{cr}}{A} = \frac{\pi^2 E}{(\mu l)^2} \cdot \frac{I}{A} \tag{13.3}$$

如果把压杆横截面的惯性矩 I 写成

$$I = i^2 A$$

式中 i 为压杆截面的惯性半径,应取 i_{min}。于是临界应力可以写成

$$\sigma_{cr} = \frac{\pi^2 E}{(\mu l)^2} \cdot i^2 = \frac{\pi^2 E}{\left(\dfrac{\mu l}{i}\right)^2} \tag{13.4}$$

令

$$\lambda = \frac{\mu l}{i} \tag{13.5}$$

λ 是一个无量纲的数,称为压杆的细长比(柔度)。它集中反映了压杆的长度、约束条件、截面尺寸和形状等因素对临界应力 σ_{cr} 的影响。由于引用了柔度 λ,故临界应力

的计算公式可以写成

$$\sigma_{\mathrm{cr}} = \frac{\pi^2 E}{\lambda^2} \tag{13.6}$$

比较式(13.4)、式(13.6),两者只是形式上的不同,并无本质上的差别。

13.3.2　欧拉公式的适用范围

由于欧拉公式是由杆件弯曲变形时挠曲线的近似微分方程 $y'' = -\dfrac{M(x)}{EI}$ 导出的,
而这个微分方程只有在小变形和材料服从胡克定律的前提下才成立,所以,只有当压杆的临界应力 σ_{cr} 小于或最多等于材料的比例极限 σ_{p} 时,式(13.4)、式(13.6)才是正确的,换句话说,当 $\sigma_{\mathrm{cr}} \leqslant \sigma_{\mathrm{p}}$ 时,欧拉公式才能适用。于是

$$\sigma_{\mathrm{cr}} = \frac{\pi^2 E}{\lambda^2} \leqslant \sigma_{\mathrm{p}} \quad \text{或} \quad \lambda \geqslant \sqrt{\frac{\pi^2 E}{\sigma_{\mathrm{p}}}},$$

引入

$$\lambda_{\mathrm{p}} = \sqrt{\frac{\pi^2 E}{\sigma_{\mathrm{p}}}} \tag{13.7}$$

则欧拉公式的使用条件可写为

$$\lambda \geqslant \lambda_{\mathrm{p}} \tag{13.8}$$

满足 $\lambda \geqslant \lambda_{\mathrm{p}}$ 的压杆称为细长杆或大柔度杆。

只有当压杆为大柔度杆时,用欧拉公式求得的临界应力才是适用的。为了直观地表示欧拉公式的使用范围,可以画出临界应力 σ_{cr} 与柔度 λ 的关系曲线,称为欧拉曲线,如图 13.5 所示,虚线为欧拉公式不适用的范围,实线为欧拉公式适用的范围。

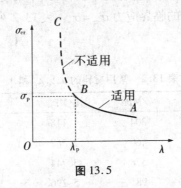

图 13.5

以上介绍的临界应力的欧拉公式仅适用于大柔度杆,接下来我们讨论中小柔度杆的临界应力。

13.3.3 中小柔度杆的临界应力

当 $\lambda < \lambda_p$ 时,称为非细长杆(中小柔度杆)。此时,欧拉公式不再适用。这时的临界应力 σ_{cr} 就大于材料的比例极限 σ_p,属于临界应力超出比例极限的压杆稳定问题。工程中解决这类压杆问题,主要是使用以试验数据为基础的经验公式,下面介绍直线公式和抛物线公式。

13.3.3.1 直线公式

直线公式,即是把临界应力 σ_{cr} 与压杆柔度 λ 表示为以下的直线关系

$$\sigma_{cr} = a - b\lambda \tag{13.9}$$

式中,a、b 是与材料有关性质有关的常数,例如由 A_3 钢制成的压杆,$a = 304$ MPa,$b = 1.12$ MPa。

当压杆的临界应力 σ_{cr} 大于材料的破坏应力时,压杆就会因强度不足发生破坏,不存在稳定性问题,只需按压缩强度计算。这样在应用直线公式计算时,柔度 λ 必然有一个最小临界值,对于塑性材料,破坏应力就是屈服极限 σ_s,所以

$$\sigma_{cr} = a - b\lambda \leqslant \sigma_s \tag{13.10}$$

即

$$\lambda \geqslant \frac{a - \sigma_s}{b} \tag{13.11}$$

令

$$\lambda_s = \frac{a - \sigma_s}{b}$$

式中,λ_s 为直线公式中柔度的最小界限值,是与屈服极限相应的柔度值。显然 λ_s 与材料有关,通常把 $\lambda_s < \lambda < \lambda_p$ 的压杆称为中长杆(或中柔度杆);$\lambda < \lambda_s$ 的压杆称为粗短杆(或小柔度杆),粗短竿的临界应力 $\sigma_{cr} = \sigma_s$。表 13.2 列出了几种常见材料的 a、b、λ_p 和 λ_s 的数值。

表 13.2　常用材料的 a,b,λ_p 和 λ_s

材料	a/MPa	b/MPa	λ_p	λ_s
碳钢(Q235 钢)$\sigma_s = 235$ MPa	304	1.118	105	61.4
碳钢(优质)$\sigma_s = 306$ MPa	460	2.567	100	60
硅钢 $\sigma_s = 353$ MPa	578	3.744	100	60
铬钼钢	981	5.296	55	
灰铸钢	332	1.454	80	
强铝	373	2.143	50	
松木	39.2	0.199	59	

13.3.3.2　抛物线公式

在我国钢结构规范中也有采用抛物线经验公式的,它将临界应力 σ_{cr} 与柔度 λ 表示为以下关系:

$$\sigma_{cr} = \sigma_s \left[1 - \alpha \left(\frac{\lambda}{\lambda_c} \right)^2 \right] \qquad (\lambda \leq \lambda_c) \tag{13.12}$$

式中, α 是与材料有关的常数,对于 Q215、Q235 钢和 16 Mn 钢, $\alpha = 0.34$; λ_c 是一个与材料有关的临界柔度值,可以查阅相关的设计规范。

13.3.4　临界应力总图

不同柔度压杆的临界应力与柔度之间的关系曲线称为临界应力总图。图 13.6 (a)、(b)分别对应于直线公式和抛物线公式的压杆的临界应力总图,该图表示了临界应力随柔度 λ 的变化规律。

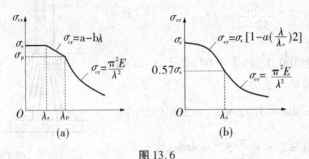

图 13.6

【例 13.2】　两端球铰支的 20a 工字钢梁,长 3 m,材料为 A3 钢,承受轴向压力 $F = 400$ kN, $E = 200$ GPa, $[\sigma] = 160$ MPa。问此杆是否安全?

解　(1)强度计算

由型钢表查得 20a 工字钢的截面积 A 和最小惯性半径 i_{min} 分别为

$$A = 35.5 \text{ cm}^2, \quad i_{min} = 21.2 \text{ mm}$$

根据强度条件,杆内压应力为

$$\sigma = \frac{F}{A} = \frac{400 \times 10^3}{35.5 \times 10^{-4}} = 113 \times 10^6 (\text{Pa}) = 113 \ (\text{MPa}) < [\sigma]$$

因此,从强度方面来说,该杆件是安全的。

(2)稳定计算

由于杆件两端均为求铰支,即 $\mu = 1$,因而

$$\lambda = \frac{\mu l}{i_{min}} = \frac{1 \times 3 \times 10^3}{21.2} = 142$$

已知 A_3 钢 $\lambda_1 = 100$,故压杆 $\lambda > \lambda_1$,为大柔度杆,由欧拉公式计算临界应力为

$$\sigma_{cr} = \frac{\pi^2 E}{\lambda^2} = \frac{\pi^2 \times 200 \times 10^3}{(142)^2} = 98 \ (\text{MPa})$$

工作应力大于临界应力,因而杆将由于失稳而破坏,是不安全的。

故此杆不安全。

【例 13.3】 已知千斤顶最大承重量 $P = 150 \ \text{kN}$,丝杠的内径 $d_1 = 52 \ \text{mm}$,长度 $l = 50 \ \text{cm}$,材料采用 A3 钢。丝杠工作是可以认为下端固定,上端自由。试求如图 13.7 所示千斤顶丝杠的工作安全系数。

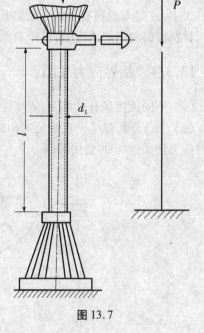

图 13.7

解 柔度计算

$$\lambda = \frac{\mu l}{i}$$

根据支座条件,$\mu = 2$,$i = \frac{d_1}{4}$,故

$$\lambda = \frac{2 \times 500}{\frac{52}{4}} \approx 77$$

A3 钢的 λ_p 约等于 100,λ_s 约等于 64,由于 $\lambda_s < \lambda < \lambda_p$,故按经验公式计算临界应力。

$$\sigma_{cr} = a - b\lambda = 304 - 1.12 \times 77 = 218 \ (\text{MPa})$$

$$F_{cr} = \sigma_{cr} A = 218 \times \frac{\pi}{4} 52^2 = 463 \ \text{kN}$$

故工作安全系数为

$$n = \frac{F_{cr}}{P} = \frac{463}{150} = 3.08$$

13.4 压杆稳定计算

工程上通常采用安全系数法和折减系数法进行压杆的稳定计算。

13.4.1 安全系数法

为了保证压杆能够安全地工作,要求压杆承受的压力 F 应满足下面的条件:

$$F \leqslant \frac{F_{cr}}{n_{st}} \tag{13.13}$$

或者将上式两边同时除以横截面面积 A,得到压杆横截面上的应力 σ 应满足的条件:

$$\sigma = \frac{F}{A} \leqslant \frac{\sigma_{st}}{n_{st}} = [\sigma]_{st} \tag{13.14}$$

普通高等教育力学"十二五"规划教材

式中，n_{st} 为稳定安全因数，$[\sigma]_{st}$ 为稳定许用应力。

以上两式称为压杆的稳定条件。

稳定安全因数 n_{st} 的取值除考虑在确定强度安全因数时的因素外，还应考虑实际压杆存在杆轴线的初曲率、压力的偏心和材料的不均匀等因素。这些因素将使压杆的临界应力显著降低，对压杆稳定的影响较大，并且压杆的柔度越大，影响也越大。但是，这些因素对压杆强度的影响就不那么显著。因此，稳定安全因数 n_{st} 的取值一般大于强度安全系数 n，并且随柔度 λ 而变化。例如，钢压杆的强度安全因数 $n=1.4\sim 1.7$，而稳定安全因数 $n_{st}=1.8\sim3.0$，甚至更大。常用材料制成的压杆，在不同工作条件下的稳定安全因数 n_{st} 的值，可在有关的设计手册中查到。表 13.3 给出了几种常见压杆的稳定系数。

表 13.3　几种常见压杆的稳定安全系数

实际压杆	金属结构中的压杆	矿冶设备中的压杆	机床丝杆	精密丝杆	水平长丝杆	磨床油缸活塞杆	高速发动机挺杆
n_{st}	$1.8\sim3.0$	$4\sim8$	$2.5\sim4$	>4	>4	$2\sim5$	$2\sim5$

利用稳定条件式(13.13)或式(13.14)，可以解决压杆的稳定校核、设计截面尺寸和确定许用荷载三类稳定计算问题。这样进行压杆稳定计算的方法称为安全系数法。采用安全系数法进行稳定计算，我们在例题 13.1、例题 13.2 与例题 13.3 中已经接触到了。下面给出其一般具体步骤：

(1)根据压杆的实际尺寸及支承情况，计算出压杆各个弯曲平面的柔度 λ，从而确定 λ_{max}。

(2)根据 λ_{max}，确定计算压杆临界应力的具体公式，并计算出临界应力。

(3)利用上述稳定条件进行稳定计算。

13.4.2　折减系数法

工程中为了简便起见，对压杆的稳定计算还常采用另一种方法——折减系数法，即将材料的压缩许用应力 $[\sigma]$ 乘以一个折减系数 φ，作为压杆的许用临界应力 $[\sigma_{cr}]$：

$$[\sigma_{cr}]=\varphi[\sigma] \tag{13.15}$$

式中，φ 是一个小于 1 的系数，称为折减系数，φ 随 λ 而变。

几种常用材料的折减系数列于表 13.4 中。对于木材也可以由树种的强度等级计算木制压杆的折减系数。表 13.5、表 13.6 分别为树种强度等级分类和木制压杆稳定安全系数 φ 的计算公式。

表 13.4 折减系数 φ

$\lambda = \dfrac{\mu l}{i}$	φ			
	A3 钢	16 Mn 钢	铸　铁	木　材
0	1.000	1.000	1.00	1.00
10	0.995	0.993	0.97	0.99
20	0.981	0.973	0.91	0.97
30	0.958	0.940	0.81	0.93
40	0.927	0.895	0.69	0.87
50	0.888	0.840	0.57	0.80
60	0.842	0.776	0.44	0.71
70	0.789	0.705	0.34	0.60
80	0.731	0.627	0.26	0.48
90	0.669	0.546	0.20	0.38
100	0.604	0.462	0.16	0.31
110	0.536	0.384		0.26
120	0.466	0.325		0.22
130	0.401	0.279		0.18
140	0.349	0.242		0.16
150	0.306	0.213		0.14
160	0.272	0.188		0.12
170	0.243	0.168		0.11
180	0.218	0.151		0.10
190	0.197	0.136		0.09
200	0.180	0.124		0.08

表 13.5 树种强度等级分类

代号	常见树种	抗剪强度/MPa
TC17	柏木、东北落叶松等	17
TC15	红杉、云杉等	15
TC13	红松、马尾松等	13
TC11	西北云杉、冷杉等	11
TB20	栎木、桐木等	20
TB17	水曲柳等	17
TB15	栲木、桦木等	15

普通高等教育力学"十二五"规划教材

表 13.6　木制压杆稳定系数 φ 的计算

树种强度等级代号	由柔度 λ 分段求 φ 的公式
TC17,TC15,TB20	$\varphi = \begin{cases} \dfrac{1}{1+\left(\dfrac{\lambda}{80}\right)^2} & (\lambda \le 75) \\[3mm] \dfrac{3\,000}{\lambda^2} & (\lambda > 75) \end{cases}$
TC13,TC11,TB17,TB15	$\varphi = \begin{cases} \dfrac{1}{1+\left(\dfrac{\lambda}{65}\right)^2} & (\lambda \le 91) \\[3mm] \dfrac{2\,800}{\lambda^2} & (\lambda > 91) \end{cases}$

对于柔度为表中两相邻 λ 值之间的 φ,可由直线内插法求得。由于考虑了杆件的初曲率和荷载偏心的影响,即使对于粗短杆,仍应在许用应力中考虑稳定系数 φ。在土建工程中,一般按稳定安全系数法进行稳定计算。

还应指出,在压杆计算中,有时会遇到压杆局部有截面被削弱的情况,如杆上有开孔、切槽等。由于压杆的临界压力是由整个压杆的弯曲变形来决定的,局部截面的削弱对整体变形影响较小,故稳定计算中仍用原有的截面几何量。但强度计算是根据危险点的应力进行的,故必须对削弱了的截面进行强度校核,记 A_n 为横截面的净面积,则

$$\sigma = \frac{F}{A_n} \le [\sigma] \tag{13.16}$$

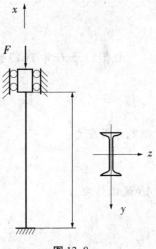

【例 13.4】　图 13.8 所示为一用 20a 工字钢制成的压杆,材料为 Q235 钢,$E = 200$ GPa,$\sigma_p = 200$ MPa,压杆长度 $l = 5$ m,$F = 200$ kN。若 $n_{st} = 2$,试校核压杆的稳定性。

解　(1)计算 λ

由附录中的型钢表查得 $i_y = 2.12$ cm,$i_x = 8.51$ cm,$A = 35.5$ cm^2。

压杆 I 最小的纵向平面内抗弯刚度最小,柔度最大,临界应力将最小。因而压杆失稳一定发生在压杆 λ_{max} 的纵向平面内。

$$\lambda_{max} = \frac{\mu l}{i_y} = \frac{0.5 \times 5}{2.12 \times 10^{-2}} = 17.9$$

(2)计算临界应力,校核稳定性

$$\lambda_p = \pi \sqrt{\frac{E}{\sigma_p}} = \pi \sqrt{\frac{200 \times 10^9}{200 \times 10^6}} = 99.3$$

图 13.8

因为 $\lambda_{max} > \lambda_p$,此压杆属于细长杆,要用欧拉公式计算临界应力

$$\sigma_{cr} = \frac{\pi^2 E}{\lambda_{max}^2} = \frac{\pi^2 \times 200 \times 10^3}{117.9^2} = 142 \ (MPa)$$

$$F_{cr} = A\sigma_{cr} = 35.5 \times 10^{-4} \times 142 \times 10^6 \ N = 504.1 \times 10^3 (N) = 504.1 \ (kN)$$

$$n = \frac{F_{cr}}{F} = \frac{504.1}{200} = 2.57 > n_{st}$$

所以此压杆稳定。

【例 13.5】 一木屋架如图 13.9 所示,试对其中的压杆 AB 进行稳定校核。已知杆的长度 $l = 3.6$ m,两端都可以看做铰接,轴向压力 $F_N = 18.72$ kN,材料为 TC13 红松,其顺纹许用压应力 $[\sigma] = 13$ MPa,采用圆木,其平均直径 $d = 120$ mm。

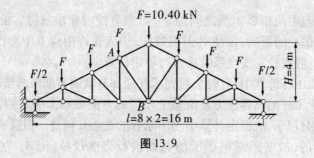

图 13.9

解 因杆端可看做两端铰接,则杆 AB 的长细比为

$$\lambda = \frac{\mu l}{r} = \frac{\mu l}{\frac{d}{4}} = \frac{1 \times 3\ 600}{\frac{120}{4}} = 120 > 91$$

由表 13.5 计算 TC13 红松木的稳定系数

$$\varphi = \frac{2800}{\lambda^2} = 0.194$$

稳定许用应力

$$[\sigma_{cr}] = \varphi[\sigma] = 0.194 \times 13 \times 10^6 = 2.53 \ (MPa)$$

AB 的工作应力

$$\sigma = \frac{N}{A} = \frac{18.72 \times 10^3}{\frac{\pi}{4} \times 120^2} = 1.66 \ (MPa) < [\sigma_{cr}]$$

因此 AB 满足稳定条件。

【例 13.6】 简易吊车臂如图所示 13.10 所示,两端铰接的 AB 杆由钢管制成,材料为 Q235 钢,其强度许用应力 $[\sigma] = 140$ MPa。试校核 AB 杆的稳定性。

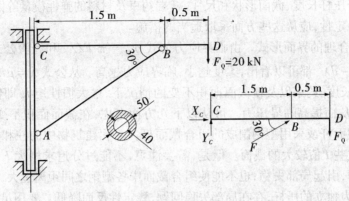

图 13.10

解　(1)求 AB 杆轴向压力

由平衡方程

$$\sum M_{c} = 0, \quad F \times 1500 \times \sin 30° - 2000 F_{Q} = 0$$

得

$$F = 53.3 \text{ kN}$$

(2)计算 λ

$$i = \sqrt{\frac{I}{A}} = \frac{1}{4}\sqrt{D^{2} + d^{2}} = \frac{1}{4} \times \sqrt{50^{2} + 40^{2}} = 16 \text{ (mm)}$$

$$\lambda = \frac{\mu l}{i} = \frac{1 \times \dfrac{1\,500}{\cos 30°}}{16} = 108$$

(3)校核稳定性

据 $\lambda = 108$，由表 13.4 得折减系数

$$\varphi = 0.55$$

稳定许用应力

$$[\sigma]_{st} = \varphi[\sigma] = 0.55 \times 140 \text{ MPa} = 77 \text{ MPa}$$

AB 杆工作应力

$$\sigma = \frac{F}{A} = \frac{53.3 \times 10^{-3}}{\dfrac{\pi}{4}(50^{2} - 40^{2}) \times 10^{-6}} = 75.4 \text{ (MPa)}$$

$$\sigma < [\sigma]_{st}$$

所以 *AB* 杆稳定。

13.5　提高压杆稳定性的措施

每一根压杆都有一定的临界荷载，临界荷载越大，表示该压杆越不容易失稳。临

界荷载取决于压杆长度、截面形状和尺寸、杆端约束及材料的弹性模量等因素。因此，为提高压杆稳定性，应从这些方面采取适当的措施。

（1）选择合理的界面形式　由临界应力公式 $\sigma_{cr} = \pi^2 E/\lambda^2$ 和经验公式 $\sigma_{cr} = a - b\lambda$ 或 $\sigma_{cr} = c - d\lambda^2$ 都可以看出，柔度越小，临界应力越高。从公式 $\lambda = \mu l/i = \mu l \sqrt{A/I}$ 来看，在压杆长度、约束以及横截面面积不变的情况下，增大惯性矩 I（即惯性半径 i）就能减小 λ，从而提高临界压力。可从以下几方面考虑：在截面面积不变的情况下，可采用空心截面杆或采用型钢制成的组合截面杆。工程建筑物中的柱和桥梁桁架中的压杆常用这些 I 值较大的截面。但是，需要注意，不能过分追求增大 I 值而使空心截面杆壁太薄，引起局部失稳；也不能使组合截面中各型钢之间距离过大，在此种情况下，各型钢作为独立的压杆，存在局部失稳问题，稳定性反而降低。要用足够的且尺寸较大的连接板（缀条）把分开放置的型钢连成一个整体，使其局部和整体的稳定性尽可能接近。

（2）改变压杆的支承条件　改变压杆的支承条件能直接影响临界力的大小。例如将长为 l 两端铰支的细长压杆，在其跨中中点增设一个中间支座或把压杆的两端改为固定端，则相当长度就有原来的 $\mu l = l$ 变为了 $\mu l = \dfrac{l}{2}$，于是临界压力也由原来的 $P_{cr} = \dfrac{\pi^2 EL}{l^2}$ 变成 $P_{cr} = \dfrac{\pi^2 EI}{(l/2)^2} = 4\dfrac{\pi^2 EI}{l^2}$。可见临界压力为原来的 4 倍。一般说增加压杆的约束，使压杆更不容易发生弯曲变形，可以提高压杆的稳定性。

（3）合理选择材料　细长压杆临界力的欧拉公式还与材料的弹性模量 E 有关。由于各种钢材的 E 值大致相等，所以对于细长压杆选用优质钢材或低碳钢，两者临界力并无多大差别。对于中等柔度的压杆，无论是根据经验公式或是理论分析，都说明临界应力与材料的强度有关，优质钢材的选用在一定程度上可以提高临界应力的数值。至于柔度很小的组短压杆，本来就是强度破坏问题，优质钢材的强度高，其优越性自然是明显的。

思考题

13.1　对于两端固定的压杆，由挠曲线的微分方程推导其临界压力公式时所需的边界条件是什么？试推导该压杆的临界力。

13.2　在稳定性计算中，对于中长杆，若用欧拉公式计算其临界力，压杆是否安全？对于细长杆，若用经验公式计算其临界力，能否判断压杆的安全性？

13.3　在高层建筑工地上，常用塔式起重机，其主架非常高，属于细长压杆，工程上采取了什么措施来防止失稳？

13.4　压杆失稳后产生弯曲变形，梁受横力作用也产生弯曲变形，两者在性质上有什么区别？又有什么相同之处？

13.5　除了细长受压直杆的弹性失稳形式之外，你能列举出哪些单薄承压构件丧失稳定的例子吗？在这些失稳中构件的变形形式发生了什么变化？或者指出这些失稳的特征。

13.6　一根压杆的临界压力与作用力(荷载)的大小有关吗? 为什么?

13.7　如下图(a)所示,把一张纸竖立在桌上,其自重就足以使它弯曲。若把纸折成角形放置,如图(b)所示,则其自重就不能使它弯曲了。若把纸卷成圆筒后竖放,如图(c)所示,甚至在顶端加一个小砝码也不会弯曲。试解释其中的原因。

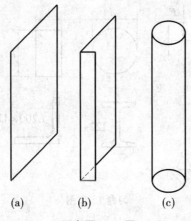

(a)　　　　(b)　　　　(c)

思考题 13.7 图

13.8　有人说,压杆的临界应力愈大,它的稳定性就愈好;临界应力愈小,稳定性就愈差。这种说法对吗? 试研究下列三种情况,从中得出应有的结论。

(1)两空心圆杆除了内径不同($d_1 < d_2$)外,其他条件(包括外径)完全相同。

(2)比较同一压杆在不同平面内失稳的可能性。

(3)对材料、截面形状和尺寸相同的几根压杆,比较何者容易失稳?

13.9　压杆稳定问题中的长细比(柔度)反映了杆件哪些因素对临界压力的影响?

习题

13.1　两端均为球铰的压杆,其截面形状如下图所示。问压杆失稳时,各截面将绕哪一根轴转动?

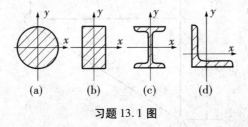

(a)　　　(b)　　　(c)　　　(d)

习题 13.1 图

13.2　图示两端铰支的细长杆,材料的弹性模量 $E = 200$ GPa,试用欧拉公式计算其临界力 F_{cr}。

（1）圆形截面 $d=25$ mm，$l=1.0$ m。

（2）矩形截面 $h=2b=40$ mm，$l=1.0$ mm。

（3）22a 号工字钢，$l=5.0$ m。

（4）200 mm×125 mm×18 mm 不等边角钢，$l=5.0$ m。

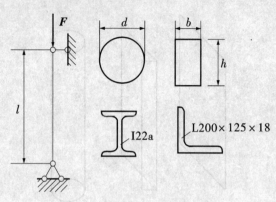

习题 13.2 图

13.3 直径 $d=25$ mm，长为 l 的细长钢压杆，材料的弹性模量 $E=200$ GPa，使用欧拉公式计算其临界应力 F_{cr}。

（1）两端铰支，$l=600$ mm。

（2）两端固定，$l=1\,500$ mm。

（3）一端固定、一端铰支，$l=1\,000$ mm。

13.4 三根两端铰支的圆截面压杆，直径均为 $d=160$ mm，长度分别为 l_1、l_2、l_3，且 $l_1=2l_2=4l_3=5$ m，材料为 Q235 钢，弹性模量 $E=200$ GPa，求三杆的临界力 F_{cr}。

13.5 一两端铰支的钢管柱，长 $l=3$ m，截面外径 $D=100$ mm，内径 $d=70$ mm。材料为 Q235 钢，许用应力 $[\sigma]=160$ MPa，求此柱的许用荷载。

13.6 图示桁架，$F=100$ kN，两杆均为用 Q235 钢制成的圆截面杆，许用应力 $[\sigma]=180$ MPa。试确定它们的直径。

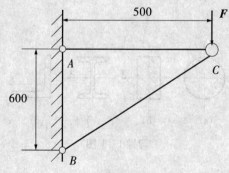

习题 13.6 图

13.7　如图所示,托架中的 AB 杆为圆截面直杆,直径 $d=40$ mm,长度 $l=800$ mm,其两端可视为铰接,材料为 A3 钢,试求:

(1)AB 杆的临界荷载 F_{cr}。

(2)若已知工作荷载 $F=70$ kN,AB 杆规定稳定安全系数 $[n]_{st}=2$,问此托架是否安全?

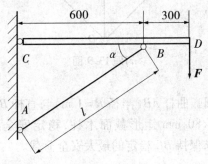

习题 13.7 图

13.8　如图所示结构中,分布荷载 $q=20$ kN/m。梁的截面为矩形,$b=90$ mm,$h=130$ mm。柱的截面为圆形,直径 $d=80$ mm。梁和柱材料均为 A3 钢,$[\sigma]=160$ MPa,规定的许用安全系数 $[n]_{st}=3$。试校核结构的安全性。

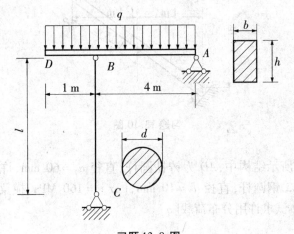

习题 13.8 图

13.9　如图所示,由六根圆形钢杆组成的正方形结构,E 处两杆互不约束,每根杆直径均为 $d=40$ mm,$a=1$ m,材料为 A_3 钢,$[\sigma]=160$ MPa,规定的稳定安全系数 $[n]_{st}=2$。试求此结构的许可荷载 $[F]$。

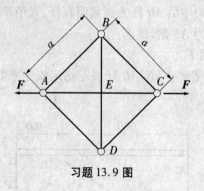

习题 13.9 图

13.10 如图所示,圆弧曲杆 AB(半径 $R=1$ m)与直杆 BC 组成托架,A、B、C 处均为铰接,BC 杆为 40 mm×80 mm 矩形截面木柱,稳定安全系数为 3,弹性模量 $E=11$ GPa。试用欧拉公式求保持 BC 稳定的最大安全荷载。

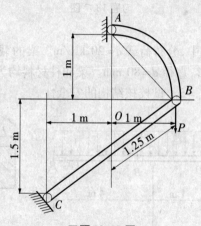

习题 13.10 图

13.11 如图所示结构中,AD 为铸铁圆杆,直径 $d_1=60$ mm,许用压应力 $[\sigma_c]=120$ MPa,BC 为 A3 钢圆杆,直径 $d_2=10$ mm,$[\sigma]=160$ MPa,横梁为 18 号工字钢,$[\sigma]=160$ MPa。试求许用分布荷载 $[q]$。

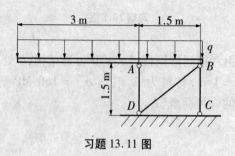

习题 13.11 图

13.12 如下图所示结构,水平梁 $ABCD$ 可视为刚性杆,杆①和杆②均采用 A3 钢,

其比例极限 $\sigma_p = 200$ MPa,屈服极限 $\sigma_s = 240$ MPa,弹性模量 $E = 200$ GPa,杆①的直径 $d_1 = 1$ cm,长 $l_1 = 100$ cm,杆②的直径 $d_2 = 2$ cm,长 $l_2 = 100$ cm,结构要求各杆的安全系数均大于 2。试求结构容许承受的最大荷载。

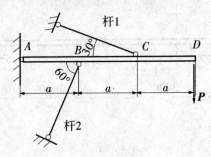

习题 13.12 图

13.13　压杆长 6 m,有两根 10 号槽钢组成,顶端铰支,低端固定。已知:材料的弹性模量 $E = 200$ GPa,比例极限 $\sigma_p = 200$ MPa。若杆的横截面形状如图所示,问:

(1)距离 a 为多大时压杆的临界荷载 P_{cr} 最大?

(2)最大临界荷载 P_{cr} 为多少?

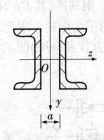

习题 13.13 图

13.14　一支柱由 4 根 80 mm×80 mm×6 mm 的等边角钢组成,如图所示,并符合结构设计规范(GBJ 17—1988)中实腹式 b 类截面中心受压杆的要求。支柱的两端为铰支,柱长 $l = 6$ m,压力为 450 kN。若材料为 3 号钢,强度许用应力 $[\sigma] = 170$ MPa,试求支柱横截面边长 a 的尺寸。

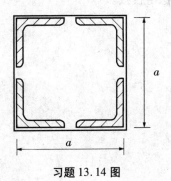

习题 13.14 图

13.15　以压杆由普通工字钢制成,如图所示,搁在 A、B、C 三个支座上,B 支座抵住工字钢的腹板,截面为 I56a,钢材强度设计值取 $f=215$ MPa,试求荷载的许可荷载值 $[F_{p}]$。

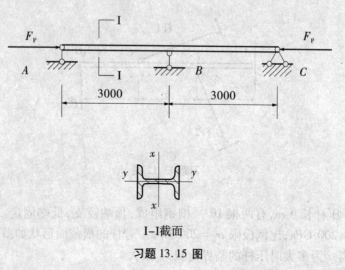

I–I截面

习题 13.15 图

13.16　如图所示的压杆用 A3 钢制造,其 $E=210$ GPa。在主视图 x–y 平面内,两端为铰支;在俯视图 x–z 平面内,两端为固定。求此压杆的临界力。

13.17　由压杆挠曲线的微分方程式,导出图示 A 端固定、B 端可滑动压杆的欧拉公式。

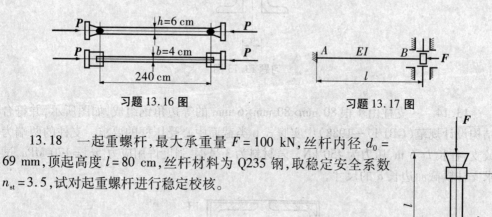

习题 13.16 图　　　　习题 13.17 图

13.18　一起重螺杆,最大承重量 $F=100$ kN,丝杆内径 $d_0=69$ mm,顶起高度 $l=80$ cm,丝杆材料为 Q235 钢,取稳定安全系数 $n_{st}=3.5$,试对起重螺杆进行稳定校核。

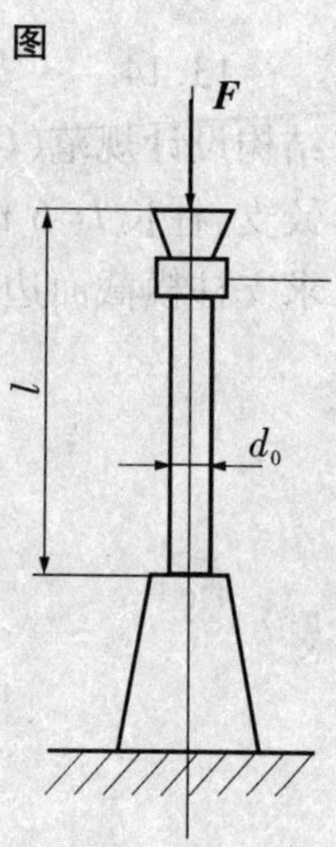

习题 13.18 图

附录 I 截面的几何性质

在研究杆件的应力、变形以及失效问题时,都要涉及与杆件的截面形状和尺寸有关的一些几何量。例如计算拉(压)杆件的应力和变形时,要用到横截面的面积 A,而受扭圆杆的应力和变形则与横截面的极惯性矩 I_p 有关,在弯曲问题的计算中会遇到横截面对某轴的面积矩和惯性矩 I_z 等,在选定坐标轴之后,这些几何量仅与截面的几何形状和尺寸大小有关。通常把上述几何量统称为截面的几何性质。本附录将介绍这些几何性质的定义和计算方法。

I.1 截面的静矩和形心

任意平面图形如图 I.1 所示,其面积为 A,y 轴和 z 轴为图形所在平面的坐标轴,在坐标 (y,z) 处取微面积 dA,遍及整个图形面积 A 的积分

$$S_z = \int_A y\mathrm{d}A \ , \qquad S_y = \int_A z\mathrm{d}A \tag{I.1}$$

分别定义为图形对 z 轴和 y 轴的静矩,也称为图形对 z 轴和 y 轴的一次矩。

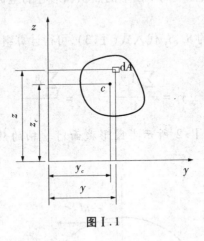

图 I.1

由公式(I.1)知,平面图形的静矩是对某一坐标轴而言的,同一图形对不同的坐标轴,其静矩也不同。静矩的数值可能为正,可能为负,也可能等于零。静矩的量纲是长度单位的三次方,单位为 mm^3 或 m^3。

由静力学知,在 Oyz 坐标系中,均质等厚度薄板的重心坐标为

$$y_c = \frac{\int_A y \, dA}{A} \ , \quad z_c = \frac{\int_A z \, dA}{A} \tag{I.2}$$

上式可用于计算截面图形（图 I.1）的形心坐标。利用公式（I.1）可把公式（I.2）改写为

$$y_c = \frac{S_z}{A} \ , \quad z_c = \frac{S_y}{A} \tag{I.3}$$

因此，在知道截面对于 y 轴和 z 轴的静矩以后，即可求得截面形心的坐标。若将上式改写为

$$S_z = Ay_c \ , \quad S_y = Az_c \tag{I.4}$$

则由以上两式可以看出，若 $S_z = 0$ 或 $S_y = 0$，则 $y_c = 0$ 或 $z_c = 0$。可见，若图形对某一轴的静矩等于零，则该轴必然通过图形的形心；反之，若某一轴通过形心，则图形对该轴的静矩等于零。

当截面由若干个简单图形（例如矩形、圆形或三角形等）组成时，由于简单图形的面积及形心位置均为已知，而且从静矩定义可知，截面各组成部分对于某一轴的静矩之代数和，就等于该截面对于同一轴的静矩，即得整个截面的静矩为

$$S_z = \sum_{i=1}^{n} A_i y_{ci} \ , \quad S_y = \sum_{i=1}^{n} A_i z_{ci} \tag{I.5}$$

式中，A_i 和 y_{ci}、z_{ci} 分别代表任一简单图形的面积和形心的坐标，n 为组成截面的简单图形的个数。

若将式（I.5）求得的 S_z、S_y 代入式（I.3），可得计算组合截面的形心坐标公式为

$$y_c = \frac{\sum_{i=1}^{n} A_i y_{ci}}{A} \ , \quad z_c = \frac{\sum_{i=1}^{n} A_i z_{ci}}{A} \tag{I.6}$$

【例 I.1】 计算图 I.2 所示半圆形截面对 y 轴的静矩 S_y 以及半圆形心的 z 坐标。

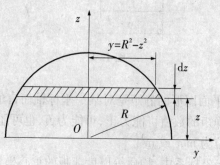

图 I.2

解　取平行于 y 轴的线条作为微面积 dA，则 $dA = 2ydz = 2\sqrt{R^2 - z^2}dz$，有

$$S_y = \int_A zdA = \int_0^R 2z\sqrt{R^2 - z^2}\,dz = \frac{2}{3}R^3$$

$$\bar{z} = \frac{S_y}{A} = \frac{\dfrac{2}{3}R^3}{\dfrac{1}{2}\pi R^2} = \frac{4R}{3\pi}$$

【例 I.2】　计算图 I.3 所示三角形对 z 轴和 y 轴的静矩，并确定图形形心 c 的位置。

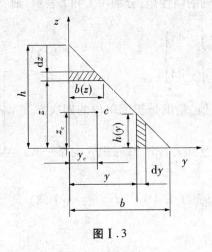

图 I.3

解　取平行于 y 轴的狭长条作为微面积 dA，则

$$dA = b(z)dz = \frac{b}{h}(h - z)dz$$

由静矩定义得

$$S_y = \int zdA = \int_0^h \frac{b}{h}(h - z)zdz = \frac{bh^2}{6}$$

取平行于 z 轴的狭长条作为微面积 dA，则

$$dA = h(y)dy = \frac{h}{b}(b - y)dy$$

$$S_z = \int ydA = \int_0^b \frac{h}{b}(b - y)ydy = \frac{hb^2}{6}$$

$$y_c = \frac{S_z}{A} = \frac{\dfrac{hb^2}{6}}{\dfrac{1}{2}bh} = \frac{1}{3}b \;,\quad z_c = \frac{S_y}{A} = \frac{\dfrac{1}{6}bh^2}{\dfrac{1}{2}bh} = \frac{1}{3}h$$

Ⅰ.2 惯性矩、极惯性矩和惯性积

Ⅰ.2.2 惯性矩

设有一代表任意截面的平面图形,其面积为 A。在图形平面内建立坐标系 Oyz,如图 Ⅰ.4 所示。在截面上任取一微面积 dA,设微面积 dA 的坐标分别为 y 和 z,则把乘积 z^2dA 和 y^2dA 分别称为微面积 dA 对 y 轴和 z 轴的惯性矩。把积分 $\int_A z^2dA$ 和 $\int_A y^2dA$ 分别定义为该截面对 y 轴和 z 轴的惯性矩,分别用 I_y 和 I_z 表示,则

$$\left.\begin{aligned} I_y &= \int_A z^2\,dA \\ I_z &= \int_A y^2\,dA \end{aligned}\right\} \qquad (Ⅰ.7)$$

由定义可知惯性矩恒为正值,量纲是长度单位的四次方,单位为 mm^4 或 m^4。

力学计算中有时把惯性矩写成图形面积 A 与某一长度平方的乘积,即

$$I_y = A \cdot i_y^2, \quad I_z = A \cdot i_z^2 \qquad (Ⅰ.8)$$

或者改写成

$$i_y = \sqrt{\frac{I_y}{A}}, \quad i_z = \sqrt{\frac{I_z}{A}} \qquad (Ⅰ.9)$$

图Ⅰ.4

称为惯性半径。

【例Ⅰ.3】 试计算如图Ⅰ.5 所示矩形截面对其形心轴 y 轴和 z 轴的惯性矩。

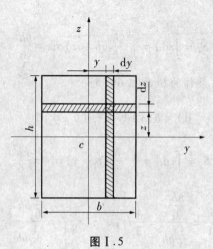

图Ⅰ.5

解 (1)计算截面对y轴的惯性矩

取平行于y轴的狭长条(图中阴影部分)作为微面积dA,则有$dA = bdz$,由式(I.7),有

$$I_y = \int_A z^2 \, dA = \int_{-\frac{h}{2}}^{\frac{h}{2}} bz^2 \, dz = \frac{1}{12}bh^3$$

(2)计算截面对z轴的惯性矩

同理有

$$I_z = \int_A y^2 \, dA = \int_{-\frac{b}{2}}^{\frac{b}{2}} hy^2 \, dy = \frac{1}{12}hb^3$$

【例 I.4】 试计算如图 I.6 所示圆截面对于其形心轴的惯性矩。

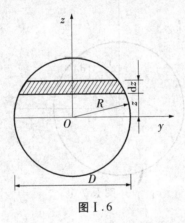

图 I.6

解 建立坐标系Oyz如图所示,取平行于y轴的狭长条(图中阴影部分)为微面积dA,则有微面积$dA = 2\sqrt{R^2 - z^2} \, dz$,由式(I.7),有

$$I_y = \int_A z^2 \, dA = 2\int z^2 \sqrt{R^2 - z^2} \, dz = \frac{\pi R^4}{4} = \frac{\pi D^4}{64}$$

根据对称性,截面对于y轴和z轴的惯性矩相等,即

$$I_z = I_y = \frac{\pi D^4}{64}$$

I.2.2 极惯性矩

在图 I.4 中,若以ρ表示微面积dA到坐标原点的距离,则称$\rho^2 dA$为微面积dA对原点的极惯性矩,同时定义积分$\int_A \rho^2 dA$为截面对O点的极惯性矩,用I_p表示,即

$$I_p = \int_A \rho^2 \, dA \tag{I.10}$$

由定义可知极惯性矩恒为正。其常用单位是 mm^4 或 m^4。由图 I.4 可知 $\rho^2 = y^2 + z^2$，因此

$$I_\rho = \int_A \rho^2 \mathrm{d}A = \int_A (y^2 + z^2) \mathrm{d}A = \int_A y^2 \mathrm{d}A + \int_A z^2 \mathrm{d}A$$

将式(I.7)代入,得极惯性矩与惯性矩的关系式为

$$I_\rho = I_z + I_y \tag{I.11}$$

上式表明,截面对某点的极惯性矩等于截面对通过该点的两个正交轴的惯性矩之和。有时,利用式(I.11)计算截面的极惯性矩或惯性矩比较方便。

【例 I.5】 试利用惯性矩与极惯性矩的关系计算图 I.7 所示圆形截面对其形心轴的极惯性矩。

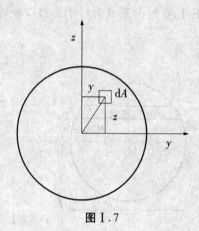

图 I.7

解 坐标轴 y、z 如图 I.7 所示。正常计算极惯性矩的步骤是:以圆心为原点,在圆截面中取一微元面积 $\mathrm{d}A$,坐标为 y、z,到圆心的距离为 ρ,于是得圆形截面对圆心的极惯性矩为

$$I_\rho = \int_A \rho^2 \mathrm{d}A$$

由于圆截面是关于圆心极对称的,它对任一形心轴的惯性矩均相等,因而 $I_z = I_y$。又因 $I_z = I_y = \dfrac{\pi D^4}{64}$,代入式(I.11)可得

$$I_\rho = \frac{1}{32} \pi D^4$$

I.2.3 惯性积

在图 I.4 中,我们把微面积 $\mathrm{d}A$ 与其坐标 y、z 的乘积 $yz\mathrm{d}A$ 称为微面积 $\mathrm{d}A$ 对 y、z 两轴的惯性积。定义积分 $\int_A yz\mathrm{d}A$ 为截面对 y、z 两轴的惯性积,用 I_{yz} 表示,即

普通高等教育力学"十二五"规划教材

$$I_{yz} = \int_A yz\mathrm{d}A \qquad\qquad (\text{I}.12)$$

由定义可知,惯性积的值可为正、为负或为零。惯性积的常用单位是 mm⁴ 或 m⁴。

由式(I.12)知,截面的惯性积有如下重要性质:若截面有一个对称轴,则截面对包括该对称轴在内的一对正交轴的惯性积恒等于零。

由此性质,图 I.8 所示截面对坐标轴 y、z 的惯性积 I_{yz} 均等于零。

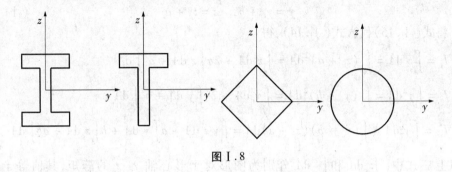

图 I.8

I.3 惯性矩和惯性积的平行移轴公式

I.3.1 惯性矩和惯性积的平行移轴公式

同一平面图形对于相互平行的两对坐标轴的惯性矩或惯性积并不相同,当其中一对轴是图形的形心轴时,它们之间存在着一定的关系。

在图 I.9 中,c 为图形的形心,y_c 和 z_c 是通过形心的坐标轴,图形对形心轴 y_c 和 z_c 的惯性矩和惯性积分别为

$$\left.\begin{array}{l} I_{y_c} = \int_A z_c^2\mathrm{d}A \\[2mm] I_{z_c} = \int_A y_c^2\mathrm{d}A \\[2mm] I_{y_c z_c} = \int_A y_c z_c\mathrm{d}A \end{array}\right\} \qquad (\text{I}.13)$$

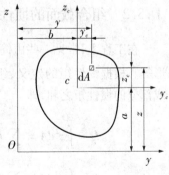

图 I.9

若 y 轴平行于 y_c 轴且两者的距离为 a,z 轴平行于 z_c 轴且两者的距离为 b,图形对于 y 轴和 z 轴的惯性矩和惯性积应为

$$I_y = \int_A z^2 \mathrm{d}A \quad\Bigg\}$$
$$I_z = \int_A y^2 \mathrm{d}A \quad\Bigg\} \qquad (\text{I}.14)$$
$$I_{yz} = \int_A yz\mathrm{d}A \quad\Bigg\}$$

由图 I.9 可以看出

$$y = y_c + b, \quad z = z_c + a \qquad (\text{I}.15)$$

将式(I.15)代入式(I.14),得

$$I_y = \int_A z^2 \mathrm{d}A = \int_A (z_c + a)^2 \mathrm{d}A = \int_A z_c^2 \mathrm{d}A + 2a\int_A z_c \mathrm{d}A + a^2 \int_A \mathrm{d}A$$

$$I_z = \int_A y^2 \mathrm{d}A = \int_A (y_c + b)^2 \mathrm{d}A = \int_A y_c^2 \mathrm{d}A + 2b\int_A y_c \mathrm{d}A + b^2 \int_A \mathrm{d}A$$

$$I_{yz} = \int_A yz\mathrm{d}A = \int_A (y_c + b)(z_c + a)\mathrm{d}A = \int_A y_c z_c \mathrm{d}A + a\int_A y_c \mathrm{d}A + b\int_A z_c \mathrm{d}A + ab\int_A \mathrm{d}A$$

在以上三式中,$\int_A z_c \mathrm{d}A$ 和 $\int_A y_c \mathrm{d}A$ 分别为图形对于形心轴 y_c、z_c 的静矩,其值等于零。

$\int_A \mathrm{d}A = A$,为图形的面积,所以上式可简化为

$$I_y = I_{y_c} + a^2 A \quad\Bigg\}$$
$$I_z = I_{z_c} + b^2 A \quad\Bigg\} \qquad (\text{I}.16)$$
$$I_{yz} = I_{y_c z_c} + abA \quad\Bigg\}$$

式(I.16)即为惯性矩和惯性积的平行移轴公式,式中,a、b 均为代数量,它们是图形形心 c 在 Oyz 坐标系中的坐标值,计算时要考虑它们的正负号。

应用以上推得的平行移轴公式,可以方便地求出一些组合截面的惯性矩和惯性积。

I.3.2 组合截面的惯性矩和惯性积

在工程上,常见一些由简单图形组成的组合截面。这些简单图形一般为矩形、圆形等。根据惯性矩的定义,组合截面的惯性矩等于各组成部分的惯性矩之和,即

$$I_y = \int_A z^2 \mathrm{d}A = \sum_{i=1}^n I_{y_i} = \sum_{i=1}^n \int_{A_i} z^2 \mathrm{d}A \quad\Bigg\}$$
$$I_z = \int_A y^2 \mathrm{d}A = \sum_{i=1}^n I_{z_i} = \sum_{i=1}^n \int_{A_i} y^2 \mathrm{d}A \quad\Bigg\} \qquad (\text{I}.17)$$

下面举例说明组合截面的惯性矩的计算方法。

【例 I.6】 求图 I.10 所示截面对水平形心轴 y_c 轴的惯性矩。

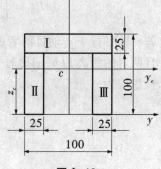

图 I.10

解　首先求形心位置。建立图示 Oyz 坐标系,将图形分为三个矩形,则有

$$z_c = \frac{S_{yc}}{A} = \frac{\sum\limits_{i=1}^{3} z_{ci}A_i}{\sum\limits_{i=1}^{3} A_i}$$

$$= \frac{100 \times 25 \times (75 + \frac{1}{2} \times 25) + 2 \times 75 \times 25 \times \frac{1}{2} \times 75}{100 \times 25 + 2 \times 75 \times 25}$$

$$= 57.5 \ (\text{mm})$$

$$y_c = 0$$

以 I_{yci} 及 I_{y0i} 分别表示第 i 块图形对水平形心轴 y 和第 i 块图形自身的水平形心轴的惯性矩,由平行移轴公式得

$$I_{yc1} = I_{y01} + a_1^2 A_1$$

$$= \frac{1}{12} \times 100 \times 25^3 + (100 - 57.5 - \frac{25}{2})^2 \times 100 \times 25$$

$$= 2.38 \times 10^6 (\text{mm}^4)$$

$$I_{yc2} = I_{y02} + a_2^2 A_2$$

$$= \frac{1}{12} \times 25 \times 75^3 + (57.5 - \frac{75}{2})^2 \times 25 \times 75$$

$$= 1.63 \times 10^6 (\text{mm}^4)$$

$$I_z = I_{y1} + 2I_{yz} = 5.64 \times 10^6 (\text{mm}^4)$$

【例Ⅰ.7】　图Ⅰ.11所示截面由一个 25 c 号槽钢和两个 90 mm×90 mm×12 mm 角钢截面组成。求此组合截面对形心轴 y、z 的惯性矩 I_y、I_z。

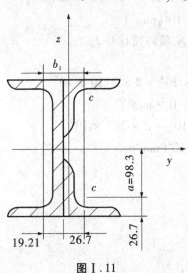

图Ⅰ.11

解 （1）查型钢表知几何参数

25 c 号槽钢截面的面积和对自身形心轴的惯性矩为

$A_1 = 44.91 \text{ cm}^2$，$I_{yc1} = 3690.45 \text{ cm}^4$，$I_{zc1} = 218.415 \text{ cm}^4$

90 mm×90 mm×12 mm 角钢截面的面积和对自身形心轴的惯性矩为

$A_2 = 20.3 \text{ cm}^2$，$I_{yc2} = I_{zc2} = 149.22 \text{ cm}^4$

（2）确定此组合截面的形心位置

为便于计算，以两角钢截面的形心连线作为参考轴，求组合截面形心 c 距此轴的距离 b。由组合截面形心的计算公式

$$y_c = \frac{\sum\limits_{i=1}^{n} A_i y_{ci}}{A_i} = \frac{2 \times 2030 \times 0 + 4491 \times \left[-(19.21 + 26.7) \right]}{2 \times 2030 + 4491}$$

$$= -24.1 \text{ （mm）}$$

故

$$b = |y_c| = 24.1 \text{ mm}$$

（3）计算槽钢截面和角钢截面对 x、y 轴的惯性矩

利用式（Ⅰ.16），槽钢截面的计算结果如下：

$I_{y1} = I_{yc1} + a_1^2 A = 3690.45 \times 10^4 + 0 = 3690 \times 10^4 \text{（mm}^4\text{）}$

$I_{z1} = I_{zc1} + b_1^2 A = 218.415 \times 10^4 +$

$\qquad (19.21 + 26.7 - 24.1)^2 \times 4491 = 431 \times 10^4 \text{（mm}^4\text{）}$

角钢截面的计算结果如下：

$I_{y2} = I_{yc2} + a_2^2 A = 149.22 \times 10^4 + 98.32^2 \times 2030$

$\qquad = 2110 \times 10^4 \text{（mm}^4\text{）}$

$I_{z2} = I_{zc2} + b_2^2 A = 149.22 \times 10^4 + 24.12^2 \times 2030$

$\qquad = 267 \times 10^4 \text{（mm}^4\text{）}$

（4）计算组合截面对 x、y 轴的惯性矩 I_x、I_y

由式（Ⅰ.17）得

$I_y = I_{y1} + 2I_{y2} = 3690 \times 10^4 + 2 \times 2110 \times 10^4$

$\qquad = 7910 \times 10^4 \text{（mm}^4\text{）}$

$I_z = I_{z1} + 2I_{z2} = 431 \times 10^4 + 2 \times 267 \times 10^4$

$\qquad = 965 \times 10^4 \text{（mm}^4\text{）}$

附录 Ⅱ 型钢规格表

表Ⅱ.1 热轧等边角钢 (GB 9787—1988)

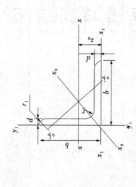

符号意义:

b——边宽度;
d——边厚度;
r——内圆弧半径;
r_1——边端内圆弧半径;

I——惯性矩;
i——惯性半径;
W——截面系数;
z_0——重心距离。

角钢号数	尺寸 /mm			截面面积 /cm²	理论质量 /(kg/m)	外表面积 /(m²/m)	$x-x$			x_0-x_0			y_0-y_0			x_1-x_1	z_0 /cm
	b	d	r				I_x /cm⁴	i_x /cm	W_x /cm³	I_{x_0} /cm⁴	i_{x_0} /cm	W_{x_0} /cm³	I_{y_0} /cm⁴	i_{y_0} /cm	W_{y_0} /cm³	I_{x_1} /cm⁴	
2	20	3	3.5	1.132	0.889	0.078	0.40	0.59	0.29	0.63	0.75	0.45	0.17	0.39	0.20	0.81	0.60
		4		1.459	1.145	0.077	0.50	0.58	0.36	0.78	0.73	0.55	0.22	0.38	0.24	1.09	0.64
2.5	25	3		1.432	1.124	0.098	0.82	0.76	0.46	1.29	0.95	0.73	0.34	0.49	0.33	1.57	0.73
		4		1.859	1.459	0.097	1.03	0.74	0.59	1.62	0.93	0.92	0.43	0.48	0.40	2.11	0.76

续表

角钢号数	尺寸/mm b	尺寸/mm d	尺寸/mm r	截面面积/cm²	理论质量/(kg/m)	外表面积/(m²/m)	$x-x$ I_x/cm⁴	$x-x$ i_x/cm	$x-x$ W_x/cm³	x_0-x_0 I_{x_0}/cm⁴	x_0-x_0 i_{x_0}/cm	x_0-x_0 W_{x_0}/cm³	y_0-y_0 I_{y_0}/cm⁴	y_0-y_0 i_{y_0}/cm	y_0-y_0 W_{y_0}/cm³	x_1-x_1 I_{x_1}/cm⁴	z_0/cm
3.0	30	3	4.5	1.749	1.373	0.117	1.46	0.91	0.68	2.31	1.15	1.09	0.61	0.59	0.51	2.71	0.85
		4		2.276	1.786	0.117	1.84	0.90	0.87	2.92	1.13	1.37	0.77	0.58	0.62	3.63	0.89
3.6	36	3	4.5	2.109	1.656	0.141	2.58	1.11	0.99	4.09	1.39	1.61	1.07	0.71	0.76	4.68	1.00
		4		2.756	2.163	0.141	3.29	1.09	1.28	5.22	1.38	2.05	1.37	0.70	0.93	6.25	1.04
		5		3.382	2.654	0.141	3.95	1.08	1.56	6.24	1.36	2.45	1.65	0.70	1.09	7.84	1.07
4.0	40	3	4.5	2.359	1.852	0.157	3.59	1.23	1.23	5.69	1.55	2.01	1.49	0.79	0.96	6.41	1.09
		4		3.086	2.422	0.157	4.60	1.22	1.60	7.29	1.54	2.58	1.91	0.79	1.19	8.56	1.13
		5		3.791	2.976	0.156	5.53	1.21	1.96	8.76	1.52	3.01	2.30	0.78	1.39	10.74	1.17
4.5	45	3	5	2.659	2.088	0.177	5.17	1.40	1.58	8.20	1.76	2.58	2.14	0.90	1.24	9.12	1.22
		4		3.486	2.736	0.177	6.65	1.38	2.05	10.56	1.74	3.32	2.75	0.89	1.54	12.18	1.26
		5		4.292	3.369	0.176	8.04	1.37	2.51	12.74	1.72	4.00	3.33	0.88	1.81	15.25	1.30
		6		5.076	3.985	0.176	9.33	1.36	2.95	14.76	1.70	4.64	3.89	0.88	2.06	18.36	1.33
5	50	3	5.5	2.971	2.332	0.197	7.18	1.55	1.96	11.37	1.96	3.22	2.98	1.00	1.57	12.50	1.34
		4		3.897	3.059	0.197	9.26	1.54	2.56	14.70	1.94	4.16	3.82	0.99	1.96	16.69	1.38
		5		4.803	3.770	0.196	11.21	1.53	3.13	17.79	1.92	5.03	4.64	0.98	2.31	20.90	1.42
		6		5.688	4.465	0.196	13.05	1.52	3.68	20.68	1.91	5.85	5.42	0.98	1.63	25.14	1.46

工 程 力 学

普通高等教育力学"十二五"规划教材

续表

角钢号数	b	d	r	截面面积 /cm²	理论质量 /(kg/m)	外表面积 /(m²/m)	I_x /cm⁴	i_x /cm	W_x /cm³	I_{x_0} /cm⁴	i_{x_0} /cm	W_{x_0} /cm³	I_{y_0} /cm⁴	i_{y_0} /cm	W_{y_0} /cm³	I_{x_1} /cm⁴	z_0 /cm
5.6	56	3	6	3.343	2.624	0.221	10.19	1.75	2.48	16.14	2.20	4.08	4.24	1.13	2.02	17.56	1.48
		4		4.390	3.446	0.220	13.18	1.73	3.24	20.92	2.18	5.28	5.46	1.11	2.52	23.43	1.53
		5		5.415	4.251	0.220	16.02	1.72	3.97	25.42	2.17	6.42	6.61	1.10	2.98	29.33	1.57
		6		8.367	6.568	0.219	23.63	1.68	6.03	37.37	2.11	9.44	9.89	1.09	4.16	47.24	1.68
6.3	63	4	7	4.978	3.907	0.248	19.03	1.96	4.13	30.17	2.46	6.78	7.89	1.26	3.29	33.35	1.70
		5		6.143	4.822	0.248	23.17	1.94	5.08	36.77	2.45	8.25	9.57	1.25	3.90	41.73	1.74
		6		7.288	5.721	0.247	27.12	1.93	6.00	43.03	2.43	9.66	11.20	1.24	4.46	50.14	1.78
		8		9.515	7.469	0.247	34.46	1.90	7.75	54.56	2.40	12.25	14.33	1.23	5.47	67.11	1.85
		10		11.657	9.151	0.246	41.09	1.88	9.39	64.85	2.36	14.56	17.33	1.22	6.36	84.31	1.93
7	70	4	8	5.570	4.372	0.275	26.39	2.18	5.14	41.80	2.74	8.44	10.99	1.40	4.17	45.74	1.86
		5		6.875	5.397	0.275	32.21	2.16	6.32	51.08	2.73	10.32	13.34	1.39	4.95	57.21	1.91
		6		8.160	6.406	0.275	37.77	2.15	7.48	59.93	2.71	12.11	15.61	1.38	5.67	68.73	1.95
		7		9.424	7.398	0.275	43.09	2.14	8.59	68.35	2.69	13.81	17.82	1.38	6.34	80.29	1.99
		8		10.667	8.373	0.274	48.17	2.12	9.68	76.37	2.68	15.43	19.98	1.37	6.98	91.92	2.03

注： 参考数值

续表

工程力学

角钢号数	b	d	r	截面面积 /cm²	理论质量 /(kg/m)	外表面积 /(m²/m)	$x-x$			x_0-x_0			y_0-y_0			x_1-x_1	z_0 /cm
							I_x /cm⁴	i_x /cm	W_x /cm³	I_{x_0} /cm⁴	i_{x_0} /cm	W_{x_0} /cm³	I_{y_0} /cm⁴	i_{y_0} /cm	W_{y_0} /cm³	I_{x_1} /cm⁴	
7.5	75	5	9	7.367	5.818	0.295	39.97	2.33	7.32	63.30	2.92	11.94	16.63	1.50	5.77	70.56	2.04
		6		8.797	6.905	0.294	46.95	2.31	8.64	74.38	2.90	14.02	19.51	1.49	6.67	84.55	2.07
		7		10.160	7.976	0.294	53.57	2.30	9.93	84.96	2.89	16.02	22.18	1.48	7.44	98.71	2.11
		8		11.503	9.030	0.294	59.96	2.28	11.20	95.07	2.88	17.93	24.86	1.47	8.19	112.97	2.15
		10		14.126	11.089	0.293	71.98	2.26	13.64	113.92	2.84	21.48	30.05	1.46	9.56	141.71	2.22
8	80	5	9	7.912	6.211	0.315	48.79	2.48	8.34	77.33	3.13	13.67	20.25	1.60	6.66	85.36	2.15
		6		9.397	7.376	0.314	57.35	2.47	9.87	90.98	3.11	16.08	23.72	1.59	7.65	102.50	2.19
		7		10.860	8.525	0.314	65.58	2.46	11.37	104.07	3.10	18.40	27.09	1.58	8.58	119.70	2.23
		8		12.303	9.658	0.314	73.49	2.44	12.83	116.60	3.08	20.61	30.39	1.57	9.46	136.97	2.27
		10		15.126	11.874	0.313	88.43	2.42	15.64	140.09	3.04	24.76	36.77	1.56	11.08	171.74	2.35
9	90	6	10	10.637	8.350	0.354	82.77	2.79	12.61	131.26	3.51	20.63	34.28	1.80	9.95	145.87	2.44
		7		12.301	9.656	0.354	94.83	2.78	14.54	150.47	3.50	23.64	39.18	1.78	11.19	170.30	2.48
		8		13.944	10.946	0.353	106.47	2.76	16.42	168.97	3.48	26.55	43.97	1.78	12.35	194.80	2.52
		10		17.167	13.476	0.353	128.58	2.74	20.07	203.90	3.45	32.04	53.26	1.76	14.52	244.07	2.59
		12		20.306	15.940	0.352	149.22	2.71	23.57	236.21	3.41	37.12	62.22	1.75	16.49	293.76	2.67

318

续表

角钢号数	尺寸/mm			截面面积/cm²	理论质量/(kg/m)	外表面积/(m²/m)	参考数值											
	b	d	r				x-x			x0-x0			y0-y0			x1-x1	z0/cm
							I_x/cm⁴	i_x/cm	W_x/cm³	I_{x_0}/cm⁴	i_{x_0}/cm	W_{x_0}/cm³	I_{y_0}/cm⁴	i_{y_0}/cm	W_{y_0}/cm³	I_{x_1}/cm⁴	
10	100	6	12	11.932	9.366	0.393	114.95	3.10	15.68	181.98	3.90	25.74	47.92	2.00	12.69	200.07	2.67
		7		13.796	10.830	0.393	131.86	3.09	18.10	208.97	3.89	29.55	54.74	1.99	14.26	233.54	2.71
		8		15.638	12.276	0.393	148.24	3.08	20.47	235.07	3.88	33.24	61.41	1.98	15.75	267.09	2.76
		10		19.261	15.120	0.392	179.51	3.05	25.06	284.68	3.84	40.26	74.35	1.96	18.54	334.48	2.84
		12		22.800	17.898	0.391	208.90	3.03	29.48	330.95	3.81	46.80	86.84	1.95	21.08	402.34	2.91
		14		26.256	20.611	0.391	236.53	3.00	33.73	374.06	3.77	52.90	99.00	1.94	23.44	470.75	2.99
		16		29.627	23.257	0.390	262.53	2.98	37.82	414.16	3.74	58.57	110.89	1.94	25.63	539.80	3.06
11	110	7	12	15.196	11.928	0.433	177.16	3.41	22.05	280.94	4.30	36.12	73.38	2.20	17.51	310.64	2.96
		8		17.238	13.532	0.433	199.46	3.40	24.95	316.49	4.28	40.69	82.42	2.19	19.39	355.20	3.01
		10		21.261	16.890	0.432	242.19	3.38	30.60	384.39	4.25	49.42	99.98	2.17	22.91	444.65	3.09
		12		25.200	19.782	0.431	282.55	3.35	36.05	448.17	4.22	57.62	116.93	2.15	26.15	534.60	3.16
		14		29.056	22.809	0.431	320.71	3.32	41.31	508.01	4.18	65.31	133.40	2.14	29.14	625.16	3.24

续表

角钢号数	尺寸/mm b	d	r	截面面积 /cm²	理论质量 /(kg/m)	外表面积 /(m²/m)	$x-x$ I_x /cm⁴	i_x /cm	W_x /cm³	x_0-x_0 I_{x_0} /cm⁴	i_{x_0} /cm	W_{x_0} /cm³	y_0-y_0 I_{y_0} /cm⁴	i_{y_0} /cm	W_{y_0} /cm³	x_1-x_1 I_{x_1} /cm⁴	z_0 /cm
12.5	125	8		19.750	15.504	0.492	297.03	3.88	32.52	470.89	4.88	53.28	123.16	2.50	25.86	521.01	3.37
		10		24.373	19.133	0.491	361.67	3.85	39.97	573.89	4.85	64.93	149.46	2.48	30.62	651.93	3.45
		12		28.912	22.696	0.491	432.16	3.83	41.17	671.44	4.82	75.96	174.88	2.46	35.03	783.42	3.53
		14	14	33.367	26.193	0.490	481.65	3.80	54.16	763.73	4.78	86.41	199.57	2.45	39.13	915.61	3.61
14	140	10		27.373	21.488	0.551	514.65	4.34	50.58	817.27	5.46	82.56	212.04	2.78	39.20	915.11	3.82
		12		32.512	25.522	0.551	603.68	4.31	59.80	958.79	5.43	96.85	248.57	2.76	45.02	1099.28	3.90
		14		37.567	29.490	0.550	688.81	4.28	68.75	1093.56	5.40	110.47	284.06	2.75	50.45	1284.22	3.98
		16		42.539	33.393	0.549	770.24	4.26	77.46	1221.81	5.36	123.42	318.67	2.74	55.55	1470.07	4.06
16	160	10		31.502	24.729	0.630	779.53	4.98	66.70	1237.30	6.27	109.36	321.76	3.20	52.76	1365.33	4.31
		12	16	37.441	29.391	0.630	916.58	4.95	78.98	1455.68	6.24	128.67	377.49	3.18	60.74	1639.57	4.39
		14		43.296	33.987	0.629	1048.36	4.92	90.95	1665.02	6.20	147.17	431.70	3.16	68.244	1914.68	4.47
		16		49.067	38.518	0.629	1175.08	4.89	102.63	1865.57	6.17	164.89	484.59	3.14	75.31	2190.82	4.55
18	180	12		42.241	33.159	0.710	1321.35	5.59	100.82	2100.10	7.05	165.00	542.61	3.58	78.41	2332.80	4.89
		14	16	48.896	38.388	0.709	1514.48	5.56	116.25	2407.42	7.02	189.14	625.53	3.56	88.38	2723.48	4.97
		16		55.467	43.542	0.709	1700.99	5.54	131.13	2703.37	6.98	212.40	698.60	3.55	97.83	3115.29	5.05
		18		61.955	48.634	0.708	1875.12	5.50	145.64	2988.24	6.94	234.78	762.01	3.51	105.14	3502.43	5.13

普通高等教育力学"十二五"规划教材

续表

角钢号数	尺寸 /mm			截面面积 /cm²	理论质量 /(kg/m)	外表面积 /(m²/m)	参 考 数 值											
							$x-x$			x_0-x_0				y_0-y_0			x_1-x_1	z_0 /cm
	b	d	r				I_x /cm⁴	i_x /cm	W_x /cm³	I_{x_0} /cm⁴	i_{x_0} /cm	W_{x_0} /cm³	I_{y_0} /cm⁴	i_{y_0} /cm	W_{y_0} /cm³	I_{x_1} /cm⁴	
20	200	14	18	54.642	42.894	0.788	2103.55	6.20	144.70	3343.26	7.82	236.40	863.83	3.98	111.82	3734.10	5.46
		16		62.013	48.680	0.788	2366.15	6.18	163.65	3760.89	7.79	265.93	971.41	3.96	123.96	4270.39	5.54
		18		69.301	54.401	0.787	2620.64	6.15	182.22	4164.54	7.75	294.48	1076.74	3.94	135.52	4808.13	5.62
		20		76.505	60.056	0.787	2867.30	6.12	200.42	4554.55	7.72	322.06	1180.04	3.93	146.55	5347.51	5.69
		24		90.661	71.168	0.785	3338.25	6.07	236.17	5294.97	7.64	374.41	1381.53	3.90	166.65	6457.16	5.87

普通高等教育力学"十二五"规划教材

表 II.2 热轧不等边角钢（GB 9788—1988）

符号意义：

B——长边宽度；
d——边厚度；
r_1——边端内圆弧半径；
i——惯性半径；
x_0——形心坐标；

b——短边宽度；
r——内圆弧半径；
I——惯性矩；
W——弯曲截面系数；
y_0——形心坐标。

角钢号数	尺寸/mm B	b	d	r	截面面积/cm²	理论质量/(kg/m)	外表面积/(m²/m)	x-x I_z/cm⁴	i_z/cm	W_x/cm³	y-y I_{y0}/cm⁴	i_{y0}/cm	W_{y0}/cm³	x₁-x₁ I_{x1}/cm⁴	y_0/cm	y₁-y₁ I_{y1}/cm⁴	x_0/cm	u-u I_u/cm⁴	i_u/cm	W_u/cm³	tan α
2.5/1.6	25	16	3	3.5	1.162	0.912	0.080	0.70	0.78	0.43	0.22	0.44	0.19	1.56	0.86	0.43	0.42	0.14	0.34	0.16	0.392
			4		1.499	1.176	0.079	0.88	0.77	0.55	0.27	0.43	0.24	2.09	0.90	0.59	0.46	0.17	0.34	0.20	0.381
3.2/2	32	20	3		1.492	1.171	0.102	1.53	1.01	0.72	0.46	0.55	0.30	3.27	1.08	0.82	0.49	0.28	0.43	0.25	0.382
			4		1.939	1.522	0.101	1.93	1.00	0.93	0.57	0.54	0.39	4.37	1.12	1.12	0.53	0.35	0.42	0.32	0.374
4/2.5	40	25	3	4	1.890	1.484	0.127	3.08	1.28	1.15	0.93	0.70	0.49	6.39	1.32	1.59	0.59	0.56	0.54	0.40	0.386
			4		2.467	1.936	0.127	3.93	1.26	1.49	1.18	0.69	0.63	8.53	1.37	2.14	0.63	0.71	0.54	0.52	0.381
4.5/2.8	45	28	3	5	2.149	1.687	0.143	4.45	1.44	1.47	1.34	0.79	0.62	9.10	1.47	2.23	0.64	0.80	0.61	0.51	0.383
			4		2.806	2.203	0.143	5.69	1.42	1.91	1.70	0.78	0.80	12.13	1.51	3.00	0.68	1.02	0.60	0.66	0.380
5/3.2	50	32	3	5	2.431	1.908	0.161	6.24	1.60	1.84	2.02	0.91	0.82	12.49	1.60	3.31	0.73	1.20	0.70	0.68	0.404
			4		3.177	2.494	0.160	8.02	1.59	2.39	2.58	0.90	1.06	16.65	1.65	4.45	0.77	1.53	0.69	0.87	0.402

续表

角钢号数	尺寸/mm B	b	d	r	截面面积/cm²	理论质量/(kg/m)	外表面积/(m²/m)	$x-x$ I_z/cm⁴	i_z/cm	W_x/cm³	$y-y$ I_{y0}/cm⁴	i_{y0}/cm	W_{y0}/cm³	x_1-x_1 I_{x_1}/cm⁴	y_0/cm	y_1-y_1 I_{y_1}/cm⁴	x_0/cm	$u-u$ I_u/cm⁴	i_u/cm	W_u/cm³	$\tan\alpha$
5.6/3.6	56	36	3	6	2.743	2.153	0.181	8.88	1.80	2.32	2.92	1.03	1.05	17.54	1.78	4.70	0.80	1.73	0.79	0.87	0.408
			4		3.59	2.818	0.180	11.25	1.79	3.03	3.76	1.02	1.37	23.39	1.82	6.33	0.85	2.23	0.79	1.13	0.408
			5		4.415	3.466	0.180	13.86	1.77	3.71	4.49	1.01	1.65	29.25	1.87	7.94	0.88	2.67	0.78	1.36	0.404
6.3/4	63	40	4	7	4.058	3.185	0.202	16.49	2.02	3.87	5.23	1.14	1.70	33.20	2.04	8.63	0.92	3.12	0.88	1.40	0.398
			5		4.993	3.920	0.202	20.02	2.00	4.74	6.31	1.12	2.71	41.63	2.08	10.86	0.95	3.76	0.87	1.71	0.396
			6		5.908	4.638	0.201	23.36	1.96	5.59	7.29	1.11	2.43	49.98	2.12	13.12	0.99	4.34	0.86	1.99	0.393
			7		6.802	5.339	0.201	26.53	1.98	6.40	8.24	1.10	2.78	58.07	2.15	15.47	1.03	4.97	0.86	2.29	0.389
7/4.5	70	45	4	7.5	4.547	3.570	0.226	23.17	2.26	4.86	7.55	1.29	2.17	45.92	2.24	12.26	1.02	4.40	0.98	1.77	0.410
			5		5.609	4.403	0.225	27.95	2.23	5.92	9.13	1.28	2.65	57.10	2.28	15.39	1.06	5.40	0.98	2.19	0.407
			6		6.647	5.218	0.225	32.54	2.21	6.95	10.62	1.26	3.12	68.35	2.32	18.58	1.09	6.35	0.98	2.59	0.404
			7		7.657	6.011	0.225	37.22	2.20	8.03	12.01	1.25	3.57	79.99	2.36	21.84	1.13	7.16	0.97	2.94	0.402
(7.5/5)	75	50	5	8	6.125	4.808	0.245	34.86	2.39	6.83	12.61	1.44	3.30	70.00	2.40	21.04	1.17	7.41	1.10	2.74	0.435
			6		7.260	5.699	0.245	41.12	2.38	8.12	14.70	1.42	3.88	84.30	2.44	25.37	1.21	8.54	1.08	3.19	0.435
			8		9.467	7.431	0.244	52.39	2.35	10.52	18.53	1.40	4.99	112.50	2.52	34.23	1.29	10.87	1.07	4.10	0.429
			10		11.590	9.098	0.244	62.71	2.33	12.79	21.96	1.38	6.04	140.80	2.60	43.43	1.36	13.10	1.06	4.99	0.423
8/5	80	50	5	8	6.375	5.005	0.255	41.96	2.56	7.78	12.82	1.42	3.32	85.21	2.60	21.06	1.14	7.66	1.10	2.74	0.388
			6		7.560	5.935	0.255	49.49	2.56	9.25	14.95	1.41	3.91	102.53	2.65	25.41	1.18	8.85	1.08	3.20	0.387
			7		8.724	6.848	0.255	56.16	2.54	10.58	16.96	1.39	4.48	119.33	2.69	29.82	1.21	10.18	1.08	3.70	0.384
			8		9.867	7.745	0.254	62.83	2.52	11.92	18.85	1.38	5.03	136.41	2.73	34.32	1.25	11.38	1.07	4.16	0.381

续表

角钢号数	尺寸/mm B	b	d	r	截面面积 /cm²	理论质量 /(kg/m)	外表面积 /(m²/m)	x-x I_z /cm⁴	i_z /cm	W_x /cm³	y-y I_{y0} /cm⁴	i_{y0} /cm	W_{y0} /cm³	x_1-x_1 I_{x_1} /cm⁴	y_0 /cm	y_1-y_1 I_{y_1} /cm⁴	x_0 /cm	u-u I_u /cm⁴	i_u /cm	W_u /cm³	tan α
9/6.5	90	56	5	9	7.212	5.661	0.287	60.45	2.90	9.92	18.32	1.59	4.21	121.32	2.91	29.53	1.25	10.98	1.23	3.49	0.385
			6		8.557	6.717	0.286	71.03	2.88	11.74	21.42	1.58	4.96	145.59	2.95	35.58	1.29	12.90	1.23	4.18	0.384
			7		9.880	7.756	0.286	81.01	2.86	13.49	24.36	1.57	5.70	169.66	3.00	41.71	1.33	14.67	1.22	4.72	0.382
			8		11.183	8.779	0.286	91.03	2.85	15.27	27.15	1.56	6.41	194.17	3.04	47.93	1.36	16.34	1.21	5.29	0.380
10/6.3	100	63	6	10	9.617	7.550	0.320	99.06	3.21	14.64	30.94	1.79	6.35	199.71	3.24	50.50	1.43	18.42	1.38	5.25	0.394
			7		11.111	8.722	0.320	113.45	3.20	16.88	35.26	1.78	7.29	233.00	3.28	59.14	1.47	21.00	1.38	6.02	0.394
			8		12.584	9.878	0.319	127.37	3.18	19.08	39.39	1.77	8.21	266.32	3.32	67.88	1.50	23.50	1.37	6.78	0.391
			10		15.467	12.142	0.319	153.81	3.15	23.32	47.12	1.74	9.98	333.06	3.40	85.73	1.58	28.33	1.35	8.24	0.387
10/8	100	80	6	10	10.637	8.350	0.354	107.04	3.17	15.19	61.24	2.40	10.16	199.83	2.95	102.68	1.97	31.65	1.72	8.37	0.627
			7		12.301	9.656	0.354	122.73	3.16	17.52	70.08	2.39	11.71	233.20	3.00	119.98	2.01	36.17	1.72	9.60	0.626
			8		13.944	10.946	0.353	137.92	3.14	19.81	78.58	2.37	13.21	266.61	3.04	137.37	2.05	40.58	1.71	10.80	0.625
			10		17.167	13.476	0.353	166.87	3.12	24.24	94.65	2.35	16.12	333.63	3.12	172.48	2.13	49.10	1.69	13.12	0.622
11/7	110	70	6	10	10.637	8.350	0.354	133.37	3.54	17.85	42.92	2.01	7.90	265.78	3.53	69.08	1.57	25.36	1.54	6.53	0.403
			7		12.301	9.656	0.354	153.00	3.53	20.60	49.01	2.00	9.09	310.07	3.57	80.82	1.61	28.95	1.53	7.50	0.402
			8		13.944	10.946	0.353	172.04	3.51	23.30	54.87	1.98	10.25	354.39	3.62	92.70	1.65	32.45	1.53	8.45	0.401
			10		17.167	13.476	0.353	208.39	3.48	28.54	65.88	1.96	12.48	443.13	3.70	116.83	1.72	39.20	1.51	10.29	0.397

工程力学

普通高等教育力学"十二五"规划教材

续表

角钢号数	尺寸/mm				截面面积/cm²	理论质量/(kg/m)	外表面积/(m²/m)	参考数值														
								x-x			y-y			x₁-x₁		y₁-y₁		u-u				
	B	b	d	r				I_z/cm⁴	i_z/cm	W_x/cm³	I_{y0}/cm⁴	i_{y0}/cm	W_{y0}/cm³	I_{x_1}/cm⁴	y_0/cm	I_{y_1}/cm⁴	x_0/cm	I_u/cm⁴	i_u/cm	W_u/cm³	tan α
12.5/8	125	80	7	11	14.096	11.066	0.403	227.98	4.02	26.86	74.42	2.30	12.01	454.99	4.10	120.32	1.80	43.81	1.76	9.92	0.408
			8		15.989	12.551	0.403	256.77	4.01	30.41	83.49	2.28	13.56	519.99	4.06	137.85	1.84	49.15	1.75	11.18	0.407
			10		19.712	15.474	0.402	312.04	3.98	37.33	100.67	2.26	16.56	650.09	4.14	173.40	1.92	59.45	1.74	13.64	0.404
			12		23.351	18.330	0.402	364.41	3.95	44.01	116.67	2.24	19.43	780.39	4.22	209.67	2.00	69.35	1.72	16.01	0.400
14/9	140	90	8	12	18.038	14.160	0.453	365.64	4.50	38.48	120.69	2.59	17.34	730.53	4.50	195.79	2.04	70.83	1.98	14.31	0.411
			10		22.261	17.475	0.452	445.50	4.47	47.31	140.03	2.56	21.22	913.20	4.58	245.92	2.12	85.82	1.96	17.48	0.409
			12		26.400	20.724	0.451	521.59	4.44	55.87	169.79	2.54	24.95	1096.09	4.66	296.89	2.19	100.21	1.95	20.54	0.406
			14		30.456	23.908	0.451	594.10	4.42	64.18	192.10	2.51	28.54	1279.26	4.74	348.82	2.27	114.13	1.94	23.52	0.403
16/10	160	100	10	13	25.315	19.872	0.512	668.69	5.14	62.13	205.03	2.85	26.56	1362.89	5.24	336.59	2.28	121.74	2.19	21.92	0.390
			12		30.054	23.592	0.511	784.91	5.11	73.49	239.06	2.82	31.28	1635.56	5.32	405.94	2.36	142.33	2.17	25.79	0.388
			14		34.709	27.247	0.510	896.30	5.08	84.56	271.20	2.80	35.83	1908.50	5.40	476.42	2.43	162.23	2.16	29.56	0.385
			16		39.281	30.835	0.510	1003.04	5.05	95.33	301.60	2.77	40.24	2182.79	5.48	548.22	2.51	182.57	2.16	33.44	0.382
18/11	180	110	10	14	28.373	22.273	0.571	956.25	5.80	78.96	278.11	3.13	32.49	1940.40	5.89	447.22	2.44	166.50	2.42	26.88	0.376
			12		33.712	26.464	0.571	1124.72	5.78	93.53	325.03	3.10	38.32	2328.38	5.98	538.94	2.52	194.87	2.40	31.66	0.374
			14		38.967	30.589	0.570	1286.91	5.75	107.76	369.55	3.08	43.97	2716.60	6.06	631.95	2.59	222.30	2.39	36.32	0.372
			16		44.139	34.649	0.569	1443.06	5.72	121.64	411.85	3.06	49.44	3105.15	6.14	726.46	2.67	248.94	2.38	40.87	0.369

续表

角钢号数	尺寸/mm				截面面积/cm²	理论质量/(kg/m)	外表面积/(m²/m)	参考数值														
								x − x			y − y			x1 − x1		y1 − y1		u − u			
	B	b	d	r				I_x /cm⁴	i_x /cm	W_x /cm³	I_{y0} /cm⁴	i_{y0} /cm	W_{y0} /cm³	I_{x_1} /cm⁴	y_0 /cm	I_{y_1} /cm⁴	x_0 /cm	I_u /cm⁴	i_u /cm	W_u /cm³	$\tan\alpha$
20/12.5	200	125	12	14	37.912	29.761	0.641	1570.90	6.44	116.73	483.16	3.57	49.99	3193.85	6.54	787.74	2.83	285.79	2.74	41.23	0.392
			14		43.867	34.436	0.640	1800.97	6.41	134.65	550.83	3.54	57.44	3726.17	6.02	922.47	2.91	326.58	2.73	47.34	0.390
			16		49.739	39.054	0.639	2023.35	6.38	152.18	615.44	3.52	64.69	4258.86	6.70	1058.86	2.99	366.21	2.71	53.32	0.388
			18		55.526	43.588	0.639	2238.30	6.35	169.33	677.19	3.49	71.74	4792.00	6.78	1197.13	3.06	404.83	2.70	59.18	0.385

工程力学

普通高等教育力学"十二五"规划教材

表Ⅱ.3 热轧工字钢（GB 706—1988）

符号意义：

h——高度;
b——腿宽度;
d——腰厚度;
δ——平均腿厚度;
r——内圆弧半径;
r₁——腿端圆弧半径;
I——惯性矩;
W——弯曲截面系数;
i——惯性半径;
S——半截面的静矩。

型号	尺寸/mm						截面面积/cm²	理论质量/(kg/m)	参考数值						
									x—x				y—y		
	h	b	d	δ	r	r₁			I_x/cm⁴	W_x/cm³	i_x/cm	$I_x:S_x$/cm	I_y/cm⁴	W_y/cm³	i_y/cm
10	100	68	4.5	7.6	6.5	3.3	14.3	11.2	245	49	4.14	8.59	33	9.72	1.52
12.6	126	74	5	8.4	7	3.5	18.1	14.2	488.43	77.529	5.195	10.85	46.906	12.677	1.609
14	140	80	5.5	9.1	7.5	3.8	21.5	16.9	712	102	5.76	12	64.4	16.1	1.73
16	160	88	6	9.9	8	4	26.1	20.5	1130	141	6.58	13.8	93.1	21.2	1.89
18	180	94	6.5	10.7	8.5	4.3	30.6	24.1	1660	185	7.36	15.4	122	26	2
20a	200	100	7	11.4	9	4.5	35.5	27.9	2370	237	8.15	17.2	158	31.5	2.12
20b	200	102	9	11.4	9	4.5	39.5	31.1	2500	250	7.96	16.9	169	33.1	2.06
22a	220	110	7.5	12.3	9.5	4.8	42	33	3400	309	8.99	18.9	225	40.9	2.31
22b	220	112	9.5	12.3	9.5	4.8	46.4	36.4	3570	325	8.78	18.7	239	42.7	2.27

续表

型号	h	b	d	δ	r	r_1	截面面积 /cm²	理论质量 /(kg/m)	I_x/cm⁴	W_x/cm³	i_x/cm	$I_x:S_x$/cm	I_y/cm⁴	W_y/cm³	i_y/cm
			尺寸/mm							x—x				y—y	
25a	250	116	8	13	10	5	48.5	38.1	5023.54	401.88	10.18	21.58	280.046	48.283	2.403
25b	250	118	10	13	10	5	53.5	42	5283.96	1422.72	9.938	21.27	309.297	52.423	2.404
28a	280	122	8.5	13.7	110.5	5.3	55.45	43.4	7114.14	508.15	11.32	24.62	345.051	56.565	2.495
28b	280	124	10.5	13.7	10.5	5.3	61.05	47.9	7480	534.29	11.08	24.24	379.496	61.209	2.493
32a	320	130	9.5	15	11.5	5.8	67.05	52.7	11075.5	692.2	12.84	27.46	459.93	70.758	2.619
32b	320	132	11.5	15	11.5	5.8	73.45	57.7	11621.4	726.33	12.58	27.09	501.53	75.989	2.614
32c	320	134	13.5	15	11.5	5.8	79.95	62.8	12167.5	760.47	12.34	26.77	543.81	81.166	2.608
36a	360	136	10	15.8	12	6	76.3	59.9	15760	875	14.4	30.7	552	81.2	2.69
36b	360	138	12	15.8	12	6	83.5	65.6	16530	919	14.1	30.3	582	84.3	2.64
36c	360	140	14	15.8	12	6	90.7	71.2	17310	962	13.8	29.9	612	87.4	2.6
40a	400	142	10.5	16.5	12.5	6.3	86.1	67.6	21720	1090	15.9	34.1	660	93.2	2.77
40b	400	144	12.5	16.5	12.5	6.3	94.1	73.8	22780	1140	15.6	33.6	692	96.2	2.71
40c	400	146	14.5	16.5	12.5	6.3	102	80.1	23850	1190	15.2	33.2	727	99.6	2.65
45a	450	150	11.5	18	13.5	6.8	102	80.4	32240	1430	17.7	38.6	855	114	2.89
45b	450	152	13.5	18	13.5	6.8	111	87.4	33760	1500	17.4	38	894	118	2.84
45c	450	154	15.5	18	13.5	6.8	120	94.5	35280	1570	17.1	37.6	938	122	2.79
50a	500	158	12	20	14	7	119	93.6	46470	1860	19.7	42.8	1120	142	3.07

工程力学

普通高等教育力学"十二五"规划教材

续表

型号	尺寸/mm						截面面积 /cm²	理论质量 /(kg/m)	参考数值							
									x—x					y—y		
	h	b	d	δ	r	r₁			I_x/cm⁴	W_x/cm³	i_x/cm	$I_x : S_x$/cm	I_y/cm⁴	W_y/cm³	i_y/cm
50b	500	160	14	20	14	7	129	101	48560	1940	19.4	42.4	1170	146	3.01
50c	500	162	16	20	14	7	139	109	50640	2080	19	41.8	1220	151	2.96
56a	560	166	12.5	21	14.5	7.3	135.25	106.2	65585.6	2342.31	22.02	47.73	1370.16	165.08	3.182
56b	560	168	14.5	21	14.5	7.3	146.45	115	68512.5	2446.69	21.63	47.17	1486.75	174.25	3.162
56c	560	170	16.5	21	14.5	7.3	157.85	123.9	71439.4	2551.41	21.27	46.66	1558.39	183.34	3.158
63a	630	176	13	22	15	7.5	154.9	121.6	93916.2	2 981.47	24.62	54.17	1700.55	193.24	3.314
63b	630	178	15	22	15	7.5	167.5	131.5	98083.6	3163.38	24.2	53.51	1812.07	203.6	3.289
63c	630	180	17	22	15	7.5	180.1	141	102251.1	3298.42	23.82	52.92	1924.91	213.88	3.268

工 程 力 学

表 II.4 热轧槽钢（GB 707—1988）

符号意义：

- h——高度;
- b——腿宽度;
- d——腰厚度;
- δ——平均腿厚度;
- r——内圆弧半径;
- r_1——腿端圆弧半径;
- I——惯性矩;
- W——弯曲截面系数;
- i——惯性半径;
- z_0——y-y轴与y_1-y_1轴间距。

型号	尺寸/mm						截面面积 /cm²	理论质量 /(kg/m)	参考数值							
									x-x			y-y			y_1-y_1	
	h	b	d	δ	r	r_1			W_x /cm³	I_x /cm⁴	i_x /cm	W_y /cm³	I_y /cm⁴	i_y /cm	I_{y1} /cm⁴	z_0 /cm
5	50	37	4.5	7	7	3.5	6.93	5.44	10.4	26	1.94	3.55	8.3	1.1	20.9	1.35
6.3	63	40	4.8	7.5	7.5	3.75	8.444	6.63	16.123	50.786	2.453	4.5	11.872	1.851	28.38	1.36
8	80	43	5	8	8	4	10.24	8.04	25.3	101.3	3.15	5.79	16.6	1.27	37.4	1.43
10	100	48	5.3	8.5	8.5	4.25	12.74	10	39.7	198.3	3.95	7.8	25.6	1.41	54.9	1.52
12.6	126	53	5.5	9	9	4.5	15.69	12.37	62.137	391.466	4.953	10.242	37.99	1.567	77.091	1.59
14a	140	58	6	9.5	9.5	4.75	18.51	14.53	80.5	563.7	5.52	13.01	53.2	1.7	107.1	1.71
14b	140	60	8	9.5	9.5	4.75	21.31	16.73	87.1	609.4	5.35	14.12	61.1	1.69	120.6	1.67

续表

| 型号 | 尺寸/mm | | | | | | 截面面积 /cm² | 理论质量 /(kg/m) | 参考数值 | | | | | | | |
| | h | b | d | δ | r | δ | | | x-x | | | y-y | | | y_1-y_1 | z_0 /cm |
									W_x /cm³	I_x /cm⁴	i_x /cm	W_y /cm³	I_y /cm⁴	i_y /cm	I_{y1} /cm⁴	
16a	160	63	6.5	10	10	5	21.95	17.23	108.3	866.2	6.28	16.3	73.3	1.83	144.1	1.8
16	160	65	8.5	10	10	5	25.15	19.74	116.8	934.5	6.1	17.55	83.4	1.82	160.8	1.75
18a	180	68	7	10.5	10.5	5.25	25.69	20.17	141.4	1272.7	7.04	20.03	98.6	1.96	189.7	1.88
18	180	70	9	10.5	10.5	5.25	29.29	22.99	152.2	1369.9	6.84	21.52	111	1.95	210.1	1.84
20a	200	73	7	11	11	5.5	28.83	22.63	178	1780.4	7.86	24.2	128	2.11	244	2.01
20	200	75	9	11	11	5.5	32.83	25.77	191.4	1913.7	7.64	25.88	143.6	2.09	268.4	1.95
22a	220	77	7	11.5	11.5	5.75	31.84	24.99	217.6	2393.9	8.67	28.17	157.8	2.23	298.2	2.1
22	220	79	9	11.5	11.5	5.75	36.24	28.45	233.8	2571.4	8.42	30.05	176.4	2.21	326.3	2.03
a	250	78	7	12	12	6	34.91	27.47	269.597	3369.62	9.823	30.607	175.529	2.243	322.256	2.065
25b	250	80	9	12	12	6	39.91	31.39	282.402	3530.04	9.405	32.657	196.421	2.218	353.187	1.982
c	250	82	11	12	12	6	44.91	35.32	295.236	3690.45	9.065	35.926	218.415	2.206	384.133	1.921
a	280	82	7.5	12.5	12.5	6.25	40.02	31.42	340.328	4764.59	10.91	35.718	217.989	2.333	387.566	2.097
28b	280	84	9.5	12.5	12.5	6.25	45.62	35.81	366.46	5130.45	10.6	37.929	242.144	2.304	427.589	2.016
c	280	86	11.5	12.5	12.5	6.25	51.22	40.21	392.594	5496.32	10.35	40.301	267.602	2.286	426.597	1.951
a	320	88	8	14	14	7	48.7	38.22	474.879	7598.06	12.49	46.473	304.787	2.502	552.31	2.242
32b	320	90	10	14	14	7	55.1	43.25	509.012	8144.2	12.15	49.157	336.332	2.471	592.933	2.158

续表

型号	尺寸/mm						截面面积 /cm²	理论质量 /(kg/m)	参考数值							
									$x-x$			$y-y$			y_1-y_1	z_0
	h	b	d	δ	r	δ			W_x /cm³	I_x /cm⁴	i_x /cm	W_y /cm³	I_y /cm⁴	i_y /cm	I_{y1} /cm⁴	/cm
c	320	92	12	14	14	7	61.5	48.28	543.145	8690.33	11.88	52.642	374.175	2.467	643.299	2.092
a	360	96	9	16	16	8	60.89	47.8	659.7	11874.2	13.97	63.54	455	2.73	818.4	2.44
36b	360	98	11	16	16	8	68.09	53.45	702.9	12651.8	13.63	66.85	496.7	2.7	880.4	2.37
c	360	100	13	16	16	8	75.29	50.1	746.1	13429.4	13.36	70.02	536.4	2.67	947.9	2.34
a	400	100	10.5	18	18	9	75.05	58.91	878.9	17577.9	15.3	78.83	592	2.81	1067.7	2.49
40b	400	102	12.5	18	18	9	83.05	65.19	932.2	18644.5	14.98	82.52	640	2.78	1135.6	2.44
c	400	104	14.5	18	18	9	91.05	71.47	985.6	19711.2	14.71	86.19	687.8	2.75	1220.7	2.42

普通高等教育力学"十二五"规划教材

附录Ⅲ　简单荷载作用下梁的挠度和转角

简支梁：

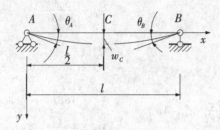

$w = $ 沿 y 方向的挠度

$w_C = w(\frac{l}{2}) = $ 梁中点的挠度

$\theta_A = w'(0) = $ 梁左端处的转角

$\theta_B = w'(l) = $ 梁右端处的转角

序号	梁上荷载及弯矩图	挠曲线方程	转角和挠度
1	M_A ... l ... M_A	$w = \dfrac{M_A x}{6EIl}(l-x)(2l-x)$	$\theta_A = \dfrac{M_A l}{3EI}$ $\theta_B = -\dfrac{M_A l}{6EI}$ $w_C = \dfrac{M_A l^2}{16EI}$
2	M_B ... l ... M_B	$w = \dfrac{M_B x}{6EIl}(l^2 - x^2)$	$\theta_A = \dfrac{M_B l}{6EI}$ $\theta_B = -\dfrac{M_B l}{3EI}$ $w_C = \dfrac{M_B l^2}{16EI}$

普通高等教育力学"十二五"规划教材

序号	梁上荷载及弯矩图	挠曲线方程	转角和挠度
3		$w = \dfrac{qx}{24EI}(l^3 - 2lx^2 + x^3)$	$\theta_A = \dfrac{ql^3}{24EI}$ $\theta_B = -\dfrac{ql^3}{24EI}$ $w_C = \dfrac{5ql^4}{384EI}$
4		$w = \dfrac{Fx}{48EI}(3l^2 - 4x^2)$ $(0 \leqslant x \leqslant \dfrac{l}{2})$	$\theta_A = \dfrac{Fl^2}{16EI}$ $\theta_B = -\dfrac{Fl^2}{16EI}$ $w_C = \dfrac{Fl^3}{48EI}$
5		$w = \dfrac{Fbx}{6EIl}(l^2 - x^2 - b^2)$ $(0 \leqslant x \leqslant a)$ $w = \dfrac{Fb}{6EIl}\Big[\dfrac{l}{b}(x - a)^2 +$ $(l^2 - b^2)x - x^3\,]$ $(a \leqslant x \leqslant l)$	$\theta_A = \dfrac{Fab(l + b)}{6EIl}$ $\theta_B = -\dfrac{Fab(l + a)}{6EIl}$ $w_C = \dfrac{Fb(3l^2 - 4b^2)}{48EI}$ 当 $(a \geqslant b)$ 时
6		$w = \dfrac{M_e x}{6EIl}(6al - 3a^2$ $- 2l^2 - x^2)$ $(0 \leqslant x \leqslant a)$ 当 $a = b = \dfrac{l}{2}$ 时, $w = \dfrac{M_e x}{24EIl}(l^2 - 4x^2)$ $\Big(0 \leqslant x \leqslant \dfrac{l}{2}\Big)$	$\theta_A = \dfrac{M_e}{6EIl}(6al -$ $3a^2 - 2l^2)$ $\theta_B = \dfrac{M_e}{6EIl}(l^2 - 3a^2)$ 当 $a = b = \dfrac{l}{2}$ 时, $\theta_A = \dfrac{M_e l}{24EI}$ $\theta_B = \dfrac{M_e l}{24EI},\, w_C = 0$

悬臂梁：

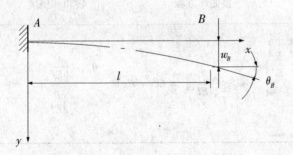

w = 沿 y 方向的挠度

$w_B = w(l)$ = 梁右端处的挠度

$\theta_B = w'(l)$ = 梁右端处的转角

序号	梁上荷载及弯矩图	挠曲线方程	转角和挠度
1	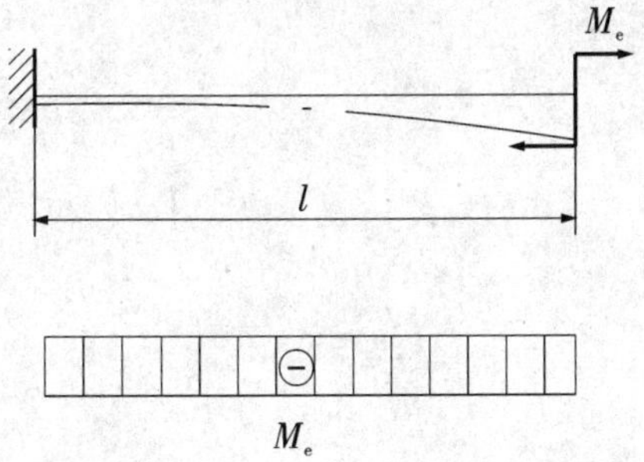	$w = \dfrac{M_B x^2}{2EI}$	$\theta_B = \dfrac{M_e l}{EI}$ $w_B = \dfrac{M_e l^2}{2EI}$
2	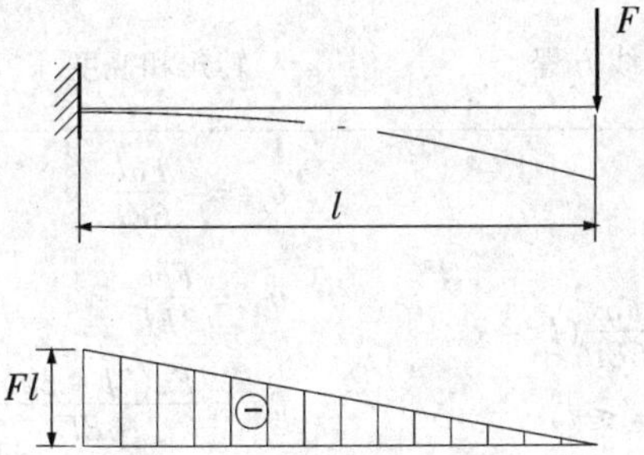	$w = \dfrac{F x^2}{6EI}(3l - x)$	$\theta_B = \dfrac{F l^2}{2EI}$ $w_B = \dfrac{F l^3}{3EI}$
3	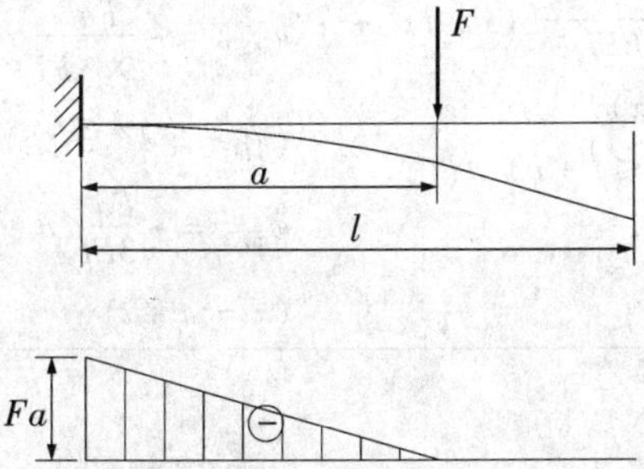	$w = \dfrac{F x^2}{6EI}(3a - x)$ $(0 \leqslant x \leqslant a)$ $w = \dfrac{F a^2}{6EI}(3x - a)$ $(a \leqslant x \leqslant l)$	$\theta_B = \dfrac{F a^2}{2EI}$ $w_B = \dfrac{F a^2}{6EI}(3l - a)$

序号	梁上荷载及弯矩图	挠曲线方程	转角和挠度
4	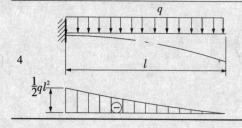	$w = \dfrac{qx^2}{24EI}(x^2 + 6l^2 - 4lx)$	$\theta_B = \dfrac{ql^3}{6EI}$ $\quad$ $w_B = \dfrac{ql^4}{8EI}$

外伸梁:

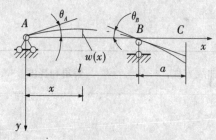

$w = $ 沿 y 方向的挠度

$w(x) = $ 距左端为 x 处的梁的挠度

$\theta_A = w'(0) = $ 梁左端处的转角

$\theta_B = w'(l) = $ 梁 B 端处的转角

序号	梁上荷载及弯矩图	挠曲线方程	转角和挠度
1	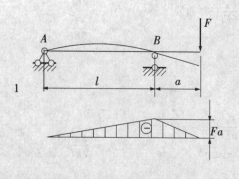	$w = -\dfrac{Fax}{6EIl}(l^2 - x^2)$ $(0 \leqslant x \leqslant l)$ $w = \dfrac{F(l-x)}{6EI}\big[(x-l)^2 + a(l-3x)\big]$ $(l \leqslant x \leqslant l+a)$	$\theta_A = -\dfrac{Fal}{6EI}$ $\theta_B = \dfrac{Fal}{3EI}$ $\theta_C = \dfrac{Fa(2l+3a)}{6EI}$ $w_{\max 1} = -\dfrac{Fal^2}{9\sqrt{3}\,EI}$ (在 $x = l/\sqrt{3}$ 处) $w_{\max 2} = -\dfrac{Fa^2}{3EI}(a+l)$ $(x = a+l)$

工程力学

序号	梁上荷载及弯矩图	挠曲线方程	转角和挠度
2		$w = -\dfrac{qa^2 x}{12EIl}(l^2 - x^2)$ $(0 \leq x \leq l)$ $w = \dfrac{q(x-l)}{24EI}[2a^2(3x-l)^2 +$ $(x-l)^2(x-l-4a)]$ $(l \leq x \leq l+a)$	$\theta_A = -\dfrac{qla^2}{12EI}$ $\theta_B = \dfrac{qla^2}{6EI}$ $w_{max1} = -\dfrac{ql^2 a^2}{18\sqrt{3}\,EI}$ (在 $x = l/\sqrt{3}$ 处) $w_{max2} = -\dfrac{qa^3}{24EI}$ $(3a+4l)$ $(x = a+l)$

习题参考答案

第 1 章

略。

第 2 章

2.1 $F_{NA} = 6.52\ \text{kN}$ $F_{NB} = 8.80\ \text{kN}$

2.2 $F_{RA} = 7.6\ \text{kN}$, $F_{RB} = 4.2\ \text{kN}$

2.3 $M_2 = \dfrac{r_2}{r_1}M_1$,$F_{O1} = \dfrac{M_1}{r_1\cos\alpha}$,$F_{O2} = \dfrac{M_1}{r_1\cos\alpha}$

2.4 $F_R = 5.54\ \text{kN}$,与 F_2 正向夹角 $6°10'$,作用线过 O。

2.5 $F_R = \sqrt{F_{Rx}{}^2 + F_{Ry}{}^2} = \sqrt{\left(\sum\limits_{i=1}^{n}F_{xi}\right)^2 + \left(\sum\limits_{i=1}^{n}F_{yi}\right)^2} = 324.89\ \text{kN}$

   $\cos(F_R \cdot i) = \dfrac{F_{Rx}}{F_R} = \dfrac{\sum\limits_{i=1}^{n}F_{xi}}{F_R} = \dfrac{235.14}{324.89} = 0.7237$

   $\cos(F_R \cdot j) = \dfrac{F_{Ry}}{F_R} = \dfrac{\sum\limits_{i=1}^{n}F_{yi}}{F_R} = \dfrac{-224.2}{324.89} = -0.6901$

2.6 $F_{NA} = \dfrac{M_1 + M_2 + M_3}{L}$

2.7 $T_{AB} = 60 - 15\sqrt{3}$, $T_{AC} = 15\sqrt{3}$

2.8 $F_{BC} = 27.32\ \text{kN}$, $F_{BA} = -7.321\ \text{kN}$

2.9 $M_O(F_R) = \sum\limits_{i=1}^{n}(x_iF_{yi} - y_iF_{xi}) = -117.6\ \text{kN}\cdot\text{m}$

2.10 $F_{BC} = -37.32\ \text{kN}$（压）， $F_{AB} = 27.32\ \text{kN}$（拉）

第 3 章

3.1 （1）$F'_{Rx} = 2F, F'_{Ry} = 2F, M_o = 2Fa$

   （2）$F_R = 2\sqrt{2}F, d = \dfrac{\sqrt{2}}{2}a$

3.2 $F'_{Rx} = 0, F'_{Ry} = 0, M_o = 260\ \text{kN}\cdot\text{m}$

3.3 $F'_{Rx} = -600 \text{ N}, F'_{Ry} = -800 \text{ N}, M_O = 2800 \text{ kN} \cdot \text{m}$

3.4 (a) $F_B = 78 \text{ kN}(\uparrow), F_D = 30 \text{ kN}(\uparrow)$

(b) $F_A = \dfrac{3}{4}qa(\uparrow), F_B = \dfrac{5}{4}qa(\uparrow)$

(c) $F_C = \dfrac{1}{4}qa(\uparrow), F_E = \dfrac{7}{4}qa(\uparrow)$

(d) $F_A = \dfrac{7}{4}qa(\uparrow), F_B = \dfrac{5}{4}qa(\uparrow)$

(e) $F_A = \dfrac{7}{4}qa(\uparrow), F_B = \dfrac{1}{4}qa(\uparrow)$

(f) $F_A = ql(\uparrow), F_B = 0$

(g) $F_{Ax} = 1.2ql(\leftarrow), F_{Ay} = 0.1ql(\downarrow), F_C = 1.1ql(\uparrow)$

(h) $F_A = 8 \text{ kN}(\uparrow), F_B = 8 \text{ kN}(\uparrow)$

3.5 $F_{CD} = \dfrac{14}{3}\text{kN}$（压力）

3.6 $F_D = P(\uparrow)$

3.7 $F_D = 5 \text{ kN}(\downarrow), F_B = 80 \text{ kN}(\uparrow), F_A = 35 \text{ kN}(\downarrow)$

3.8 $F_C = 4 \text{ kN}(\uparrow), F_{Ax} = 0, F_{Ay} = 0, M_A = 2 \text{ kN} \cdot \text{m}$（顺时针）

3.9 (a) $F_A = \dfrac{3}{2}qa(\uparrow), F_B = \dfrac{3}{2}qa(\downarrow), F_D = 2qa(\uparrow)$

(b) $F_B = \dfrac{3}{2}F(\uparrow), F_D = \dfrac{3}{4}F(\downarrow), F_G = \dfrac{1}{4}F(\uparrow), M_G = \dfrac{1}{4}Fa$（顺时针）

3.10 $F_{Ax} = 0, F_{Ay} = 10 \text{ kN}(\uparrow), M_A = 60 \text{ kN} \cdot \text{m}$（逆时针），
$F_{Cx} = 20 \text{ kN}, F_{Cy} = 5 \text{ kN}, F_{Dx} = 20 \text{ kN}, F_{Dy} = 15 \text{ kN}$

3.11 $F_C = 10.167 \text{ kN}, F_D = \dfrac{3}{4}\sqrt{2} \text{ kN}$

3.12 $F_{Dx} = qa, F_{Dy} = \dfrac{1}{2}qa$

3.13 $F_{Ax} = 750 \text{ N}(\rightarrow), F_{Ay} = 1250 \text{ N}(\uparrow), F_{Bx} = 1250 \text{ N}(\rightarrow), F_{By} = 250 \text{ N}(\downarrow)$

3.14 $F_{Ax} = 0, F_{Ay} = 11.833 \text{ kN}(\uparrow), M_A = 34.5 \text{ kN} \cdot \text{m}$（逆时针），$F_B = 2.167$
$\text{kN}(\uparrow)$

第4章

4.1 $M_x = M$

4.2 $\sigma = 118.2 \text{ MPa}, \tau = 20.8 \text{ MPa}$

第5章

5.1 (a) $F_{N1} = F, F_{N2} = -F$；(b) $F_{N1} = 2F, F_{N2} = 0$；(c) $F_{N1} = 2F, F_{N2} = F$

5.2 (a) $\sigma_1 = -50 \text{ MPa}$；(b) $\sigma_2 = -25 \text{ MPa}$；(c) $\sigma_3 = 25 \text{ MPa}$

5.3　$\sigma_0 = 100$ MPa,$\tau_0 = 0$；$\sigma_{30°} = 75$ MPa,$\tau_{30°} = 43.3$ MPa；$\sigma_{45°} = 50$ MPa,$\tau_{45°} = 50$ MPa；$\sigma_{60°} = 25$ MPa,$\tau_{60°} = 43.3$ MPa；$\sigma_{90°} = 0$,$\tau_{90°} = 0$

5.4　(a) $\sigma_{max} = 350$ MPa；(b) $\sigma_{max} = 950$ MPa；(c) $\sigma_{max} = 400$ MPa

5.5　$\sigma = 11.26$ MPa,强度不安全

5.6　$\sigma_{AB} = 148$ MPa,满足强度条件

5.7　$a = 0.574$ m

5.8　$d \geqslant 20$ mm,$a \geqslant 84.1$ mm

5.9　$[F] = 194$ kN

5.10　(1) $F_{NAC} = -100$ kN(压力),$F_{NBC} = -260$ kN(压力)

　　　(2) $\sigma_{AC} = -2.5$ MPa,$\sigma_{BC} = -6.5$ MPa

　　　(3) $\varepsilon_{AC} = -0.25 \times 10^{-3}$,$\varepsilon_{BC} = -0.65 \times 10^{-3}$

　　　(4) $\Delta l = -1.35$ mm

5.11　$\Delta_B = \dfrac{2Fl}{EA} + \dfrac{3\gamma l^2}{2E}$

5.12　$\Delta_B = 1.78 \times 10^{-3}$ m。

5.13　$F_{N1} = F_{N2} = \dfrac{F}{2\cos\alpha + \dfrac{E_3 A_3}{E_1 A_1 \cos^2\alpha}}$，$F_{N3} = \dfrac{F}{1 + 2\dfrac{E_1 A_1}{E_3 A_3}\cos^3\alpha}$

5.14　$F_{N1} = \dfrac{E_1}{E_1 + E_2}F$(拉力),$F_{N2} = -\dfrac{E_2}{E_1 + E_2}F$(压力)

第6章

6.1　$F = 226$ kN

6.2　$t = 95.5$ mm

6.3　$\tau = 66.3$ MPa,$\sigma_{bs} = 102$ MPa

6.4　$\tau = 30.3$ MPa,$\sigma_{bs} = 44$ MPa

6.5　$d_1 = 19.1$ mm

6.6　$l = 200$ mm,$a = 20$ mm

6.7　$F \geqslant 177$ N,$\tau = 17.6$ MPa

6.8　$d \geqslant 15.2$ mm

6.9　$l = 158$ mm

6.10　$d = 14$ mm

6.11　$\tau = 52.6$ MPa,$\sigma_{bs} = 90.9$ MPa,$\sigma = 166.7$ MPa

第7章

7.1　略

7.2　最大正扭矩 $T = 0.860$ kN·m,最大负扭矩 $T = 2.006$ kN·m

7.3　$m = 0.013\ 5$ kN·m/m

7.4 略

7.5 $\tau_{\max} = \dfrac{16\,M}{\pi d_2^3}$

7.6 (1) $\tau_{\max} = 46.6$ MPa;(2) $P = 71.8$ kN

7.7 (1) $\tau_{\max} = 69.8$ MPa;(2) $\varphi_{CA} = 2°$

7.8 $\varphi_B = \dfrac{M_e l^2}{2\,GI_P}$

7.9 $\mu = 0.3$

7.10 (1) $\varphi_{AB} = \dfrac{32\,M_e l}{\pi G \cdot 3(d_2 - d_1)} \cdot \left(\dfrac{1}{d_1^3} - \dfrac{1}{d_2^3}\right) = 7.152\dfrac{M_e l}{Gd_1^4}$;(2) $\Delta = -2.7\%$

7.11 $E = 216$ GPa, $G = 81.8$ GPa, $\mu = 0.32$

7.12 $d \geqslant 393$ mm, $d_1 \leqslant 24.7$ mm, $d_2 \geqslant 41.2$ mm

7.13 略

7.14 $d \geqslant 111.3$ mm

7.15 $d \geqslant 74.4$ mm

7.16 $G = \dfrac{8\,M_e}{\pi d^3 \varepsilon}$

7.17 $\tau_{AC\max} = 49.4$ MPa $< [\tau]$, $\tau_{DB} = 21.3$ MPa $< [\tau]$, $\varphi_{\max} = 1.77(°)/\text{m} < [\varphi]$,安全

7.18 (1) $d_1 \geqslant 84.6$ mm, $d_2 \geqslant 74.5$ mm;(2) $d \geqslant 84.6$ mm;
  (3) 主动轮 1 放在从动轮 2、3 之间比较合理

7.19 $d \geqslant 57.5$ mm

7.20 略

7.21 $T_1 = 1.32$ kN·m, $T_2 = 0.68$ kN·m, $\tau_{1\max} = 41.0$ MPa, $\tau_{2\max} = 54.1$ MPa

7.22 $M_A = \dfrac{22}{33}M_e$, $M_B = \dfrac{1}{33}M_e$

7.23 截面 C 左侧 $\tau_{\max} = 59.8$ MPa,右侧 $\tau_{\max} = 29.9$ MPa,$\varphi_{AC} = \varphi_{BC} = 0.714°$

第 8 章

8.1 (a) $F_{Q1} = 6$ kN, $M_1 = 12$ kN·m, $F_{Q2} = 4$ kN, $M_2 = 12$ kN·m

  (b) $F_{Q1} = 0$, $M_1 = 6$ kN·m, $F_{Q2} = -\dfrac{3}{2}$kN, $M_2 = 6$ kN·m,

  $F_{Q3} = \dfrac{3}{2}$kN, $M_3 = \dfrac{8}{3}$kN·m

  (c) $F_{RA} = \dfrac{4}{3}$kN, $F_{RB} = \dfrac{8}{3}$kN·m, $F_{Q1} = \dfrac{4}{3}$kN, $M_1 = \dfrac{4}{3}$kN·m

  (d) $F_{Q1} = -5$ kN, $M_1 = -10$ kN·m, $F_{Q2} = -5$ kN, $M_2 = -20$ kN·m

8.2 (a) $M_B = -F_P l$

(b) $M_B = -\dfrac{3}{2}ql^2, F_{QB} = -ql$

(c) $F_{QB} = -2ql, M_B = -\dfrac{5}{2}ql^2$

(d) $M_A = ql^2$

(e) $F_{Q\,max} = F_P, M_{max} = F_P l$

(f) $F_{RA} = F_{RB} = \dfrac{3}{2}\dfrac{m}{l}, M_C^L = -\dfrac{1}{2}m$

(g) $F_{RA} = \dfrac{1}{4}ql, M_{max} = \dfrac{9}{32}ql^2$

(h) $F_{RA} = 0, F_{RB} = F_P, M_{max} = F_P l$（下侧受拉）

(i) $F_{RA} = \dfrac{5}{4}ql, F_{RB} = \dfrac{1}{4}ql, M_{max} = \dfrac{1}{2}ql^2$（上侧受拉）

(j) $F_{RA} = \dfrac{9}{4}ql, F_{RB} = \dfrac{3}{4}ql, M_{max}^{(+)} = \dfrac{9}{32}ql^2, M_{max}^{(-)} = \dfrac{1}{2}ql^2$

8.4 (a) $F_{Q\,max}^{(+)} = \dfrac{2}{3}F_P, F_{Q\,max}^{(-)} = \dfrac{1}{3}F_P, M_{max} = \dfrac{1}{3}F_P l$

(b) $F_{Q\,max}^{(+)} = \dfrac{11}{6}F_P, F_{Q\,max}^{(-)} = \dfrac{11}{6}F_P, M_{max}^{(+)} = \dfrac{5}{16}F_P a, M_{max}^{(-)} = \dfrac{3}{8}F_P a$

(c) $F_{Q\,max} = \dfrac{1}{2}qa, M_{max} = \dfrac{5}{8}qa^2$

(d) $F_{Q\,max} = ql, M_{max} = \dfrac{5}{2}ql^2$

(e) $F_{RA} = \dfrac{7}{4}ql, F_{RB} = \dfrac{1}{4}ql, F_{Q\,max}^{(+)} = \dfrac{3}{4}ql, F_{Q\,max}^{(-)} = ql, M_{max} = \dfrac{1}{2}ql^2$

(f) $F_{RA} = 107.5$ kN, $F_{RB} = 132.5$ kN, $F_{Q\,max}^{(+)} = 92.5$ kN, $F_{Q\,max}^{(-)} = 67.5$ kN,
$M_{max}^{(+)} = 130$ kN $\cdot$ m, $M_{max}^{(-)} = 80$ kN $\cdot$ m

8.5 (a) $M_{max} = \dfrac{3}{8}ql^2$（下侧受拉）

(b) $M_{max} = F_P l$（上侧受拉）

(c) $M_{max} = \dfrac{1}{8}ql^2$（上侧受拉）

(d) $M_{max} = \dfrac{1}{4}ql^2$（下侧受拉）

第 9 章

9.1 截面 1-1：$\sigma_A = -7.41$ MPa, $\sigma_B = 4.94$ MPa, $\sigma_C = 0, \sigma_D = 7.41$ MPa

截面 2-2：$\sigma_A = 9.26$ MPa, $\sigma_B = -6.18$ MPa, $\sigma_C = 0, \sigma_D = -9.26$ MPa

9.2 (2) $F_{N(拉)} = 22.8$ kN，$F_{N(压)} = 22.8$ kN

9.3 截面 1-1：$\sigma_A = -14.5$ MPa, $\sigma_B = -13.1$ MPa

截面 2-2：$\sigma_A = 29$ MPa，$\sigma_B = 26.2$ MPa

9.4 $a = 2.12$ m，$q = 25$ kN/m

9.5 $\sigma_{max} = 114$ MPa

9.6 $\Delta l = \dfrac{ql^3}{2bh^2E}$

9.7 $\sigma_{t,max} = 20.09$ MPa，$\sigma_{c,max} = 18.07$ MPa

9.8 16 号工字钢

9.9 $[F] = 29$ kN

9.10 $[F] = 310$ kN

9.11 $[F] = 3.91$ kN，$\sigma_{max} = 9.47$ MPa

9.12 $\sigma_{max} = 159$ MPa，$\tau_{max} = 75.1$ MPa

9.13 $W_z \geqslant 0.438 \times 10^{-3}\,\mathrm{m}^3$，选择 28a 号工字钢，$\tau_{max} = 13.87$ MPa

9.14 选择两根 20a 号槽钢

第 10 章

10.1 (a) $\theta_A = \dfrac{m}{6lEI}(l^2 - 3b^2)$；$\theta_B = \dfrac{m}{6lEI}(l^2 - 3a^2)$；$y_C = \dfrac{ma}{6lEI}(l^2 - 3b^2 - a^2)$

(b) $\theta_A = \dfrac{ql^3}{6EI}$；$\theta_B = 0$；$y_C = \dfrac{ql^4}{8EI}$

(c) $y_C = \dfrac{F_P a^3}{32EI}$

(d) $y_C = \dfrac{3qa^4}{8EI}$

10.2 (a) $\theta_C = \dfrac{7ql^3}{48EI}$；$y_C = \dfrac{41ql^4}{384EI}$

(b) $y_B = \dfrac{6F_P l^3}{384EI}$

10.5 $\theta_A = \theta_B = \dfrac{q(2l)^3}{384EI}$

10.6 $\theta_A = \dfrac{ql^3}{40EI}$；$\theta_B = -\dfrac{ql^3}{30EI}$；$y_C = \dfrac{19ql^4}{1920EI}$

10.7 $y_{max} = 14.48$ mm

10.8 No.22a 槽钢

10.9 (a) $F_{RA} = \dfrac{14}{27}F_P$

(b) $F'_{RA} = \dfrac{11}{16}F_P$

10.10 $F_N = \dfrac{3Aql^4}{8(3aI + Al^3)}$

10.11　CD 杆受力 $F_1 = \dfrac{135}{167}F_{\mathrm{P}}$

第 11 章

11.1　60 kN

11.2　$\tau_B = \tau_A \sin^2\alpha - (\sigma_A - \sigma_B)\cot\alpha$

$$\sigma_1 = \frac{1}{2\sin^2\alpha}(\sigma_B - \sigma_A\cos2\alpha + \tau_A\sin2\alpha)$$

$$+ \frac{1}{\sin^2\alpha}\left[\left(\frac{\sigma_A - \sigma_B}{2}\right)^2 + \tau_A^2\sin^2\alpha - \frac{\sigma_A - \sigma_B}{2}\tau_A\sin2\alpha \right]^{1/2}$$

$$\sigma_2 = \frac{1}{2\sin^2\alpha}(\sigma_B - \sigma_A\cos2\alpha + \tau_A\sin2\alpha)$$

$$- \frac{1}{\sin^2\alpha}\left[\left(\frac{\sigma_A - \sigma_B}{2}\right)^2 + \tau_A^2\sin^2\alpha - \frac{\sigma_A - \sigma_B}{2}\tau_A\sin2\alpha \right]^{1/2}$$

11.3　84.27 MPa ;1.05 MPa ;0 MPa 。

11.4　19.85 kN 。

11.5　-1.46×10^{-3} mm

11.6　$\sigma_{r4} = \sqrt{\sigma^2 + 3\tau^2} = 196$ MPa $> [\sigma]$,不满足强度条件。

11.7　$d = 58$ mm

11.8　$\sigma_{r3} = \sigma_1 - \sigma_3 = 80$ MPa $< [\sigma] = 160$ MPa ,故安全

11.9　$n = \dfrac{\sigma_s}{\sigma_{r3}} = \dfrac{240}{64.6} = 3.72$

第 12 章

12.1　(1)略;(2) $\sigma_{\max} = 9.84$ MPa ;(3) $w = 0.602$ cm

12.2　(1) $b = 9$ cm, $h = 18$ cm;(2) $w = 1.97 \times 10^{-2}$ cm, $\alpha = 81.1°$

12.3　最大拉应力为 5.09 MPa ,最大压应力为 5.29 MPa

12.4　最大正应力为 94.9 MPa (压)

12.5　$\sigma_{\max}^{AB} = \dfrac{3Pl_1}{a^3}$,位于 A 截面上边缘; $\sigma_{\min}^{AB} = \dfrac{3Pl_1}{a^3}$,位于 A 截面下边缘

12.6　$\sigma_{\max} = 150.69$ MPa

12.7　$a_1 = 3.89$ m, $a_2 = 3.50$ m

12.8　$d = 122$ mm

12.9　(1)最大压应力 0.72 MPa ;(2) $D = 4.16$ m

12.10　(a)核心边界为一正方形,其对角顶点在两对称轴上,相对两顶点间距离
　　　　为 364 mm ;

　　　　(b)核心边界为一平行四边形,四个顶点均在两对称轴上,两顶点间的距
　　　　离:一个为 41.6 mm ,另一个为 83.4 mm ;

(c)核心边界为一八边形,其中有四个顶点在与截面各边平行的两对称
轴上,相对的两顶点间距离为12.9×10^{-2}m;

12.11 略

12.12 $\sigma_1 = 33.5$ MPa,$\sigma_3 = -9.95$ MPa,$\tau_{max} = 21.7$ MPa

12.13 $t = 2.65 \times 10^{-3}$m

12.14 $P = 788$ N

12.15 $\sigma_1 = 768$ MPa,$\sigma_2 = 0$,$\sigma_3 = -434$ MPa

12.16 $\sigma_{r3} = 45.02$ MPa

12.17 略

12.18 $d = 5.95$ cm

12.19 (1)略;(2)$\sigma_{max} = 158.42$ MPa ;(3)$\Delta_B = \dfrac{117F}{EI}$ (→)

12.20 $\sigma_{r4} = 54.4$ MPa $< [\sigma]$,安全

第13章

13.2 (1)$F_{cr} = 37.0$ kN   (2)$F_{cr} = 52.6$ kN   (3)$F_{cr} = 178$ kN
(4)$F_{cr} = 320$ kN

13.3 (1)$F_{cr} = 105$ kN   (2)$F_{cr} = 67.3$ kN   (3)$F_{cr} = 59.1$ kN
(4)$F_{cr} = 77.2$ kN

13.4 $F_{cr1} = 2682.5$ kN $F_{cr2} = 4200.1$ kN $F_{cr3} = 4593.6$ kN

13.5 $[F]_{st} = 395.4$ kN

13.6 $d_{AC} = 24.0$ mm, $d_{BC} = 37.2$ mm

13.7 $n = 1.73 < 2$,AB 杆稳定性不够,托架不安全。

13.8 $\sigma_{max} = 138.9$ MPa $< [\sigma]$,梁的弯曲强度足够;$n = 3.97 > [n]_{st}$ 柱的稳定
性足够,所以结构安全

13.9 $[F] = 213$ kN

13.10 $[P] = 3.45$ kN

13.11 5.59 kN/m

13.12 2.98 kN

13.13 (1)$I_x = I_y$时,P_{cr}最大;$a = 43.24$ mm   (2)$P_{cr} = 444$ kN

13.14 $a = 191$ mm

13.15 $[F_P] = 1718$ kN

13.16 $P_{cr} = 259$ kN

13.17 $F_{cr} = \dfrac{\pi^2 EI}{l^2}$

13.18 $n = 7.52 > 3.5$,满足稳定条件

参考文献

[1]张祥东.理论力学.2版.重庆:重庆大学出版社,2006.

[2]哈尔滨工业大学理论力学教研室.理论力学.6版.北京:高等教育出版社,2002.

[3]贾启芬,刘习军,王春敏.理论力学.天津:天津大学出版社,2003.

[4]吴镇.理论力学.上海:上海交通大学出版社,1989.

[5]南京工学院,西安交通大学.理论力学.2版.北京:高等教育出版社,1986.

[6]梁坤京.理论力学.郑州:郑州大学出版社,2006.

[7]韦林.理论力学学习方法及解题指导.上海:同济大学出版社,2002.

[8]陈明,程燕平,刘喜庆.理论力学习题解答.哈尔滨:哈尔滨工业大学出版社,1998.

[9]洪嘉振,杨长俊.理论力学.2版.北京:高等教育出版社,2002.

[10]贾书惠.理论力学教程.北京:清华大学出版社,2004.

[11]戴泽墩.工程力学基础——理论力学.北京:北京理工大学出版社,2004.

[12]邓训,许远杰.材料力学.武汉:武汉大学出版社,2002.

[13]聂毓秦,孟广伟.材料力学.北京:机械工业出版社,2004.

[14]刘庆潭.材料力学.北京:机械工业出版社,2003.

[15]李世清.材料力学.重庆:重庆大学出版社,1998.

[16]苏翼林.材料力学.天津:天津大学出版社,2001.

[17]蔺海荣.材料力学.北京:国防工业出版社,2001.

[18]许德刚.材料力学.郑州:郑州大学出版社,2007.

普通高等教育力学"十二五"规划教材